AutoCAD 工程设计视频讲堂

轻松学 AutoCAD 2015 室内装潢工程制图

李 波 等编著

电子工业出版社
Publishing House of Electronics Industry
北京·BEIJING

内 容 简 介

本书共10章和2个附录，内容包括AutoCAD 2015快速入门，室内工程符号和图例的绘制，CAD室内装潢制图规范；以某家装施工图为例，讲解室内平面图、立面图、剖面图、节点大样图、水电图的绘制；精心挑选3套公装施工图进行绘制（联通品牌店、酒店室内和家具专卖店装饰）；附录介绍CAD常见的快捷命令和常用的系统变量。

本书以"轻松·易学·快捷·实用"为宗旨，采用双色印刷，将要点、难点、图解等分色注释。本书配套多媒体DVD光盘中，包含相关案例素材、大量工程图、视频讲解、电子图书等。另外，开通QQ高级群（15310023），以开放更多的共享资源，以便读者能够互动交流和学习。

本书适合AutoCAD初中级读者学习，也适合大中专院校相关专业师生学习，以及培训机构和在职技术人员学习。

图书在版编目（CIP）数据

轻松学 AutoCAD 2015 室内装潢工程制图 / 李波等编著. —北京：电子工业出版社，2015.6
（AutoCAD 工程设计视频讲堂）
ISBN 978-7-121-26211-1

I. ①轻… II. ①李… III. ①室内装饰设计－计算机辅助设计－AutoCAD 软件 IV. ①TU238-39

中国版本图书馆 CIP 数据核字（2015）第 118541 号

策划编辑：许存权
责任编辑：许存权   特约编辑：谢忠玉 冯彩茹
印　　刷：涿州市京南印刷厂
装　　订：涿州市京南印刷厂
出版发行：电子工业出版社
　　　　　北京市海淀区万寿路 173 信箱　　邮编：100036
开　　本：787×1092 1/16　　印张：20　　字数：512 千字
版　　次：2015 年 6 月第 1 版
印　　次：2015 年 6 月第 1 次印刷
定　　价：65.00 元（含 DVD 光盘 1 张）

凡所购买电子工业出版社图书有缺损问题，请向购买书店调换。若书店售缺，请与本社发行部联系，联系及邮购电话：(010)88254888。

质量投诉请发邮件至 zlts@phei.com.cn，盗版侵权举报请发邮件至 dbqq@phei.com.cn。

服务热线：(010)88258888。

● 随着科学技术的不断发展，其计算机辅助设计（CAD）也得到了飞速发展，而最为出色的 CAD 设计软件之一就是美国 Autodesk 公司的 AutoCAD，在 20 多年的发展中，AutoCAD 相继进行了 20 多次的升级，每次升级都带来了功能的大幅提升。

本书内容

 第1章，讲解AutoCAD 2015 快速入门。

 第2~3章，讲解室内工程符号和图例的绘制，以及CAD室内装潢制图规范。

 第4~7章，以某家装施工图例，分别进行室内平面图、立面图、剖面图、节点大样图、水电图的绘制。

 第8~10章，精挑3套公装施工来进行绘制，包括联通品牌店、酒店室内和家具专卖店。

 附录A、B，介绍CAD常见的快捷命令和常用的系统变量。

本书特色

● 经过调查，以及多次与作者长时间的沟通，本套图书的写作方式、编排方式将以全新模式，突出技巧主题，做到知识点的独立性和可操作性，每个知识点尽量配有多媒体视频，是 AutoCAD 用户不可多得的一套精品工具书，主要有以下特色。

版本最新 紧密结合	•以2015版软件为蓝本，使之完全兼容之前版本的应用；在知识内容的编排上，充分将AutoCAD软件的工具命令与建筑专业知识紧密结合。
版式新颖 美观大方	•图书版式新颖，图注编号清晰明确，图片、文字的占用空间比例合理，通过简洁明快的风格，并添加特别提示的标注文字，提高读者的阅读兴趣。
多图组合 步骤编号	•为节省版面空间，体现更多的知识内容，将多个相关的图形组合编排，并进行步骤编号注释，读者看图即可操作。
双色印刷 轻松易学	•本书双色编排印刷，更好地体现出本书的重要知识点、快捷键命令、设计数据等，让读者在学习的过程中，达到轻松学习、容易掌握的目的。
全程视频 网络互动	•本书全程视频讲解，做到视频与图书同步配套学习；开通QQ高级群（15310023）进行互动学习和技术交流，并可获得大量的共享资料。

读者对象	特别适合教师讲解和学生自学。
	各类计算机培训班及工程培训人员。
	相关专业的工程设计人员。
	对AutoCAD设计软件感兴趣的读者。

学习方法

- 其实 AutoCAD 工程图的绘制很好学，可通过多种方法利用某个工具或命令，如工具栏、命令行、菜单栏、面板等。但是，学习任何一门软件技术，都需要动力、坚持和自我思考，如果只有三分钟热度、遇见问题就求助别人、对此学习无所谓等，是学不好、学不精的。
- 对此，作者推荐以下 6 点建议，希望读者严格要求自己进行学习。

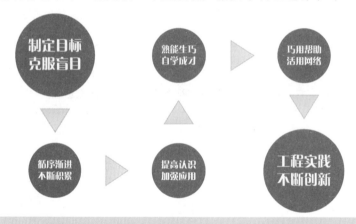

写作团队

- 本书由"巴山书院"集体创作，由资深作者李波主持编写，其他参与编写的人员还有冯燕、江玲、袁琴、陈本春、刘小红、荆月鹏、汪琴、刘冰、牛姜、王洪令、李友、黄妍、郝德全、李松林等。
- 感谢您选择了本书，希望我们的努力对您的工作和学习有所帮助，也希望把您对本书的意见和建议告诉我们（邮箱：helpkj@163.com　QQ 高级群: 15310023）。
- 书中难免有疏漏与不足之处，敬请专家和读者批评指正。

注：本书中实例工程的尺寸单位，除特别注明外，默认为毫米（mm）。

目录

读书破万卷

AutoCAD 2015 快速入门

本章导读

随着计算机辅助绘图技术的不断普及和发展，用计算机绘图全面代替手工绘图将成为必然趋势，只有熟练地掌握计算机图形的生成技术，才能够灵活自如地在计算机上表现自己的设计才能和天赋。

本章内容

- ◤ AutoCAD 2015 软件基础
- ◤ ACAD 图形文件的管理
- ◤ ACAD 绘图环境的设置
- ◤ ACAD 命令与变量的操作
- ◤ ACAD 辅助功能的设置
- ◤ ACAD 图形对象的选择
- ◤ ACAD 视图的显示控制
- ◤ ACAD 图层与对象的控制
- ◤ ACAD 文字和标注的设置
- ◤ 绘制第一个 ACAD 图形

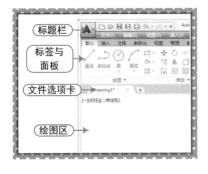

1.1 AutoCAD 2015 软件基础

AutoCAD 软件是美国 Autodesk 公司开发的产品，是目前世界上应用最广泛的 CAD 软件之一。它已经在机械、建筑、航天、造船、电子、化工等领域得到了广泛的应用，并且取得了硕大的成果和巨大的经济效益。

1.1.1 AutoCAD 2015 软件的获取方法

案例	无	视频	AutoCAD 2015 软件的获取方法.avi	时长	03'16"

对于 AutoCAD 2015 软件的获取方法，请用户观看其视频文件的方法来操作。

1.1.2 AutoCAD 2015 软件的安装方法

案例	无	视频	AutoCAD 2015 软件的安装方法.avi	时长	04'52"

对于 AutoCAD 2015 软件的安装方法，请用户观看其视频文件的方法来操作。

1.1.3 AutoCAD 2015 软件的注册方法

案例	无	视频	AutoCAD 2015 软件的注册方法.avi	时长	05'23"

对于 AutoCAD 2015 软件的注册方法，请用户观看其视频文件的方法来操作。

1.1.4 AutoCAD 2015 软件的启动方法

案例	无	视频	AutoCAD 2015 软件的启动方法.avi	时长	02'40"

当用户的电脑已经成功安装并注册 AutoCAD 2015 软件后，用户即可以启动并运行该软件。与大多数应用软件一样，要启动 AutoCAD 2015 软件，用户可通过以下四种方法实现。

方法 01　双击桌面上的【AutoCAD 2015】快捷图标▲。

方法 02　右击桌面上的【AutoCAD 2015】快捷图标▲，从弹出的快捷菜单中选择【打开】命令。

方法 03　单击桌面左下角的【开始】|【程序】|【Autodesk | AutoCAD 2015-Simplified Chinese】命令。

方法 04　在 AutoCAD 2015 软件的安装位置，找到其运行文件 "acad.exe" 文件，然后双击即可。

1.1.5 AutoCAD 2015 软件的退出方法

案例	无	视频	AutoCAD 2015 软件的退出方法.avi	时长	01'36"

在 AutoCAD 2015 中绘制完图形文件后，用户可通过以下四种方法之一来退出。

方法 01　在 AutoCAD 2015 软件环境中单击右上角的 "关闭" 按钮×。

方法 02　在键盘上按<Alt+F4>或<Ctrl+Q>组合键。

方法 03　单击 AutoCAD 界面标题栏左端的▲图标，在弹出的下拉菜单中单击 "关闭" 按钮。

方法 04　在命令行输入 Quit 命令或 Exit 命令并按 <Enter>键。

通过以上任意一种方法，可对当前图形文件进行关闭操作。如果当前图形有所修改且没有存盘，系统将出现 AutoCAD 警告对话框，询问是否保存图形文件，如图 1-1 所示。

图 1-1

注意：ACAD 文件退出时是否要保存。

在警告对话框中，单击"是（Y）"按钮或直接按（Enter）键，可以保存当前图形文件并将对话框关闭；单击"否（N）"按钮，可以关闭当前图形文件但不存盘；单击"取消"按钮，取消关闭当前图形文件操作，既不保存也不关闭。如果当前所编辑的图形文件没命名，那么单击"是（Y）"按钮后，AutoCAD 会打开"图形另存为"的对话框，要求用户确定图形文件存放的位置和名称。

1.1.6　AutoCAD 2015 草图与注释界面

案例	无	视频	AutoCAD 2015 草图与注释界面.avi	时长	11'14"

第一次启动 AutoCAD 2015 时，会弹出【Autodesk Exchange】对话框，单击该对话框右上角的【关闭】按钮✕，将进入 AutoCAD 2015 工作界面，默认情况下，系统会直接进入如图 1-2 所示的"草图与注释"空间界面。

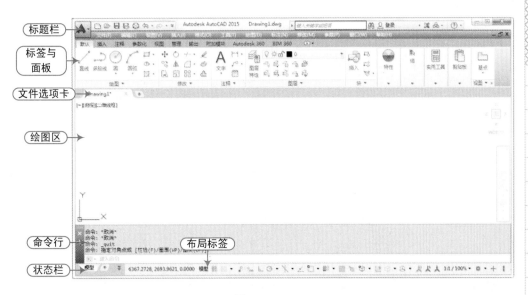

图 1-2

1.　AutoCAD 2015 *标题栏*

AutoCAD 2015 标题栏包括"菜单浏览器"按钮、"快速访问"工具栏（包括新建、打开、保存、另存为、打印、放弃、重做等按钮）、软件名称、标题名称、"搜索"框、"登录"

按钮、窗口控制区（即"最小化"按钮、"最大化"按钮、"关闭"按钮），如图 1-3 所示。这里以"草图与注释"工作空间为例进行讲解。

◤ 图 1-3

2. AutoCAD 2015 的标签与面板

在标题栏下侧有标签，在每个标签下包括有许多面板。例如"默认"选项标题中包括绘图、修改、图层、注释、块、特性、组、实用工具、剪贴板等面板，如图 1-4 所示。

◤ 图 1-4

提示：选项卡与面板卡的显示效果。

在标签栏的名称最右侧显示了一个倒三角，用户单击 ▣· 按钮，将弹出一个快捷菜单，可以进行相应的单项选择来调整标签栏显示的幅度，如图 1-5 所示。

◤ 图 1-5

3. AutoCAD 2015 图形文件选项卡

AutoCAD 2015 版本提供了图形选项卡，在打开的图形间切换或创建新图形时非常方便。

使用"视图"选项卡中的"文件选项卡"控件来打开或关闭图形选项卡工具条，当文件选项卡打开后，在图形区域上方会显示所有已经打开的图形选项卡，如图 1-6 所示。

图 1-6

文件选项卡是以文件打开的顺序来显示的，可以拖动选项卡来更改图形的位置，如图 1-7 所示为拖动图形 1 到中间位置的效果。

图 1-7

4. AutoCAD 2015 的菜单栏与工具栏

在 AutoCAD 2015 的"草图与注释"工作空间状态下，其菜单栏和工具栏处于隐藏状态。

如果要显示其菜单栏，那么在标题栏的"工作空间"右侧单击其倒三角按钮（即"自定义快速访问工具栏"列表），从弹出的列表中选择"显示菜单栏"，即可显示 AutoCAD 的常规菜单栏，如图 1-8 所示。

图 1-8

如果要将 AutoCAD 的常规工具栏显示出来，用户可以选择"工具 | 工具栏"菜单项，从弹出的下级菜单中选择相应的工具栏即可，如图 1-9 所示。

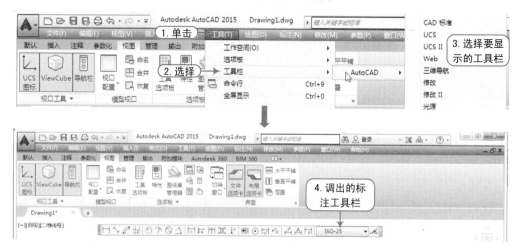

图 1-9

技巧：工具按钮名称的显示

如果用户忘记了某个按钮的名称，只需要将鼠标光标移动到该按钮上面停留几秒钟，就会在其下方出现该按钮所代表的命令名称，看见名称就可快速地确定其功能。

5. AutoCAD 2015 的绘图区域

绘图区也称为视图窗口，即屏幕中央空白区域，是进行绘图操作的主要工作区域，所有的绘图结果都反映在这个窗口中。用户可以根据需要关闭一些"工具栏"，以扩大绘图的空间。如果图纸比较大，需要查看未显示的部分时，可以单击窗口右边和下边滚动条上的箭头，或拖动滚动条上的滑块来移动图纸。在绘图窗口中除了显示当前的绘图结果外，还显示了当前使用的坐标系类型及坐标原点，X 轴、Y 轴、Z 轴的方向等。

默认情况下，坐标系为世界坐标系(WCS)，绘图窗口的下方有"模型"和"布局"选项卡，单击其选项卡可以在模型空间和图纸空间之间切换，如图 1-10 所示。

6. AutoCAD 2015 的命令行

命令行是 AutoCAD 与用户对话的一个平台，AutoCAD 通过命令反馈各种信息，用户应密切关注命令行中出现的信息，根据信息提示进行相应的操作。

使用 AutoCAD 绘图时，命令行一般有以下两种显示状态。

（1）等待命令输入状态：表示系统等待用户输入命令，以绘制或编辑图形，如图 1-11 所示。

（2）正在执行命令状态：在执行命令的过程中，命令行中将显示该命令的操作提示，以方便用户快速确定下一步操作，如图 1-12 所示。

7. AutoCAD 2015 的状态栏

状态栏位于 AutoCAD 2015 窗口的最下方，主要由当前光标的坐标、辅助工具按钮、布局空间、注释比例、切换空间、状态栏菜单、全屏按钮等各个部分组成，如图 1-13 所示。

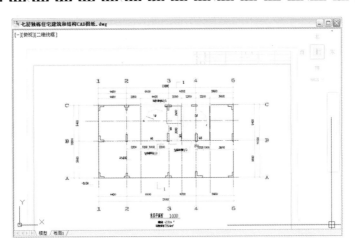

图 1-10

图 1-11   图 1-12

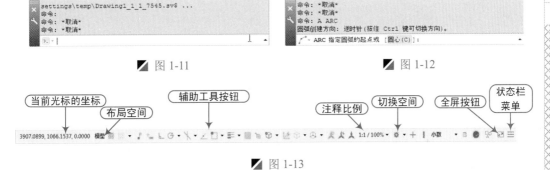

图 1-13

1.2 ACAD 图形文件的管理

在 AutoCAD 2015 中，图形文件的管理包括创建新的图形文件、打开已有的图形文件、保存图形文件、加密图形文件、输入图形文件和关闭图形文件等操作。

1.2.1 图形文件的新建

案例	无	视频	图形文件的新建.avi	时长	02'27"

在 AutoCAD 2015 中新建图形文件，用户可通过以下四种方法之一来实现。

方法 01　在 AutoCAD 2015 界面中，单击左上角快速访问工具栏的"新建"按钮。

方法 02　在键盘上按<Ctrl+N>组合键。

方法 03　单击 AutoCAD 界面标题栏左端的图标，在弹出的下拉菜单中单击"新建"按钮。

方法 04　在命令行输入 NEW 命令并按<Enter>键。

通过以上任意一种方法，可对图形文件进行新建操作。执行命令后，系统会自动弹出"选择样板"对话框，在文件下拉列表中一般有 dwt、dwg、dws 三种格式图形样板，根据用户需求，选择打开样板文件，如图 1-14 所示。

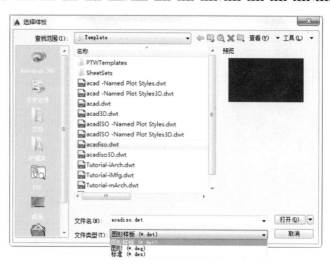

图 1-14

在绘图前期的准备工作过程中，系统会根据所绘图形的任务要求，在样板文件中进行统一图形设置，其中包括绘图的单位、精度、捕捉、栅格、图层和图框等。

注意：样板文件的使用

> 使用样板文件可以让绘制的图形设置统一，大大提高工作效率，用户也可以根据需求，自行创建新的样板文件。

1.2.2 图形文件的打开

案例	无	视频	图形文件的打开.avi	时长	05'04"

在 AutoCAD 2015 中打开已存在的图形文件，用户可通过以下四种方法之一来实现。

方法 01 在 AutoCAD 2015 界面中，单击左上角快速访问工具栏的"打开"按钮 📂。

方法 02 在键盘上按<Ctrl+O>组合键。

方法 03 单击 AutoCAD 界面标题栏左端的 📐 图标，在弹出的下拉菜单中单击"打开"按钮 📂 打开。

方法 04 在命令行输入 Open 命令并按<Enter>键。

通过以上几种方法，系统将弹出"选择文件"对话框，用户根据需求在给出的几种格式中进行选择，打开文件，如图 1-15 所示。

注意：文件格式的了解

> 在系统给出的图形文件格式中，dwt 格式文件为标准图形文件，dws 格式文件是包含标准图层、标准样式、线性和文字样式的图形文件，dwg 格式文件是普通图形文件，dxf 格式的文件是以文本形式储存的图形文件，能够被其他程序读取。

在 AutoCAD 2015 中，用户可以根据需要，选择局部文件的打开，首先在 AutoCAD 2015 界面标题栏单击左上角的"打开"按钮 📂，在弹出的"选择文本"对话框中，选择需要打开的文件后，单击"打开"按钮右侧的倒三角按钮，在下拉菜单中会出现包括"局部打开"在内的 4 种打开方式，如图 1-16 所示。

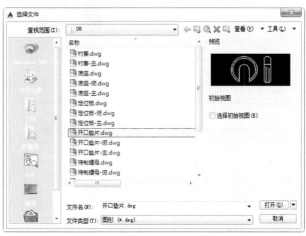

图 1-15

在 AutoCAD 2015 中，用户也可以同时打开多个相同类型的文件，通过各种平铺的方式来展示所打开的文件。单击菜单栏中的"窗口"菜单命令，在下拉菜单列表中，有"层叠"、"水平平铺"和"垂直平铺"三种常用的排列方式，用户可根据需求选择使用，如图 1-17 所示。

图 1-16   图 1-17

1.2.3 图形文件的保存

案例	无	视频	图形文件的保存.avi	时长	04'05"

在 AutoCAD 2015 中，要想对当前图形文件进行保存，用户可通过以下四种方法之一来实现。

方法 01 在 AutoCAD 2015 界面中，单击左上角快速访问工具栏的"保存"按钮 📁 。

方法 02 在键盘上按<Ctrl+S>组合键。

方法 03 单击 AutoCAD 界面标题栏左端的 ▲图标，在弹出的下拉菜单中单击"保存"按钮 💾 ᠄。

方法 04 在命令行输入 Save 命令并按<Enter>键。

通过以上几种方法，系统将弹出"图形另存为"对话框，用户可以命名中进行保存，一般情况下，系统默认的保存格式为.dwg 格式，如图 1-18 所示。

图 1-18

提示：文件的自动保存

　　在绘图过程中，用户可以选择"工具 | 选项"菜单项，在弹出的"选项"对话框中选择"打开和保存"选项卡，然后在"自动保存"复选框中设置间隔保存的时间，从而实现系统自动保存，如图 1-19 所示。

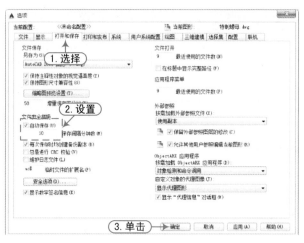

图 1-19

1.2.4 图形文件的加密

| 案例 | 无 | 视频 | 图形文件的加密.avi | 时长 | 02'05" |

　　在 AutoCAD 2015 中，用户想要对图形文件进行加密，使得别人无法打开该图形文件，可以通过以下步骤进行设置。

Step 01　执行"文件 | 保存"菜单命令，在弹出的"图形另存为"对话框中，单击右上侧的"工具"按钮，在弹出的下拉菜单中选择"安全选项"命令，系统将弹出"安全选项"对话框，如图 1-20 所示。

Step 02　在弹出的"安全选项"中填写想要设置的密码，并单击"确定"按钮后，系统将弹出"确认密码"对话框，再次输入密码后单击"确定"按钮，即已对图形文件加密，如图 1-21 所示。

图 1-20

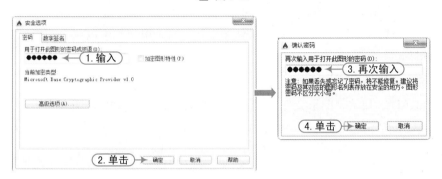

图 1-21

1.2.5　图形文件的关闭

案例	无	视频	图形文件的关闭.avi	时长	03'59"

在 AutoCAD 2015 中，要将当前视图中的文件关闭，可使用如下四种方法之一。

方法 01　在 AutoCAD 2015 软件环境中单击右上角的"关闭"按钮 ✕。

方法 02　在键盘上按<Alt+F4>或<Ctrl+Q>组合键。

方法 03　单击 AutoCAD 界面标题栏左端的 图标，在弹出的下拉菜单中单击"关闭"按钮 。

方法 04　在命令行输入 Quit 命令或 Exit 命令并按<Enter>键。

通过以上任意一种方法，可对当前图形文件进行关闭操作。如果当前图形有修改而没有存盘，系统将出现 AutoCAD 警告对话框，询问是否保存图形文件，如图 1-22 所示。

图 1-22

注意：ACAD 文件退出时是否保存

在警告对话框中，单击"是（Y）"按钮或直接按〈Enter〉键，可以保存当前图形文件并将对话框关闭；单击"否（N）"按钮，可以关闭当前图形文件但不存盘；单击"取消"按钮，取消关闭当前图形文件操作，既不保存也不关闭。如果当前所编辑的图形文件没命名，那么单击"是（Y）"按钮后，AutoCAD 会打开"图形另存为"的对话框，要求用户确定图形文件存放的位置和名称。

1.2.6 图形文件的输入与输出

案例	无	视频	图形文件的输入与输出.avi	时长	04'06"

在 AutoCAD 2015 中，绘制图形对象时，除了可以保存为 .dwg 格式的文件外，还可以将其输出为其他格式的文档，以便其他软件调用；同时，用户也可以在 AutoCAD 中调用其他软件绘制的文件。

1. 图形文件的输入

在 AutoCAD 2015 中，图形文件的输入可通过执行"文件 | 输入"菜单命令，或者在"插入面板"中选择"输入"命令来完成，随后系统会弹出"输入文件"对话框，用户根据需要，在系统允许的文件格式中，选择打开图像文件，如图 1-23 所示。

图 1-23

提示：图形文件的显示

在"输入文件"对话框中，只能在首先选择了需要打开的图形文件格式后，图形文件才会显示出来，供用户单击选择。

2. 图形文件的输出

在 AutoCAD 2015 中，图形文件的输出可通过执行"文件 | 输出"菜单命令，系统会弹出"输出数据"对话框，用户根据需要，在"输出数据"对话框中设置好图形的"保存路径"、"文件名称"和"文件类型"，设置好后，单击对话框中的"保存"按钮，将切换到绘图窗口中，可以选择需要保存的对象，如图 1-24 所示。

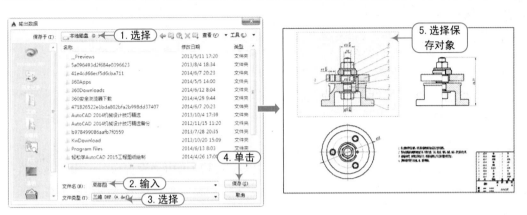

图 1-24

注意："输出数据"对话框

"输出数据"对话框记录并存储上一次使用的文件格式，以便在当前绘图任务中或绘图任务之间使用。

1.3　ACAD 绘图环境的设置

在 AutoCAD 2015 中，可以方便地设置绘图环境，根据绘图环境的不同要求，在绘图之前，用户根据绘制的图形对象对绘图环境进行设置。

1.3.1　ACAD "选项" 对话框的打开

| 案例 | 无 | 视频 | ACAD "选项" 对话框的打开.avi | 时长 | 01'33" |

在 AutoCAD 2015 中，ACAD "选项" 对话框包括 "文件"、"显示"、"打开和保存"、"系统" 等选项卡。用户可以根据需求对各选项卡进行设置。

用户可通过以下四种方法之一来打开 "选项" 对话框。

方法 01　在 AutoCAD 绘图区右击鼠标，从弹出的快捷菜单中选择 "选项" 命令。

方法 02　在 AutoCAD 界面执行 "工具 | 选项" 菜单命令。

方法 03　单击 AutoCAD 界面标题栏左端的 图标，在弹出的下拉菜单中单击 "选项" 按钮 。

方法 04　在命令行输入 OPTIONS 命令并按 <Enter> 键。

通过以上任意一种方法，可对 ACAD "选项" 对话框进行打开操作。执行命令后，系统都将会自动弹出 "选项" 对话框，如图 1-25 所示。

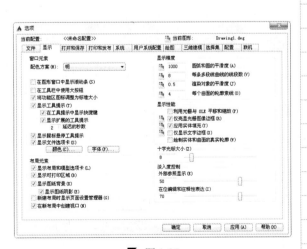

图 1-25

技巧：快速打开

在打开"选项"对话框时，用户可直接在命令行或动态提示输入快捷键命令"OP"，即可打开"选项"对话框。

1.3.2 窗口与图形的显示设置

案例	无	视频	窗口与图形的显示设置.avi	时长	06'45"

在 AutoCAD 2015 的"选项"对话框中，"显示"选项卡用来设置窗口元素、显示性能、十字光标大小、布局元素、淡入度控制等，用户可以根据需要，在相应的位置进行设置。

1. 窗口元素

在"显示"选项卡的"窗口元素"选项区域中，可以对 AutoCAD 绘图环境中基本元素的显示方式进行设置，用户在绘图时，窗口颜色与底色的颜色对设计师的眼睛保护有很大关系，可以通过设置窗口元素来调节，其中背景颜色的调节如图 1-26 所示。

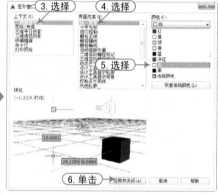

图 1-26

2. 十字光标大小

在绘图时，调整十字光标的大小，能使图形的绘制更方便，十字光标大小的设置如图 1-27 所示。

图 1-27

1.3.3 用户系统配置的设置

案例	无	视频	用户系统配置的设置.avi	时长	05'20"

在 AutoCAD 2015 的"选项"对话框中,"用户系统配置"选项卡可用来优化 AutoCAD 的工作方式,如图 1-28 所示。

图 1-28

在"用户系统配置"选项卡中有几个设置按钮,可以进行"块编辑器设置"、"线宽设置"和"默认比例列表设置",依次弹出的对话框为"块编辑器设置"对话框、"线宽设置"对话框和"默认比例列表设置"对话框,如图 1-29 所示。

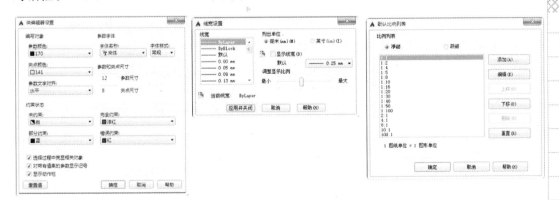

图 1-29

1.4 ACAD 命令与变量的操作

在 AutoCAD 2015 中,命令是绘制与编辑图形的核心,菜单命令、工具按钮、命令和系统变量大都是相互对应的,可在命令行中输入命令和系统变量,或选择某一菜单命令,或单击某个工具按钮来执行相应命令。

1.4.1 ACAD 中鼠标的操作

| 案例 | 无 | 视频 | ACAD 中鼠标的操作.avi | 时长 | 06'19" |

在绘图区，鼠标显示为"十"字线形式的光标╬，在菜单选项区、工具或对话框内时，鼠标会变成一个箭头↖，当单击或者按动鼠标键时，都会执行相应的命令或动作，鼠标功能定义如下。

（1）拾取键：指鼠标左键，用来选择 AutoCAD 对象、工具按钮和菜单命令等，用于指定屏幕上的点。

（2）回车键：指鼠标右键，相当于 Enter 键，用来结束当前使用的命令，系统此时会根据不同的情况弹出不同的快捷菜单。

（3）弹出菜单：使用 Shift 键和鼠标右键的组合时，系统将弹出一个快捷菜单，用于设置捕捉点的方法，三键鼠标的中间按钮通常为弹出按钮。

1.4.2 ACAD 命令的执行

| 案例 | 无 | 视频 | ACAD 命令的执行.avi | 时长 | 04'48" |

在 AutoCAD 2015 中，有以下几种命令的执行方式。

1. 使用键盘输入命令

通过键盘可以输入命令和系统变量，键盘还是输入文本对象、数值参数、点的坐标或进行参数选择的唯一方法，大部分的绘图、编辑功能都需要通过键盘输入来完成。

2. 使用"命令行"

在 AutoCAD 中默认的情况下，"命令行"是一个可固定的窗口，可以在当前命令行提示下输入命令和对象参数等内容。

右击"命令行"窗口打开快捷菜单，如图 1-30 所示，通过它可以选择最近使用的命令、输入设置、复制历史记录，以及打开"输入搜索选项"和"选项"对话框等。

3. 使用"AutoCAD 文本窗口"

在 AutoCAD 中，"AutoCAD 文本窗口"是一个浮动窗口，可以在其中输入命令或查看命令的提示信息，便于查看执行的命令历史。如图 1-31 所示，其窗口中的命令为只读，不能对其进行修改，但可以复制并粘贴到命令行中重复执行前面的操作，也可以粘贴到其他应用程序，如 Word 等。

图 1-30

图 1-31

提示："AutoCAD 文本窗口"的打开

在 AutoCAD 2015 中，可以选择"视图 | 显示 | 文本窗口"命令打开"AutoCAD 文本窗口"，也可以按下 F2 键来显示或隐藏它。

1.4.3 ACAD 透明命令的应用

案例	无	视频	ACAD 透明命令的应用.avi	时长	03'29"

在 AutoCAD 中，执行其他命令的过程中，可以执行的命令为透明命令，常使用的透明命令多为修改图形设置的命令、绘图辅助工具命令等。

使用透明命令时，应在输入命令之前输入单引号（'），命令行中，透明命令的提示前有一个双折号（》），完成透明命令后，将继续执行原命令。例如在图 1-32 中，使用直线命令绘制连接矩形端点 A 和 D 的直线，操作如下。

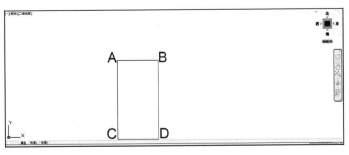

图 1-32

Step 01 在命令行中输入直线（L）命令。

Step 02 在命令行的"指定第一点："提示下单击 A 点。

Step 03 在命令行的"指定下一点或〔放弃（U）〕："提示下，输入'PAN，执行透明命令实时平移。

Step 04 按住并拖动鼠标执行实时平移命令，以将矩形全部显示出来，然后按 Enter 键，结束透明命令，此时原图形被平移，可以很方便地观察确定直线另一个端点 D，如图 1-33 所示。

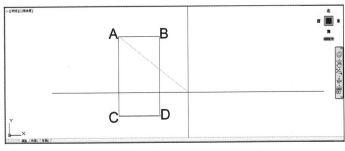

图 1-33

Step 05 在命令行的"指定下一点或〔放弃（U）〕："提示下，单击 D 点，然后按 Enter 键，完成直线的绘制。

1.4.4 ACAD 系统变量的应用

案例	无	视频	ACAD 系统变量的应用.avi	时长	04'23"

在 AutoCAD 中，系统变量可以打开或关闭捕捉、栅格或正交等绘图模式，设置默认的填充图案，或存储当前图形和 AutoCAD 配置的有关信息，系统变量用于控制某些功能和设计环境、命令的工作方式。

系统变量常为 6～10 个字符长的缩写名称，许多系统变量有简单的开关设置。例如 GRIDMODE 系统变量用来显示或关闭栅格，有些系统变量则用来存储数值或文字，例如 DATE 系统变量用来存储当前日期，可以在对话框中修改系统变量，也可直接在命令行中修改系统变量。

1.5 ACAD 辅助功能的设置

在 AutoCAD 2015 绘制或修改图形对象时，为了使绘图精度高，绘制的图形界限精确，可以使用系统提供的绘图辅助功能进行设置，从而提高绘制图形的精确度与工作效率。

1.5.1 ACAD 正交模式的设置

案例	无	视频	ACAD 正交模式的设置.avi	时长	03'19"

在绘制图形时，当指定第一点后，连接光标和起点的直线总是平行于 x 轴和 y 轴的，这种模式称为"正交模式"，用户可通过以下三种方法之一来启动。

方法 01　在命令行中输入 Ortho，按 Enter 键。

方法 02　单击状态栏中的"正交模式"按钮▢。

方法 03　按 F8 键。

打开"正交模式"后，不管光标在屏幕上的位置，只能在垂直或者水平方向画线，画线的方向取决于光标在 x 轴和 y 轴方向上的移动距离变化。

注意：正交模式的使用

> "正交"模式和极轴追踪不能同时打开。打开"正交"将关闭极轴追踪。

1.5.2 ACAD "草图设置"对话框的打开

案例	无	视频	ACAD "草图设置"对话框的打开.avi	时长	02'12"

在 AutoCAD 2015 中，"草图设置"对话框是指为绘图辅助工具整理的草图设置，这些工具包括捕捉和栅格、追踪、对象捕捉、动态输入、快捷特性和选择循环等。

对于"草图设置"对话框的打开方式，用户可通过以下四种方式之一来打开。

方法 01　在 AutoCAD 2015 "辅助工具区"右击鼠标，在弹出的快捷菜单中选择"设置"命令。

方法 02　执行"工具丨绘图设置"菜单项。

方法 03　在命令行输入 Dsettings 命令并按<Enter>键。

方法 04　在 AutoCAD 2015 "绘图区"按住 Shift 键或 Ctrl 键的同时右击鼠标，在弹出的快捷菜单中选择"对象捕捉设置"命令。

通过以上任意一种方法，都可以打开"草图设置"对话框。

1.5.3 捕捉和栅格的设置

案例	无	视频	捕捉和栅格的设置.avi	时长	05'15"

　　在 AutoCAD 2015 中，"捕捉"用于设置鼠标光标按照用户定义的间距移动。"栅格"是点或线的矩阵，是一些标定位置的小点，可以提供直观的距离和位置参照。"草图设置"对话框的"捕捉和栅格"选项卡中，可以启用或关闭"捕捉"和"栅格"功能，并设置"捕捉"和"栅格"的间距与类型，如图 1-34 所示。

　　在"草图设置"对话框的"捕捉和栅格"选项卡中，其主要选项如下。

　　（1）启用捕捉：用于打开或者关闭捕捉方式，可单击 ▦ 按钮，或者按 F9 键进行切换。

　　（2）启用栅格：用于打开或关闭栅格显示，可单击 ▦ 按钮，或者按 F7 键进行切换。

　　（3）捕捉间距：用于设置 x 轴和 y 轴的捕捉间距。

　　（4）栅格间距：用于设置 x 轴和 y 轴的栅格间距，还可以设置每条主轴的栅格数。

　　（5）捕捉类型：用于设置捕捉样式。

　　（6）栅格行为：用于设置"视觉样式"下栅格线的显示样式（三维线框除外）。

注意：捕捉和栅格的使用

　　可以使用其他几个控件来启用和禁用栅格捕捉，包括 F9 键和状态栏中的"捕捉"按钮。通过在创建或修改对象时按住 F9 键可以临时禁用捕捉。

1.5.4 极轴追踪的设置

案例	无	视频	极轴追踪的设置.avi	时长	03'28"

　　在 AutoCAD 2015 中，使用极轴追踪，可以让光标按指定角度进行移动。

　　"草图设置"对话框的"极轴追踪"选项卡中，可以启用"极轴追踪"功能，并且用户可以根据需要，对"极轴追踪"进行设置，如图 1-35 所示。

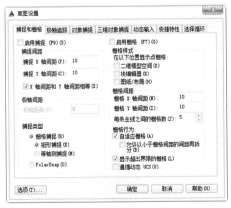

图 1-34

图 1-35

　　在"草图设置"对话框的"极轴追踪"选项卡中，其主要选项如下。

　　（1）启用极轴追踪：打开或关闭极轴追踪。也可以通过按 F10 键或使用 AUTOSNAP 系统变量，来打开或关闭极轴追踪。

（2）极轴角设置：用于设置极轴追踪的角度。默认角度为 90°，用户可以进行更改，当"增量角"下拉列表中不能满足用户需求时，用户可以单击"新建"按钮并输入角度值，将其添加到"附加角"的列表中。如图 1-36 所示分别为 90°、60° 和 30° 极轴角的显示。

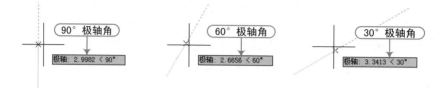

图 1-36

（3）对象捕捉追踪设置：包括"仅正交追踪"和"用所有极轴角设置追踪"两种选择，前者可在启用对象捕捉追踪的同时，显示获取的对象捕捉的正交对象捕捉追踪路径，后者在命令执行期间，将光标停于该点上，当移动光标时，会出现关闭矢量；若要停止追踪，再次将光标停于该点上即可。

（4）极轴角测量：用于设置极轴追踪对其角度的测量基准。有"绝对"和"相对上一段"两种选择。

注意：极轴追踪模式的使用

"极轴追踪"模式和正交模式不能同时打开。打开"正交"将关闭极轴追踪。

1.5.5 对象捕捉的设置

案例	无	视频	对象捕捉的设置.avi	时长	05'06"

在 AutoCAD 2015 中，"对象捕捉"是指在对象上某一位置指定精确点。

"草图设置"对话框的"对象捕捉"选项卡，可以启用"对象捕捉"功能，并且用户可以根据需要，对"对象捕捉"模式进行设置，如图 1-37 所示。

在"草图设置"对话框的"对象捕捉"选项卡中，其主要选项如下。

（1）启用对象捕捉：打开或关闭执行对象捕捉，也可以通过按 F3 键来打开或者关闭。使用执行对象捕捉，在命令执行期间在对象上指定点时，在"对象捕捉模式"下选定的对象捕捉处于活动状态（OSMODE 系统变量）。

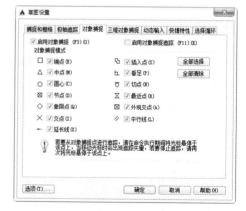

图 1-37

（2）启用对象捕捉追踪：打开或关闭对象捕捉追踪。也可以通过按 F11 键来打开或者关闭。使用对象捕捉追踪命令指定点时，光标可以沿基于当前对象捕捉模式的对齐路径进行追踪（AUTOSNAP 系统变量）。

（3）全部选择：打开所有执行对象捕捉模式。

（4）全部清除：关闭所有执行对象捕捉模式。

提示：快速选择对象捕捉模式

在绘图中，用户可以通过右击状态栏中的"对象捕捉"按钮，在弹出的快捷菜单中快速选择所需的对象捕捉模式。

1.6 ACAD 图形对象的选择

在 AutoCAD 2015 中，对图形进行编辑操作前，首先需选择要编辑的对象，正确合理地选择对象，可以提高工作效率，系统用虚线亮显表示所选择的对象。

1.6.1 设置对象选择模式

案例	无	视频	设置对象选择模式.avi	时长	07'53"

在 AutoCAD 中，执行目标选择前可以设置选择集模式、拾取框大小和夹点功能，用户可以通过"选项"对话框来进行设置，执行方式如下。

Step 01 在 AutoCAD 绘图区右击鼠标，从弹出的快捷菜单中选择"选项"命令。

Step 02 执行"工具｜选项"菜单命令。

Step 03 单击 AutoCAD 界面标题栏左端的 ▲ 图标，在弹出的下拉菜单中单击"选项"按钮 选项 。

Step 04 在命令行输入 OPTIONS 命令并按<Enter>键。

通过以上任意一种方法，可以打开"选项"对话框，将对话框切换到"选择集"选项卡，如图 1-38 所示，就可以通过各选项对"选择集"进行设置。

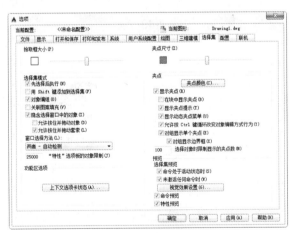

图 1-38

1. 拾取框大小和夹点大小

在"选择集"选项卡的"拾取框大小"和"夹点尺寸"选项区域中，拖动滑块，可以设置默认拾取方式选择对象时拾取框的大小和设置对象夹点标记的大小。

2. 选择集模式

在"选择集"选项卡的"选择集模式"选项区域中，可以设置构造选择集的模式，其功能包括"先选择后执行"、"用 Shift 键添加到选择集"、"对象编组"、"关联图案填充"、"隐含选择窗口中的对象"、"允许按住并拖动对象"和"窗口选择方法"。

3. 夹点

在"选择集"选项卡的"夹点"选项区域中，可以设置是否使用夹点编辑功能，是否在块中使用夹点编辑功能以及夹点颜色等。单击"夹点颜色"按钮，弹出"夹点颜色"对话框，在对话框中设置夹点颜色，如图 1-39 所示。

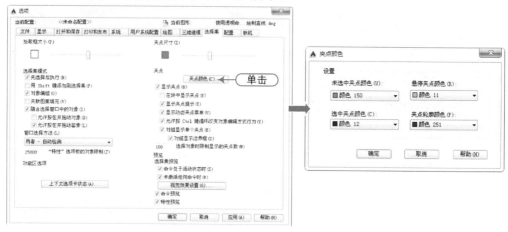

图 1-39

4. 预览

在"选择集"选项卡的"预览"选项区域中，可以设置"命令处于活动状态时"和"未激活任何命令时"是否显示选择预览，单击"视觉效果设置"按钮将打开"视觉效果设置"对话框，可以设置选择区域效果等，如图 1-40 所示。

图 1-40

"特性预览"复选框用来控制在将鼠标悬停在控制特性的下拉列表和库上时，是否可以预览对当前选定对象的更改。

注意："特性预览"的显示

特性预览仅在功能区和"特性"选项板中显示，在其他选项板中不可用。

5. 功能区选项

在"选择集"选项卡的"功能区选项"选项区域中，可以设置"上下文选项卡状态"。

1.6.2 选择对象的方法

案例	无	视频	选择对象的方法.avi	时长	18'46"

在 AutoCAD 中，选择对象的方法有很多，可以通过单击对象逐个选取对象，也可通过矩形窗口或交叉窗口选择对象，还可以选择最近创建对象、前面的选择集或图形中的所有对象，也可向选择集中添加对象或从中删除对象。

在命令行输入 SELECT，命令行提示如下。

> 选择对象: ?
> 需要点或 窗口(W)/上一个(L)/窗交(C)/框(BOX)/全部(ALL)/栏选(F)/圈围(WP)/圈交(CP)/编组(G)/添加(A)/删除(R)/多个(M)/前一个(P)/放弃(U)/自动(AU)/单个(SI)/子对象(SU)/对象(O)
> 选择对象:

在选择对象的命令行中，各个主要选项的具体说明如下。

（1）需要点：默认情况下，可以直接选取对象，此时的光标为一个小方框（拾取框）。可以利用该方框逐个拾取对象。

（2）窗口：选择矩形（由两点定义）中的所有对象。从左到右指定 A、B 角点创建窗口选择（从右到左指定角点，则创建窗交选择），如图 1-41 所示。

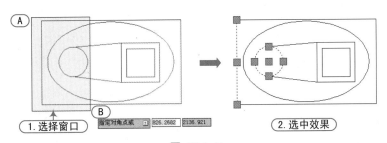

图 1-41

注意：矩形框选的对象

> 使用"矩形窗口"选择的对象为完全落在矩形窗口以内的图形对象。

（3）上一个：选择最近一次创建的可见对象。对象必须在当前空间（模型空间或图纸空间）中，并且一定不要将对象的图层设定为冻结或关闭状态。

（4）窗交：选择区域（由两点确定）内部或与之相交的所有对象。窗交显示的方框为虚线或高亮度方框，这与窗口选择框不同，如图 1-42 所示。

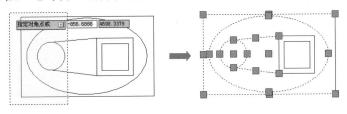

图 1-42

（5）框选：选择矩形（由两点确定）内部或与之相交的所有对象。如果矩形的点是从右至左指定的，则框选与窗交等效。否则，框选与窗选等效。

（6）全部：选择模型空间或当前布局中除冻结图层或锁定图层上的对象之外的所有对象。

（7）栏选：选择与选择栏相交的所有对象。栏选方法与圈交方法相似，只是栏选不闭合，并且栏选可以自交，如图 1-43 所示，栏选不受 PICKADD 系统变量的影响。

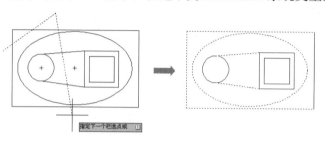

图 1-43

（8）圈围：选择多边形（通过待选对象周围的点定义）中的所有对象。该多边形可以为任意形状，但不能与自身相交或相切。将绘制多边形的最后一条线段，所以该多边形在任何时候都是闭合的，如图 1-44 所示。圈围不受 PICKADD 系统变量的影响。

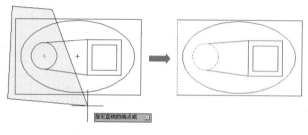

图 1-44

（9）圈交：选择多边形（通过在待选对象周围指定点来定义）内部或与之相交的所有对象。该多边形可以为任意形状，但不能与自身相交或相切。将绘制多边形的最后一条线段，所以该多边形在任何时候都是闭合的，如图 1-45 所示。圈交不受 PICKADD 系统变量的影响。

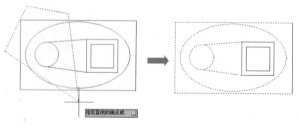

图 1-45

（10）编组：在一个或多个命名或未命名的编组中选择所有对象。

（11）添加：切换到添加模式，可以使用任何对象选择方法将选定对象添加到选择集。自动和添加为默认模式。

（12）删除：切换到删除模式，可以使用任何对象选择方法从当前选择集中删除对象。删除模式的替换模式是在选择单个对象时按下 Shift 键，或者是使用"自动"选项。

（13）多个：在对象选择过程中单独选择对象，而不亮显它们。这样会加速高度复杂对象的选择。

（14）上一个：选择最近创建的选择集。从图形中删除对象将清除"上一个"选项设置。

注意：在两个空间中切换

> 如果在两个空间中切换将忽略"上一个"选择集。

（15）放弃：放弃选择最近加到选择集中的对象。

（16）自动：切换到自动选择。指向一个对象即可选择该对象。指向对象内部或外部的空白区，将形成框选方法定义的选择框的第一个角点。自动和添加为默认模式。

提示：在两个空间中切换

> 在"选项"对话框中，若在"选择"选项卡的"选择集模式"选项区域中选中"隐含窗口"复选框，则"自动"模式永远有效。

（17）单选：切换到单选模式。选择指定的第一个或第一组对象而不继续提示进一步选择。

（18）子对象：用户可以逐个选择原始形状，这些形状是复合实体的一部分或三维实体上的顶点、边和面。可以选择这些子对象的其中之一，也可以创建多个子对象的选择集。选择集可以包含多种类型的子对象。按住 Ctrl 键操作与选择 SELECT 命令的"子对象"选项相同，如图 1-46 所示。

图 1-46

（19）对象：结束选择子对象的功能。使用户可以使用对象选择方法。

1.6.3 快速选择对象

案例	无	视频	快速选择对象.avi	时长	05'06"

在 AutoCAD 中，提供了快速选择功能，当需要选择一些共同特性的对象时，可以利用打开"快速选择"对话框创建选择集来启动"快速选择"命令。

打开"快速选择"对话框的三种方法如下。

方法 01 在 AutoCAD 绘图区右击鼠标，从弹出的快捷菜单中选择"快速选择"命令。

方法 02 执行"工具 | 快速选择"菜单命令。

方法 03 在命令行输入 QSELECT 命令并按<Enter>键。

执行"快速选择"命令后，将弹出"快速选择"对话框，如图 1-47 所示。

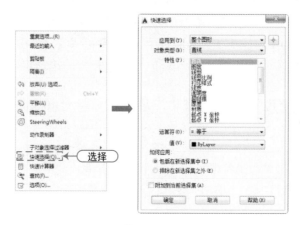

■ 图 1-47

例如，如图 1-48 所示为原图，下面利用"快速选择"命令来删除图形中所有的中心线。

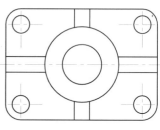

■ 图 1-48

Step 01　执行"工具 | 快速选择"菜单命令则打开"快速选择"对话框，在对话框的"特性"列表中选择"图层"，然后在"值"下拉列表中选择"中心线"，然后单击"确定"按钮，这样图形中所有的"中心线"对象就会被选中，如图 1-49 所示。

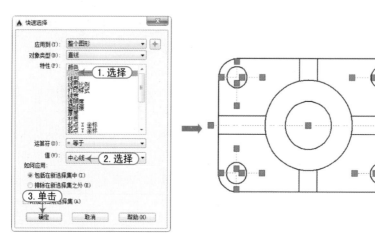

■ 图 1-49

Step 02　执行"删除"命令（E）将选中的对象删除，效果如图 1-50 所示。

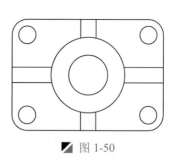

■ 图 1-50

1.6.4 对象编组

案例	无	视频	对象编组.avi	时长	03'28"

在 AutoCAD 中，可以将图形对象进行编组以创建一种选择集，一旦组中任何一个对象被选中，那么组中的全部对象都会被选中，从而使编辑对象操作变得更为有效。

执行编组命令的方法有以下三种。

方法 01　单击"默认"标签下"组"面板中的"组"按钮⬚。

方法 02　执行"工具丨组"菜单命令。

方法 03　在命令行输入 GROUP 命令并按<Enter>键。

执行该命令后，命令行提示如下。

```
命令: GROUP                                        \\ 执行"组"命令
选择对象或 [名称(N)/说明(D)]:                        \\ 选择"名称"选项
输入编组名或 [?]: 1                                  \\ 输入名称
选择对象或 [名称(N)/说明(D)]: 指定对角点: 找到 7 个    \\ 选择对象
组"1"已创建。                                       \\ 创建组对象
```

如图 1-51 所示为执行编组命令前和执行编组命令后选择对象的区别。

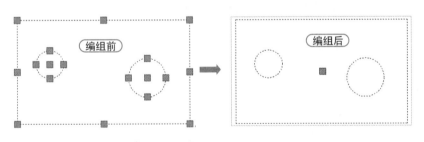

编组前　　　　　　编组后

图 1-51

1.7　ACAD 视图的显示控制

在 AutoCAD 中，图形显示控制功能在工程设计和绘图领域的应用极其广泛，灵活、熟练地掌握对图形的控制，可以更加精确、快速地绘制所需要的图形。

1.7.1 视图的缩放和平移

案例	无	视频	视图的缩放和平移.avi	时长	10'08"

在 AutoCAD 中，通过多种方法可以对图形进行缩放和平移视图操作，从而提高工作效率。

1. 平移视图

用户可以通过多种方法来平移视图重新确定图形在绘图区域的位置，平移视图的方法如下。

方法 01　执行"视图丨平移丨实时"命令。

方法 02　在命令行输入 PAN 命令或 P 命令并按<Enter>键。

在执行平移命令时，只会改变图形在绘图区域的位置，不会改变图形对象的大小。

技巧：平移视图的快捷方法

在绘图过程中，通过按住鼠标滑轮拖动鼠标，这样也能对图形对象进行短暂的平移。

2. 缩放视图

在绘制图形时，可以将局部视图放大或缩放视图全局效果，从而提高绘图精度和效率。缩放视图的方法如下。

方法 01　执行"视图｜缩放｜实时"命令。

方法 02　在命令行输入 ZOOM 命令或 Z 命令并按<Enter>键。

在使用命令行输入命令方法时，命令信息中给出了多个选项，如图 1-52 所示。

图 1-52

（1）全部（A）：用于在当前视口显示整个图形，其大小取决于图限设置或者有效绘图区域，这是因为用户可能没有设置图限或有些图形超出了绘图区域。

（2）中心（C）：必须确定一个中心，然后绘出缩放系数或一个高度值，所选的中心点将成为视口的中心点。

（3）动态（D）：该选项集成了"平移"命令或"缩放"命令中的"全部"和"窗口"选项的功能。

（4）范围（E）：用于将图形的视口最大限度地显示出来。

（5）上一个（P）：用于恢复当前视口中上一次显示的图形，最多可以恢复 10 次。

（6）窗口（W）：用于缩放一个由两个角点所确定的矩形区域。

（7）比例（S）：该选项将当前窗口中心作为中心点，依据输入的相关数据值进行缩放。

在绘制图形过程中，常常使用"缩放视图"命令。例如，在命令行输入 ZOOM 命令并按<Enter>键，在给出的多个选项中选择"比例（S）"，并输入比例因子 3，随后按<Enter>键就能缩放视图的显示，如图 1-53 所示。

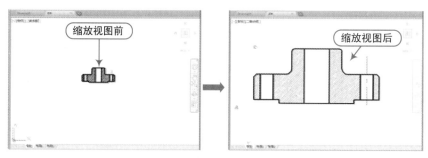

图 1-53

注意：缩放视图的变化

使用缩放不会更改图形中对象的绝对大小。它仅更改视图的显示比例。

1.7.2 平铺视口的应用

案例	无	视频	平铺视口的应用.avi	时长	08'11"

在 AutoCAD 中，为了满足用户需求，把绘图窗口分成多个矩形区域，创建不同的绘图区域，这种称为"平铺视口"。

1. 创建平铺视口

平铺视口是指将绘图窗口分成多个矩形区域，从而可得到多个相邻又不同的绘图区域，其中的每一个区域都可以用来查看图形对象的不同部分。

在 AutoCAD 2015 中创建"平铺视口"的方法有以下三种。

方法 01 执行"视图 | 视口 | 新建视口"命令。

方法 02 在命令行输入 VPOINTS 命令并按<Enter>键。

方法 03 在"视图"标签下的"模型视口"面板中单击"视口配置"按钮□。

在打开的"视口"对话框中，选择"新建视口"选项卡，可以显示标准视口配置列表，而且还可以创建并设置新平铺视口，如图 1-54 所示。

"视口"对话框中"新建视口"选项卡的主要内容如下。

（1）应用于：有"显示"和"当前视口"两种设置，前者用于设置所选视口配置，用于模型空间的整个显示区域的默认选项；后者用于设置将所选的视口配置，用于当前的视口。

（2）设置：选择二维或三维设置，前者使用视口中的当前视口来初始化视口配置，后者使用正交的视图来配置视口。

（3）修改视图：选择一个视口配置代替已选择的视口配置。

（4）视觉样式：可以从中选择一种视口配置代替已选择的视口配置。

在打开的"视口"对话框中，选择"命名视口"选项卡，可以显示图形中已命名的视口配置，当选择一个视口配置后，配置的布局将显示在预览窗口中，如图 1-55 所示。

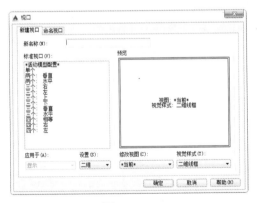

■ 图 1-54   ■ 图 1-55

2. 平铺视口的特点

当打开一个新的图形时，默认情况下将用一个单独的视口填满模型空间的整个绘图区域。而当系统变量 TILEMODE 被设置为 1 后（即在模型空间模型下），就可以将屏幕的绘图区域分割成多个平铺视口，平铺视口的特点如下。

（1）每个视口都可以平移和缩放，并设置捕捉、栅格和用户坐标系等，且每个视口都可以有独立的坐标系统。

（2）在执行命令期间，可以切换视口以便在不同的视口中绘图。

（3）可以命名视口中的配置，以便在模型空间中恢复视口或者应用于布局。

（4）只有在当前视口中鼠标才显示为"+"字形状，将鼠标指针移动出当前视口后将变成为箭头形状。

（5）当在平铺视口中工作时，可全局控制所有视口图层的可见性，当在某一个视口中关闭了某一图层，系统将关闭所有视口中的相应图层。

3. 视口的分割与合并

在 AutoCAD 2015 中，执行"视图 | 视口"子菜单中的命令，可以进行分割或合并视口操作，执行"视图 | 视口 | 三个视口"菜单命令，在配置选项中选择"右"，即可将打开的图形文件分成三个窗口进行操作，如图 1-56 所示。若执行"视图 | 视口 | 合并"菜单命令，系统将要求选择一个视口作为主视口，再选择相邻的视口，即可合并两个选择的视口，如图 1-57 所示。

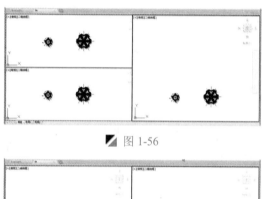

图 1-56

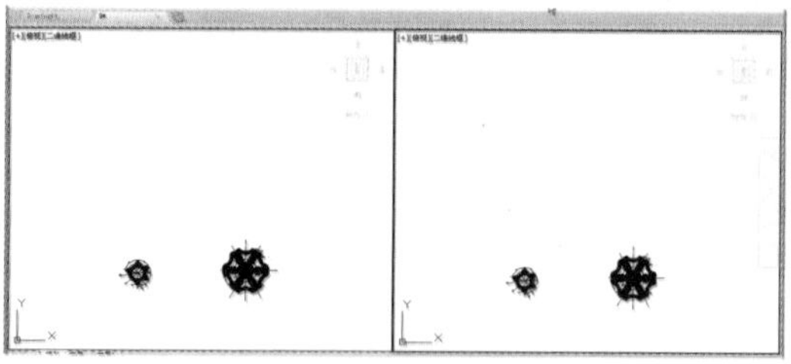

图 1-57

1.7.3 视图的转换操作

案例	无	视频	视图的转换操作.avi	时长	06'25"

在 AutoCAD2015 中，视图样式分为前视、后视、左视、右视、仰视、俯视、西南等轴测视和东南等轴测视等，视图样式转换的选择很多，用户根据不同的需求进行"视图的转换操作"，其主要方法有以下 3 种。

方法 01　单击"绘图区"左上角的"视图控件"按钮[俯视]，在下拉对话框中进行选择。

方法 02　执行"视图 | 三维视图"命令，在弹出的下拉列表中进行选择。

方法 03　在"视图"标签中的"视图"面板中进行选择。

通过以上方法，用户根据需求选择后，可以完成视图的转换操作，如图 1-58 所示为"俯视"转换为"仰视"。

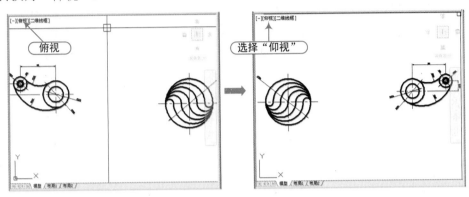

图 1-58

1.7.4 视觉的转换操作

案例	无	视频	视觉的转换操作.avi	时长	06'18"

在 AutoCAD2015 中，视觉样式分为概念、隐藏、真实、着色等，视觉样式转换的选择很多，用户根据不同的需求进行"视觉的转换操作"，其主要方法有以下 3 种。

方法 01 单击"绘图区"左上角的"视觉样式控件"按钮[二维线框]，在下拉对话框中进行选择。

方法 02 执行"视图 | 视觉样式"命令，在弹出的下拉列表中进行选择。

方法 03 在"视图"标签中的"视觉样式"面板中进行选择。

通过以上方法，用户根据需求选择后，可以完成视觉的转换操作，如图 1-59 所示为"二维线框"转换为"勾画"。

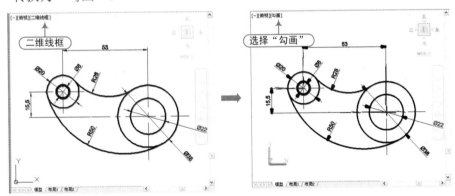

图 1-59

1.8 ACAD 图层与对象的控制

在 AutoCAD 2015 中，用户可以通过图层来编辑和调整图形对象，通过在不同的图层中来绘制不同的对象。

1.8.1 图层的概述

案例	无		视频	图层的特点.avi		时长	04'33"

在 AutoCAD 中，一个复杂的图形由许多不同类型的图形对象组成，而这些对象又都具有图层、颜色、线宽和线型四个基本属性，为了方便区分和管理，通过创建多个图层来控制对象的显示和编辑，从而提高绘制复杂图形的效率和准确性。

利用"图层特性管理器"选项板，不仅可以创建图层，设置图层的颜色、线型和宽度，还可以对图层进行更多的设置与管理，如切换图层、过滤图层、修改和删除图层等。打开"图层特性管理器"选项板的方法有以下 3 种。

方法 01 在命令行中输入 Layer，按<Enter>键。

方法 02 执行"格式 | 图层"菜单命令。

方法 03 在"默认"标签中的"图层"面板中单击"图层特性"按钮。

通过以上方法，可以打开"图层特性管理器"选项板，如图 1-60 所示。

图 1-60

通过"图层特性管理器"选项板，可以添加、删除和重命名图层，更改它们的特性，设置布局视口中的特性替代以及添加图层说明。图层特性管理器包括"过滤器"面板和图层列表面板。图层过滤器可以控制在图层列表中显示的图层，也可以用于同时更改多个图层。

图层特性管理器将始终进行更新，并且将显示当前空间中（模型空间、图纸空间布局或在布局视口中的模型空间内）的图层特性和过滤器选择的当前状态。

注意：图层 0

每个图形均包含一个名为 0 的图层。图层 0（零）无法删除或重命名，以确保每个图形至少包括一个图层。

1.8.2 图层的控制

案例	无		视频	图层的控制.avi		时长	07'23"

控制图层，可以很好地组织不同类型的图形信息，使得这些信息便于管理，从而大大提高工作效率。

1. 新建图层

在 AutoCAD 中，单击"图层特性管理器"选项板中的"新建图层"按钮，可以新建图层。在新建图层中，如果用户更改图层名字，用鼠标单击该图层并按 F2 键，然后重新输入图层名即可，图层名最长可达 255 个字符，但不允许有 >、<、\、:、= 等字符，否则系统会弹出如图 1-61 所示的警告框。

图 1-61

新建的图层继承了"图层 0"的颜色、线型等，如果需要对新建图层进行颜色、线型等重新设置，则选中当前图层的特性（颜色、线型等），单击鼠标左键进行重新设置。如果要使用默认设置创建图层，则不要选择列表中的任何一个图层，或在创建新图层前选择一个具有默认设置的图层。

> **注意：图层的描述**
>
> 对于具有多个图层的复杂图形，可以在"说明"列中输入描述性文字。

2. 删除图层

在 AutoCAD 中，图层的状态栏是灰色的图层为空白图层，如果要删除没有用过的图层，

图 1-62

在"图层特性管理器"选项板中选择好要删除的图层，然后单击"删除图层"按钮 或者按<Alt+D>组合键，就可删除该图层。

在 AutoCAD 中，如果该图层不为空白图层，那么就不能删除，系统会弹出"图层—未删除"提示框，如图 1-62 所示。

根据"图层—未删除"提示框可以看出，无法删除的图层有"图层 0 和图层 Defpoints"、"当前图层"、"包含对象的图层"和"依赖外部参照的图层"。

> **注意：删除图层时**
>
> 如果绘制的是共享工程中的图形，或是基于一组图层标准的图形，删除图层时要小心。

3. 切换到当前图层

在 AutoCAD 中，"当前图层"是指正在使用的图层，用户绘制的图形对象将保存在当前图层，在默认情况下，"对象特性"工具栏中显示了当前图层的状态信息。设置当前图层的方法有以下 3 种。

方法 01 在"图层特性管理器"选项板中，选择需要设置为当前层的图层，然后单击"置为当前"按钮 ，被设置为当前图层的图层前面有 标记。

方法 02 在"默认"标签下"图层"面板的"图层控制"下拉列表中，选择需要设置为当前的图层即可。

方法 03 单击"图层"面板中的"将对象的图层置为当前"按钮 ，然后使用鼠标在绘图区中选择某个图形对象，则该图形对象所在图层即可被设置为当前图层。

4. 设置图层颜色

在 AutoCAD 中，可以用不同的颜色表示不同的组件、功能和区域。设置图层颜色实际就是设置图层中图形对象的颜色。不同图层可以设置不同的颜色，方便用户区别复杂的图形，默认情况下，系统创建的图层颜色是 7 号颜色，设置图层的颜色命令调用的方法有以下两种。

方法 01 在命令行中输入 COLOR，按<Enter>键。

方法 02 执行"格式 | 颜色"菜单命令。

执行图层颜色的设置命令后，系统将会弹出"选择颜色"对话框，此对话框包括"索引颜色"、"真彩色"和"配色系统"三个选项卡，如图 1-63 所示。

5. 设置图层线型

在 AutoCAD 中，为了满足用户的各种不同要求，系统提供了 45 种线型，所有的对象都是用当前的线型来创建的，设置图层线型命令的执行方式如下。

方法 01 在命令行中输入 LINETYPE，按<Enter>键。

方法 02 执行"格式 | 线型"菜单命令。

执行图层线型的设置命令后，系统将会弹出"线型管理器"对话框，如图 1-64 所示。

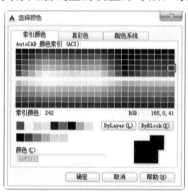

图 1-63   图 1-64

在"线型管理器"对话框中，其主要选项说明如下。

（1）线型过滤器：用于指定线型列表框中要显示的线型，勾选右侧的"反向过滤器"复选框，就会以相反的过滤条件显示线型。

（2）"加载"按钮：单击此按钮，将弹出"加载或重载线型"对话框，用户在"可用线型"列表中选择所需要的线型，也可以单击"文件"按钮，从其他文件中调出所要加载的线型。

（3）"删除"按钮：用此按钮来删除选定的线型。只能删除未使用的线型，不能删除 BYLAYER、BYBLOCK 和 CONTINUOUS 线型。

注意：删除线型时

如果处理的是共享工程中的图形，或是基于一系列图层标准的图形，则删除线型时要特别小心。已删除的线型定义仍存储在 acad.lin 或 acadlt.lin 文件(AutoCAD)或 acadiso.linacadltiso.lin 文件(AutoCAD LT)中，可以对其进行重载。

（4）"当前"按钮：此按钮可以将选择的图层或对象设置当前线型，如果是新创建的对象时，系统默认线型是当前线型（包括 Bylayer 和 ByBlock 线型值）。

（5）"显示\隐藏细节"按钮：此按钮用于显示"线型管理器"对话框中的"详细信息"选项区。

6. 设置图层线宽

在 AutoCAD 中，改变线条的宽度，使用不同宽度的线条表现对象的大小或类型，从而提高图形的表达能力和可读性，设置线宽的方法如下。

方法 01 在"图层特性管理器"对话框的"线宽"列表中单击该图层对应的线宽"—默认"，打开"线宽"对话框，选择所需要的线宽。

方法 02 执行"格式 | 线宽"菜单命令，打开"线宽设置"对话框，通过调整线宽比例，使图形中的线宽显示得更宽或更窄。

注意：线宽的显示

图层设置的线宽特性是否能显示在显示器上，还需要通过"线宽设置"对话框来设置。

7. 改变对象所在图层

在 AutoCAD 实际绘图中，如果绘制完某一图形元素后，发现该元素并没有绘制在预先设置的图层上，可选中该图形元素，并在"面板"选项板的"图层"选项区域的"应用的过滤器"下拉列表中选择预设图层名，即可改变对象所在图层。

例如，如图 1-65 所示，将直线所在图层改变为虚线所在图层。

图 1-65

1.9 ACAD 文字和标注的设置

在 AutoCAD 2015 中，可以设置多种文字样式，以方便各种工程图的注释及标注的需要，要创建文字对象，有单行文字和多行文字两种方式。同时 AutoCAD 2015 包含了一套完整的尺寸标注命令和使用程序，可以轻松地完成图形中要求的尺寸标注。

1.9.1 文字样式的设置

案例	无	视频	文字样式的设置.avi	时长	06'47"

在 AutoCAD 2015 中，图形中的所有文字都具有与之相关联的文字样式。输入文字时，系统使用当前的文字样式来创建文字，该样式可设置字体、大小、倾斜角度、方向和文字特征。如果需要使用其他文字样式来创建文字，可以将其他文字样式置于当前。

创建文字样式的方法如下。

方法 01 在命令行输入 STYLE 命令并按<Enter>键。

方法 02 执行"格式|文字样式"菜单命令。

方法 03 单击"默认"标签里"注释"面板下拉列表中的"文字样式"按钮，如图 1-66 所示。

图 1-66

执行上述命令后，将弹出"文字样式"对话框，单击"新建"按钮，会弹出"新建文字样式"对话框，在"样式名"文本框中输入样式的名称，然后单击"确定"按钮，即可新建文字样式，如图 1-67 所示。

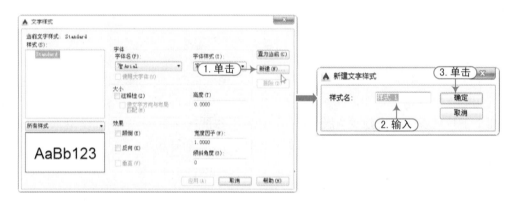

图 1-67

在"文字样式"对话框中，系统提供了一种默认文字样式是 Standard 文字样式，用户可以创建一个新的文字样式或修改文字样式，以满足绘图要求。

在"文字样式"对话框中，各主要选项具体说明如下。

（1）样式（S）：显示图形中的样式列表。样式名前的 图标指示样式为注释性。

（2）字体：用来设置样式的字体。

注意：样式字体的设置

如果更改现有文字样式的方向或字体文件，当图形重新生成时，所有具有该样式的文字对象都将使用新值。

（3）大小：用来设置字体的大小。

（4）效果：修改字体的特性，例如高度、宽度因子、倾斜角以及是否颠倒显示、反向或垂直对齐。

（5）颠倒（E）：颠倒显示字符。

（6）反向（K）：反向显示字符。

（7）垂直（V）：显示垂直对齐的字符。只有在选定字体支持双向时"垂直"才可用。TrueType 字体的垂直定位不可用。

（8）宽度因子（W）：设置字符间距。系统默认"宽度因子"为1，输入小于1的值将压缩文字。输入大于1的值则扩大文字。

（9）倾斜角度（O）：设置文字的倾斜角。输入一个 –85 和 85 之间的值将使文字倾斜。

文字的各种效果如图 1-68 所示。

标准 宋体　　字体各种样式

标准 黑体　　字体各种样式

标准 楷体　　字体各种样式

宽度因子：1.2　字体各种样式

倾斜角度：30度　字体各种样式

颠倒

反向

▨ 图 1-68

1.9.2　标注样式的设置

案例	无	视频	标注样式的设置.avi	时长	23'11"

在 AutoCAD 中，用户在标注尺寸之前，第一步要建立标注样式，如果不建立标注样式而直接进行标注，系统会使用默认的 Standard 样式。如果用户认为使用的标注样式某些设置不合适，也可以通过"标注样式管理器"对话框进行设置来修改标注样式。

打开"标注样式管理器"对话框的方法如下。

方法 01　在命令行输入 DIMSTYLE 命令并按<Enter>键。

方法 02　执行"格式｜标注样式"菜单命令。

方法 03　单击"注释"标签下"标注"面板中右下角的"标注样式"按钮⬊。

执行上述命令后，将打开"标注样式管理器"对话框，如图 1-69 所示。

在"标注样式管理器"对话框中，单击"新建"按钮，将打开"创建新标注样式"对话框，在该对话框中可以创建新的标注样式，单击该对话框中的"继续"按

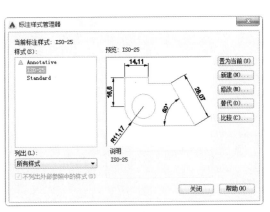

▨ 图 1-69

钮，将打开"新建标注样式：XXX"对话框，从而设置和修改标注样式的相关参数，如图 1-70 所示。

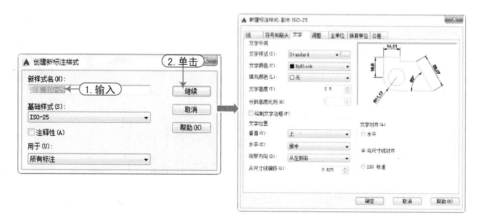

图 1-70

当标注样式创建完成后，在"标注样式管理器"对话框中，单击"修改"按钮，将打开"修改标注样式：XXX"对话框，从中可以修改标注样式。对话框选项与"新建标注样式：XXX"对话框中的选项相同。

1.10 绘制第一个 ACAD 图形

| 案例 | 平开门符号.dwg | 视频 | 绘制第一个 ACAD 图形.avi | 时长 | 05'17" |

为了使用户对 AutoCAD 建筑工程图的绘制有一个初步的了解，下面以"平开门符号"的绘制来进行讲解，其操作步骤如下。

Step 01 在桌面上双击 AutoCAD 2015 图标，启动 AutoCAD 2015 软件，系统自动创建一个空白文档。

Step 02 在"快速访问"工具栏单击"另存为"按钮，将弹出"图形另存为"对话框，按照如图 1-71 所示将该文件保存为"案例\01\平开门符号.dwg"文件。

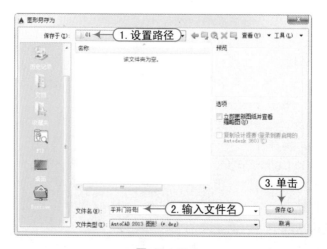

图 1-71

技巧：保存文件为低版本

> 在"图形另存为"对话框中，其"文件类型"下拉组合框中，用户可以将其保存为低版本的 .dwg 文件。

Step 03 在"常用"选项卡的"绘图"面板中单击"圆"按钮 ⊘，按照如下命令行提示绘制一个半径为 1000mm 的圆，其效果如图 1-72 所示。

命令: _circle	\\ 执行"圆"命令
指定圆的圆心或 [三点(3P)/两点(2P)/切点、切点、半径(T)]: @0,0	\\ 以原点(0.0)作为圆心点
指定圆的半径或 [直径(D)]: 1000	\\ 输入圆的半径为 1000

Step 04 在"常用"选项卡的"绘图"面板中单击"直线"按钮 ∕，根据如下命令行提示，绘制好两条线段，其效果如图 1-73 所示。

命令: _line	\\ 执行"直线"命令
指定第一个点:	\\ 捕捉圆上侧象限点
指定下一点或 [放弃(U)]:	\\ 捕捉圆心点，绘制线段 1
指定下一点或 [放弃(U)]:	\\ 捕捉右侧象限点，绘制线段 2
指定下一点或 [闭合(C)/放弃(U)]:	\\ 按回车键结束直线的绘制

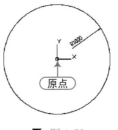

图 1-72

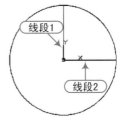

图 1-73

注意："对象捕捉"的启用

> 用户在绘制图形过程中，用户可按 F3 键来启用或取消其"对象捕捉"模式。但就是启用了"对象捕捉"模式，也必须勾选相应的捕捉点才行。

Step 05 在"常用"选项卡的"修改"面板中单击"偏移"按钮 ⊿，根据如下命令行提示，将上一步所绘制垂直线段向右侧偏移 60mm，其效果如图 1-74 所示。

命令: _offset	\\ 执行"偏移"命令
当前设置: 删除源=否　图层=源　OFFSETGAPTYPE=0	\\ 当前设置状态
指定偏移距离或 [通过(T)/删除(E)/图层(L)] <通过>: 60	\\ 输入偏移距离为 60mm
选择要偏移的对象，或 [退出(E)/放弃(U)] <退出>:	\\ 选择垂线段为偏移对象
指定要偏移的那一侧上的点，或 [退出(E)/多个(M)/放弃(U)] <退出>:	\\ 在垂线段右侧单击
选择要偏移的对象，或 [退出(E)/放弃(U)] <退出>:	\\ 按回车键结束偏移操作

Step 06 在"常用"选项卡的"修改"面板中单击"修剪"按钮 ⊹ 修剪 ▾，根据如下命令行提示，将多余的线段及圆弧进行修剪，其效果如图 1-75 所示。

```
命令:_trim                                              \\ 执行"修剪"命令
当前设置:投影=UCS，边=无                                  \\ 显示当前设置
选择剪切边...
选择对象或 <全部选择>:                                    \\ 按回车键表示修剪全部
选择要修剪的对象，或按住 Shift 键选择要延伸的对象，或
[栏选(F)/窗交(C)/投影(P)/边(E)/删除(R)/放弃(U)]:         \\ 单击圆弧修剪
选择要修剪的对象，或按住 Shift 键选择要延伸的对象，或
[栏选(F)/窗交(C)/投影(P)/边(E)/删除(R)/放弃(U)]:         \\ 单击水平线段右侧进行修剪
选择要修剪的对象，或按住 Shift 键选择要延伸的对象，或
[栏选(F)/窗交(C)/投影(P)/边(E)/删除(R)/放弃(U)]:         \\ 按回车键结束修剪操作
```

图 1-74

图 1-75

Step 07　在"快速访问"工具栏单击"保存"按钮，将所绘制的平开门符号进行保存。

Step 08　在键盘上按<Alt+F4>或<Ctrl+Q>组合键，退出所绘制的文件对象。

室内工程符号与图例的绘制

本章导读

在室内装潢设计中，常常需要绘制一些符号，如家具、电器、洁具、灯具、盆景和电气图块等，以便能更加真实和形象地表示装修的效果。本章中主要应用 AutoCAD 2015 软件讲解常用室内设计元素的绘制方法和步骤。

本章内容

- ◢ 室内符号的绘制
- ◢ 室内家具图例的绘制
- ◢ 室内厨洁具图例的绘制
- ◢ 室内电器（气）图例的绘制

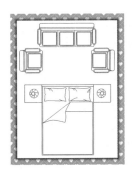

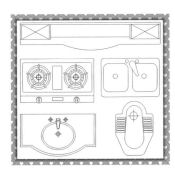

2.1 室内符号的绘制

室内设计中符号很有多种，本节主要讲解最常用的标高符号、剖切符号、索引符号、单开门符号、双开门符号、推拉门符号的绘制。

2.1.1 标高符号的绘制

| 案例 | 标高符号.dwg | 视频 | 标高符号的绘制.avi | 时长 | 06'08" |

首先新建一个 dwg 文件，然后使用多边形和直线命令绘制标高符号，具体操作步骤如下。

Step 01 正常启动 AutoCAD 2015 软件，系统自动创建一个空白文件；单击"保存"按钮 ，将其保存为"案例\02\标高符号.dwg"文件。

Step 02 执行"直线"命令（L），按"F8"快捷键以开启"正交"模式，使用鼠标单击一点，然后水平拖动，输入 8，以绘制一条长度为 8 的直线，如图 2-1 所示。

Step 03 在"状态栏"中单击"对象捕捉"按钮 ，然后右击该按钮在弹出的快捷菜单中选择"中点"捕捉模式，如图 2-2 所示。

Step 04 再执行"直线"命令（L），捕捉到直线的中点并单击作为起点，然后根据如下命令行提示，绘制一长度为 5，且与水平线夹角为 45° 的斜线段，其效果如图 2-3 所示。

命令：_LINE	\\ 执行"直线"命令
指定第一个点：	\\ 用鼠标单击水平线段的中点
指定下一点或 [放弃(U)]:@5 <45	\\ 在命令行输入相对极轴坐标
指定下一点或 [放弃(U)]:	\\ 按 Enter 键

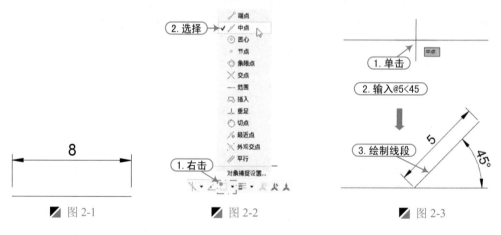

图 2-1　　　　　图 2-2　　　　　图 2-3

提示：直角坐标和极轴坐标

用户在绘图过程中，使用坐标系作为参照，可以精确定位某个对象，以便精确地拾取点的位置。AutoCAD 的坐标系提供了精确绘制图形的方法，利用坐标值（X,Y,Z）可以精确地表示具体的点。用户可以通过输入不同的坐标值，来进行图形的精确绘制。

直角坐标和极坐标为 CAD 中最为常见的坐标表示方法。

（1）直角坐标法：直角坐标法是利用 X、Y、Z 值表示坐标的方法。其表示方法为（X,Y,Z），在二维图形中，Z 坐标默认为 0，用户只需输入（X,Y）坐标即可。如需输入相对坐标，则需在坐标值前加@前缀。例如，在命令行中输入点的坐标（5,3），则表示该点沿 X 轴正方向的长度为 5，沿 Y 轴正方向的长度为 3。

（2）极坐标法：极坐标法是用长度和角度表示坐标的方法，只用于表示二维点的坐标。极坐标表示方法为（L<α），其中"L"表示点与原点的距离，"α"表示连线与极轴的夹角（极轴的方向为水平向右，逆时针方向为正），"<"表示角度符号。如需输入相对坐标，则需在坐标值前加@前缀。

此步骤是以相对极轴坐标的方式来绘制的直线。@7<45，其中"@"符号是相对符号，代表相对于上一个点，绘制一个角度为 45，长度为 7 的线段。

Step 05 执行"镜像"命令（MI），将上一步所绘制的斜线段进行镜像复制操作，其镜像线的第一点为下侧水平线段与斜线段的交点，第二点与下侧水平线段垂直，如图 2-4 所示。

命令：_MIRROR	\\ 执行"镜像"命令
选择对象：找到 1 个	\\ 选择斜线段，按 Enter 键
指定镜像线的第二点：<正交 开>	\\ 开启正交模式，垂直向上指定一点
要删除源对象吗？[是(Y)/否(N)] <N>：	\\ 按 Enter 键

Step 06 执行"偏移"命令（O），选择水平线段为对象，输入偏移距离为 3，然后向上指定偏移方向，偏移效果如图 2-5 所示。

■ 图 2-4

■ 图 2-5

Step 07 执行"修剪"命令（TR），"空格键"两次，直接在相交以外的线段上单击，以修剪掉多余的部分，如图 2-6 所示。

Step 08 按照步骤 3 的方法设置捕捉模式为"端点"捕捉，再执行"直线"命令（L），捕捉上水平线右端点向右绘制长 10 的线段，如图 2-7 所示。

■ 图 2-6

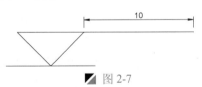

■ 图 2-7

Step 09 在"插入"标签下的"块定义"面板中，单击"定义属性"按钮，则弹出"属性定义"对话框，按照如图 2-8 所示步骤在该对话框中进行设置，然后单击"确定"按钮回到图形处，单击水平线右端点为插入点，以插入一个属性值。

Step 10 至此图形符号已经绘制完成，按【Ctrl+S】组合键进行保存。

技巧：属性值的调整

如前面的标高符号，在定义了属性块以后，若要对默认的标高值进行修改，可双击该标高文字，则会弹出"编辑属性定义"对话框，在"标记"栏可根据需要输入新的标高数值，如图 2-9 所示。

若以后要使用到该标高符号，可使用"插入（I）"命令，在插入该图块时将会弹出"编辑属性"对话框，提醒用户"输入标高值"，如图 2-10 所示。

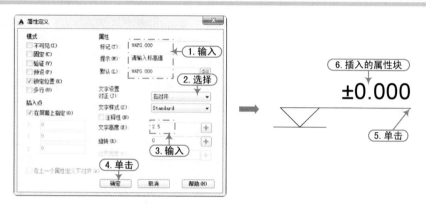

图 2-8

图 2-9

图 2-10

2.1.2 剖切索引符号的绘制

| 案例 | 剖切符号.dwg | 视频 | 剖切符号的绘制.avi | 时长 | 04'43" |

"剖切符号"乃工程术语，在剖视图中，用以表示剖切面剖切位置的图线。剖切位置线、剖视方向线和索引符号，共同构成了剖切索引符号。在绘制剖切索引符号时，首先新建一个 dwg 文件，然后使用多段线、直线和圆命令绘制如图 2-11 所示的剖切符号，具体操作步骤如下。

Step 01 正常启动 AutoCAD 2015 软件，系统自动创建一个空白文件；单击"保存"按钮，将其保存为"案例\02\剖切符号.dwg"文件。

Step 02 执行"多段线"命令（PL），根据如下命令行提示，设置全局宽度为 10，绘制一条长 200mm 的垂直多段线，其效果如图 2-12 所示。

```
命令: PLINE                                              \\ 执行"多段线"命令
指定起点:                                                \\ 在屏幕上指定一点
当前线宽为 5.0000
指定下一个点或 [圆弧(A)/半宽(H)/长度(L)/放弃(U)/宽度(W)]:W   \\ 选择"宽度（W）"选项
指定起点宽度 <5.0000>: 10                                \\ 输入起点宽度为 10
```

> 指定端点宽度 <10.0000>: 10　　　　　　　　　　　　　　　　　　\\ 输入端点宽度为 10
> 指定下一个点或 [圆弧(A)/半宽(H)/长度(L)/放弃(U)/宽度(W)]: 200 \\ 向下且输入多段线长为 200
> 指定下一点或 [圆弧(A)/闭合(C)/半宽(H)/长度(L)/放弃(U)/宽度(W)]:　　\\ 按空格键结束操作

Step 03 执行"复制"命令（CO），选择上步绘制的多段线，随意指定一点为基点，向下移动鼠标，输入 2700，复制效果如图 2-13 所示。

Step 04 执行"直线"命令（L），打开正交在上图多段线右侧绘制转折的两条线段，其效果如图 2-14 所示。

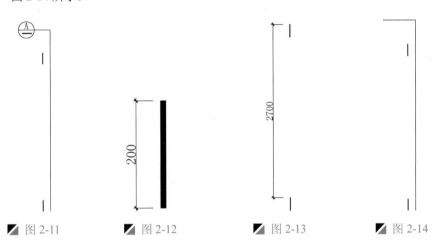

　　■ 图 2-11　　　　　■ 图 2-12　　　　　　■ 图 2-13　　　　　　　■ 图 2-14

Step 05 执行"圆"命令（C），在空白位置指定一点作为圆心，然后输入半径值 150，以绘制一个圆；在执行"直线"命令（L），过"象限点"绘制圆的水平直径线，效果如图 2-15 所示。

Step 06 执行"单行文字"命令（DT），根据如下命令提示，在圆内上半部输入文字"A"；然后再执行"多段线"命令（PL），自动继承前面设置的参数（宽度 10），在圆内下方绘制一条水平多段线，其效果如图 2-16 所示。

> 命令: TEXT　　　　　　　　　　　　　　　　　　　　　　　　\\ 单行文字命令
> 当前文字样式: "标注文字"　文字高度: 0 注释性: 否 对正: 左
> 指定文字的起点 或 [对正(J)/样式(S)]:　　　　　　　　　　　　\\ 在上半圆内单击
> 指定高度 <180.0000>: 90　　　　　　　　　　　　　　　　　\\ 输入文字高度
> 指定文字的旋转角度 <0>:　　　　　　　　　　　　　　　　　\\ 空格键默认角度 0
> 　　　　　　　　　　　　　　　　　　　　　　　　　　　　\\ 在文本框内输入"A"

Step 07 执行"移动"命令（M），将上步绘制好的图形，以圆右象限点为基点，移动到前面剖切水平线段的左端点，移动效果如图 2-11 所示。

　　　　■ 图 2-15　　　　　　　　　　■ 图 2-16

Step 08 至此图形符号已经绘制完成，按【Ctrl+S】组合键进行保存。

提示: 创建单行文字

在 AutoCAD 中, 使用单行文字可以创建一行或多行文字, 所创建的每一行文字都是独立的对象, 可以重新定位、调整格式或进行其他修改。创建单行文字的步骤如图 2-17 所示。

1. 指定文字位置　2. 设置文字对正、高度、角度等参数　3. 在文本框内输入文字　4. 单击其他位置输入　5. 如不输入按Esc键

图 2-17

提示: 关于剖切符号方向

如图 2-18 所示, (a)、(b)图上面圆圈里面的横线代表在本页, 也有是数字的, 数字就代表在多少页。如 $\frac{A}{2}$, 代表 A 图在第 2 页, A 代表 A 图, 方向就看短线在长线的什么方向就好。如(a)图, 方向就是从左向右看; (b)图, 从下向上看。像(c)、(d)图的这种符号, 看他的开口方向就行了。如 3 图, 从左向右看; 4 图, 从下向上看。

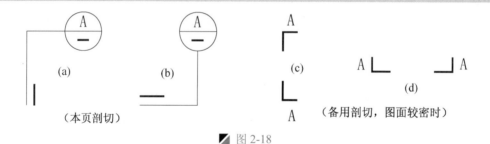

图 2-18

2.1.3 立面索引符号的绘制

案例	立面索引符号.dwg	视频	立面索引符号的绘制.avi	时长	05'37"

"立面索引符号"用于平面图中指引观看某一方向的墙体或者索引立面图等。在绘制索引符号时, 首先新建一个 dwg 文件, 然后使用多边形、圆、直线、填充等命令绘制索引符号, 具体操作步骤如下。

Step 01　正常启动 AutoCAD 2015 软件, 系统自动创建一个空白文件; 单击"保存"按钮 🖫, 将其保存为"案例\02\立面索引符号.dwg"文件。

Step 02　执行"多边形"命令（POL）, 根据如下命令行提示, 绘制一个多边形, 其效果如图 2-19 所示。

```
命令: POLYGON                              \\ 执行"多边形"命令
输入侧面数 <4>: 4                          \\ 输入多边形边数为 4
指定正多边形的中心点或 [边(E)]:            \\ 在屏幕上选择一点
```

```
输入选项 [内接于圆(I)/外切于圆(C)] <I>:I          \\ 选择"内接于圆（I）"选项
指定圆的半径:1000                                \\ 输入半径为 1000
命令: 指定对角点或 [栏选(F)/圈围(WP)/圈交(CP)]:   \\ 按 Enter 键结束操作
```

Step 03 执行"旋转"命令（RO），将多边形旋转 45 度，其效果如图 2-20 所示。

```
命令: ROTATE                                          \\ 旋转命令
UCS 当前的正角方向:  ANGDIR=逆时针   ANGBASE=0
选择对象: 找到 1 个                                    \\ 选择矩形
选择对象:                                             \\ 空格键确认选择
指定基点:                                             \\ 随意指定一点
指定旋转角度，或 [复制(C)/参照(R)] <0>: 45            \\ 输入旋转角度
```

Step 04 执行"圆"命令（C），在多边形内相应位置绘制一个半径为 300mm 的圆，其效果如图 2-21 所示。

■ 图 2-19

■ 图 2-20

Step 05 执行"阵列"命令（AR），根据如下命令行提示，将上步绘制的圆进行阵列，其效果如图 2-22 所示。

```
命令: ARRAY
选择对象:                                                        \\ 选择须阵列的对象
输入阵列类型 [矩形(R)/路径(PA)/极轴(PO)] <极轴>:po              \\ 选择"极轴（PO）"选项
类型 = 极轴  关联 = 是
指定阵列的中心点或 [基点(B)/旋转轴(A)]:                          \\ 选择多边形中心点
选择夹点以编辑阵列或 [关联(AS)/基点(B)/项目(I)/项目间角度(A)/填充角度(F)/行(ROW)/层(L)/
旋转项目(ROT)/退出(X)] <退出>:I                                  \\ 选择"项目（I）"选项
输入阵列中的项目数或 [表达式(E)] <6>:4                           \\ 输入项目数为 4
选择夹点以编辑阵列或 [关联(AS)/基点(B)/项目(I)/项目间角度(A)/填充角度(F)/行(ROW)/层(L)/
旋转项目(ROT)/退出(X)] <退出>:                                   \\ 按 Enter 键结束操作
```

Step 06 执行"直线"命令（L），在正交模式下以圆心为起点分别向多边形边绘制水平和垂直的线段，其效果如图 2-23 所示。

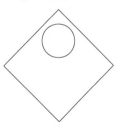

■ 图 2-21

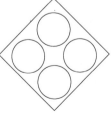

■ 图 2-22

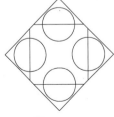

■ 图 2-23

Step 07 执行"修剪"命令（TR），将图形中多余线段删除，其效果如图 2-24 所示。

Step 08 执行"图案填充"命令（H），在自动弹出的"图案填充创建"选项卡中，单击"图案"面板中的"SOLTD"图案按钮，然后在上侧的三角形内单击以拾取填充位置进行填充，如图 2-25 所示。

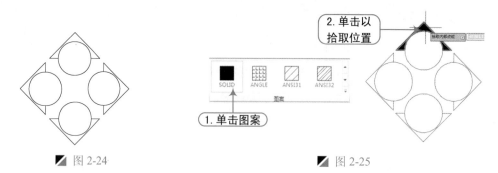

图 2-24　　　　　　　　　　　　　　　　　图 2-25

Step 09　根据同样的方法，填充其他位置，效果如图 2-26 所示。

注意：步骤讲解

> 这里的索引符号是由 4 个符号组成，每个符号都是独立的对象。如需要索引某一个位置时，只需要复制出一个符号。由于填充的图案是一个整体，因此需要多次重复填充命令，一个一个进行填充。

Step 10　执行"单行文字"命令（DT），设置文字高度为 120，在如图所示位置输入字母编号，其效果如图 2-27 所示。

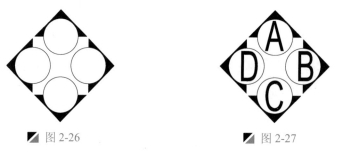

图 2-26　　　　　　　　　　　　　　　　　图 2-27

Step 11　图形符号已经绘制完成，按【Ctrl+S】组合键进行保存。

提示：图案填充的讲解

> 在 AutoCAD 中，图案填充是指用图案去填充图形中的某个区域，以表达该区域的特征。填充图案是由系统自动工作所得一个内部块，所以在处理填充图案时，用户可以把它作为一个块实体来对待。这种块的定义和调用在系统内自动完成，因此用户感觉与绘制一般的图形没有什么差别。
>
> 执行"图案填充"命令后，系统将自动弹出如图 2-28 所示的"图案填充创建"选项卡，通过该选项卡可对图案、比例、角度、边界等进行设置。

图 2-28

2.1.4 详图索引符号的绘制

| 案例 | 详图索引符号.dwg | 视频 | 详图索引符号的绘制.avi | 时长 | 04'21" |

　　图样中的某一局部或构件，如需另见详图，应以"索引符号"索引。在绘制索引符号时，首先新建一个 dwg 文件，然后使用索引符号绘制，具体操作步骤如下。

Step 01 正常启动 AutoCAD 2015 软件，系统自动创建一个空白文件；单击"保存"按钮 🖫，将其保存为"案例\02\详图索引符号.dwg"文件。

Step 02 执行"圆"命令（C），在屏幕上指定一点为圆心，根据提示选择"直径（D）"项，输入直径为 10，以绘制直径 10mm 的圆，如图 2-29 所示。

Step 03 执行"直线"命令（L），首先过象限点绘制圆的水平直径线，如图 2-30 所示。

Step 04 执行"单行文字"命令（DT），设置字高为 2.5，在上半圆内输入数字"5"，在下半圆输入数字"2"，如图 2-31 所示。

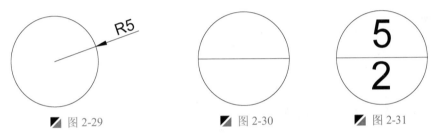

　　◪ 图 2-29　　　　　◪ 图 2-30　　　　　◪ 图 2-31

Step 05 执行"直线"命令（L），捕捉直线的右端点绘制长为 10 的线段，如图 2-32 所示。

Step 06 执行"单行文字"命令（DT），设置文字高为 1，在水平线上输入相应的文字，如图 2-33 所示。

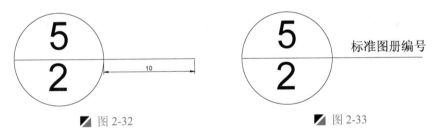

　　◪ 图 2-32　　　　　　　　◪ 图 2-33

Step 07 图形符号已经绘制完成，按【Ctrl+S】组合键进行保存。

技巧：索引符号规定

　　索引符号的圆及直径均应以细实线绘制，圆的直径应为 10mm，索引符号应按下列规定编写。

　　（1）索引出的详图，如与被索引的图样同在一张图纸内，应在索引符号的上半圆中用阿拉伯数字注明该详图的编号，并在下半圆中画一短水平细实线，如图 2-34（a）所示。

　　（2）索引出的详图，如与被索引的图样不在同一张图纸内，应在索引符号的下半圆中用阿拉伯数字注明该详图所在的图纸，如图 2-34（b）所示。

（3）索引出的详图，如采用标准图，应在索引符号水平直径的延长线上加注该标准图册的编号，如图 2-34（c）所示。

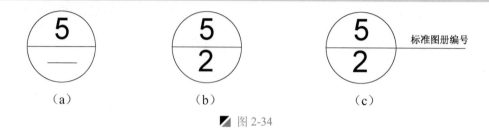

（a）　　　　　　　　（b）　　　　　　　　（c）

标准图册编号

图 2-34

2.1.5　详图符号的绘制

| 案例 | 详图符号.dwg | 视频 | 详图符号的绘制.avi | 时长 | 02'13" |

首先新建一个 dwg 文件，然后使用直线和圆等命令绘制详图符号，具体操作步骤如下。

Step 01 正常启动 AutoCAD 2015 软件，系统自动创建一个空白文件；单击"保存"按钮 🖫，将其保存为"案例\02\详图符号.dwg"文件。

Step 02 执行"圆"命令（C），绘制直径为 14mm 的圆。

Step 03 选择绘制的圆为对象，然后在"特性"面板中单击"线宽下拉列表"，设置线宽为 0.50mm；然后在"状态栏"中单击"线宽"按钮 ☰，以显示线宽效果如图 2-35 所示。

Step 04 执行"单行文字"命令（DT），设置对正方式为"正中（MC）"，文字高度为 8.5，在圆内输入文字"2"，其效果如图 2-36 所示。

Step 05 图形符号已经绘制完成，按【Ctrl+S】组合键进行保存。

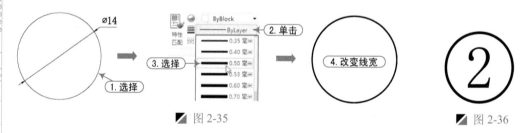

图 2-35　　　　　　　　　　　　　　　图 2-36

注意：详图符号的规定

详图的位置和编号，应以详图符号表示，详图符号应以粗实线绘制，直径应为 14mm。

2.1.6　单开门符号的绘制

| 案例 | 单开门符号.dwg | 视频 | 单开门符号的绘制.avi | 时长 | 05'59" |

首先新建一个 dwg 文件，然后使用直线和圆弧命令绘制单开门符号，具体操作步骤如下。

Step 01 正常启动 AutoCAD 2015 软件，系统自动创建一个空白文件；单击"保存"按钮 🖫，将其保存为"案例\02\单开门符号.dwg"文件。

Step 02 执行"矩形"命令（REC），绘制一个 40mm×100mm 的矩形，其效果如图 2-37 所示。

```
命令: RECTANG                                              \\ 矩形命令
指定第一个角点或 [倒角(C)/标高(E)/圆角(F)/厚度(T)/宽度(W)]:    \\ 随意指定一点
指定另一个角点或 [面积(A)/尺寸(D)/旋转(R)]: @40,100           \\ 输入另一对角点相对尺寸
```

Step 03　执行"复制"命令（CO），将绘制的矩形向右水平复制 760mm，其效果如图 2-38 所示。

图 2-37　　　　　　　　　　　　　　　　　　　图 2-38

Step 04　执行"直线"命令（L），将两个矩形进行连接，其效果如图 2-39 所示。

图 2-39

Step 05　选择"格式｜线型"菜单命令，打开"线型管理器"对话框，单击"显示细节"按钮，然后在"全局比例因子"文本框中输入 0.5，然后单击"确定"按钮，其效果如图 2-40 所示。

图 2-40

Step 06　选择中间两条连接线段，然后"特性"面板中，单击"线型"下拉列表，设置线型为"ACAD-IS003W100"，其效果如图 2-41 所示。

图 2-41

Step 07　执行"矩形"命令（REC），在如图 2-42 所示位置绘制一个 40mm×720mm 的矩形。

```
命令: RECTANG                                              \\ 矩形命令
指定第一个角点或 [倒角(C)/标高(E)/圆角(F)/厚度(T)/宽度(W)]:    \\ 单击左小矩形右上角点
指定另一个角点或 [面积(A)/尺寸(D)/旋转(R)]: @40,720           \\ 输入另一对角点相对坐标
```

Step 08　执行"圆弧"命令（A），分别单击"圆心、起点、端点"来绘制一个圆弧，其效果如图 2-43 所示，命令提示如下。

```
命令： ARC                                          \\ 圆弧命令
指定圆弧的起点或 [圆心(C)]: c                         \\ 选择"圆心"项
指定圆弧的圆心：                                      \\ 如图所示单击圆心
指定圆弧的起点：                                      \\ 如图所示单击起点
指定圆弧的端点(按住 Ctrl 键以切换方向)或 [角度(A)/弦长(L)]：   \\ 如图所示单击端点
```

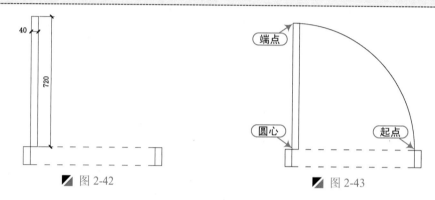

图 2-42   图 2-43

Step 09 至此图形符号已经绘制完成，按【Ctrl+S】组合键进行保存。

技巧：动态输入和静态输入

　　在 AutoCAD 中，坐标值需要通过数据的方式进行输入，其输入方法主要有两种，即静态输入和动态输入。

　　（1）静态输入：指在命令行直接输入坐标值的方法。"静态输入"可直接输入绝对直角坐标（X,Y）、绝对极坐标（L<α），如输入相对坐标，则需在坐标值前加@前缀。

　　（2）动态输入：单击"状态栏"中的"动态输入"按钮，即可打开或关闭动态输入功能。"动态输入"可直接输入相对直角坐标值（@X,Y）、相对极坐标值（@L<α），而不用加@符号。如输入绝对坐标，则需在坐标前加#前缀。

　　例如，使用动态输入功能绘制 100×40 的矩形时，不用加@符号可直接输入相对数据，输入的第一个数为 100，则相对于上一点的 X 轴方向长度；第二个数据为 40，则相对上一点的 Y 轴方向的长度，通过按"Tab"键在两个数据间进行切换，如图 2-44 所示。

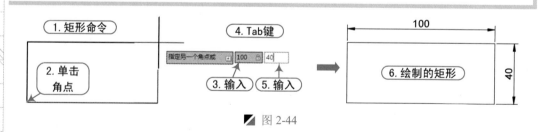

图 2-44

2.1.7　双开门符号的绘制

案例	双开门符号.dwg	视频	双开门符号的绘制.avi	时长	01'28"

　　首先新建一个 dwg 文件，然后使用插入和镜像等命令绘制双开门符号，具体操作步骤如下。

Step 01　正常启动 AutoCAD 2015 软件，系统自动创建一个空白文件；单击"保存"按钮🔲，将其保存为"案例\02\双开门符号.dwg"文件。

Step 02　执行"插入"命令（I），将"案例\02"文件夹下面的"单开门"图形插入图形中，其效果如图 2-45 所示。

Step 03　执行"删除"命令（E），将右边矩形删除，其效果如图 2-46 所示。

Step 04　执行"镜像"命令（MI），将图形以线段右边端点为基准点水平镜像图形，其效果如图 2-47 所示。

▰ 图 2-45

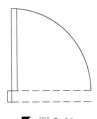

▰ 图 2-46

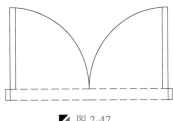

▰ 图 2-47

Step 05　至此图形符号已经绘制完成，按【Ctrl+S】组合键进行保存。

2.1.8　推拉门符号的绘制

案例	推拉门符号.dwg	视频	推拉门符号的绘制.avi	时长	01'45"

　　首先新建一个 dwg 文件，然后使用矩形和复制命令来绘制推拉门符号，具体操作步骤如下。

Step 01　正常启动 AutoCAD 2015 软件，系统自动创建一个空白文件；单击"保存"按钮🔲，将其保存为"案例\02\推拉门符号.dwg"文件。

Step 02　执行"矩形"命令（REC），绘制一个 900mm×50mm 的矩形，其效果如图 2-48 所示。

▰ 图 2-48

Step 03　首先执行"复制"命令（CO），将矩形垂直向上复制 50mm，然后再执行"移动"命令（M），将复制后的矩形水平向右移动 850mm，其效果如图 2-49 所示。

▰ 图 2-49

Step 04　至此图形符号已经绘制完成，按【Ctrl+S】组合键进行保存。

2.2　室内家具图例的绘制

　　家具在建筑室内装饰中具有实用和美观双重功效，是维持人们日常生活、工作、学习和休息的必要设施。室内环境只有在配置了家具之后，才具备它应有的功能。

2.2.1 沙发的绘制

案例	沙发.dwg	视频	沙发的绘制.avi	时长	09'45"

首先新建一个 dwg 文件，然后使用直线、偏移和倒圆角命令绘制沙发，沙发由三位和单位组成，具体操作步骤如下。

Step 01 正常启动 AutoCAD 2015 软件，系统自动创建一个空白文件；单击"保存"按钮 🖫，将其保存为"案例\02\沙发.dwg"文件。

Step 02 执行"矩形"命令（REC），绘制 2000mm×2000mm 的矩形，其效果如图 2-50 所示。

Step 03 执行"圆角"命令（F），根据如下提示，对矩形下方两个直角进行倒圆角处理，其效果如图 2-51 所示。

```
命令: FILLET                                              \\ 圆角命令
当前设置: 模式 = 修剪，半径 = 0.0000
选择第一个对象或 [放弃(U)/多段线(P)/半径(R)/修剪(T)/多个(M)]: r \\ 选择"半径（R）"项
指定圆角半径 <0.0000>: 160                                \\ 设置半径为 160
选择第一个对象或 [放弃(U)/多段线(P)/半径(R)/修剪(T)/多个(M)]: \\ 选择矩形其中一条垂直边
选择第二个对象，或按住 Shift 键选择对象以应用角点或 [半径(R)]: \\ 选择矩形下水平边
```

Step 04 首先执行"分解"命令（X），将图形进行打散操作，再执行"偏移"命令（O），将图形四直边按如下尺寸偏移，其效果如图 2-52 所示。

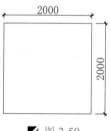

■ 图 2-50

■ 图 2-51

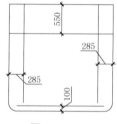

■ 图 2-52

Step 05 执行"圆角"命令（F），对偏移出来的四条直线进行倒圆角处理，倒圆角半径为 135mm，其效果如图 2-53 所示。

Step 06 执行"偏移"命令（O），将上图倒圆角后的图形向内偏移 55，其效果如图 2-54 所示。

Step 07 执行"偏移"命令（O），将图形最外边线段按如下尺寸进行偏移，其效果如图 2-55 所示。

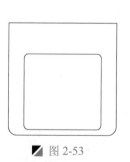

■ 图 2-53

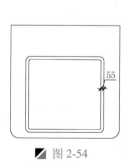

■ 图 2-54

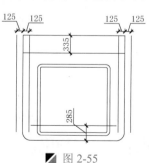

■ 图 2-55

Step 08 执行"圆角"命令（F），将偏移出来的线段进行倒圆角处理，倒圆角半径为 96mm，其效果如图 2-56 所示。

Step 09 执行"修剪"命令（TR），将倒角后图形内多余线段删除，其效果如图 2-57 所示。

Step 10 执行"偏移"命令（O），将两侧相同的圆角矩形分别向外偏移 65，并将多余线段删除，其效果如图 2-58 所示。

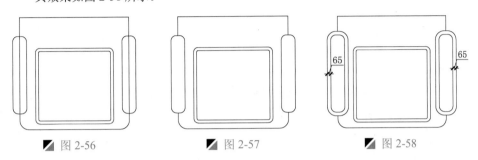

图 2-56　　　　　　　　图 2-57　　　　　　　　图 2-58

Step 11 执行"偏移"命令（O），将最上方线段分别向两边偏移 255，其效果如图 2-59 所示。

Step 12 执行"圆角"命令（F），将上步偏移出来的线段进行倒圆角处理，倒圆角半径为 96mm，其效果如图 2-60 所示。

Step 13 执行"复制"命令（CO），将上步倒角后的图形下半部分垂直向上复制一份，其效果如图 2-61 所示。

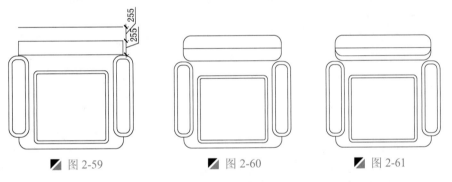

图 2-59　　　　　　　　图 2-60　　　　　　　　图 2-61

Step 14 执行"删除"命令（E），将图形多余线段删除，其效果如图 2-62 所示。

Step 15 执行"直线"命令（L），对图形绘制连接线段，完成单人沙发效果如图 2-63 所示。

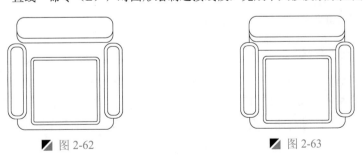

图 2-62　　　　　　　　　　图 2-63

Step 16 首先执行"复制"命令（CO），将上步绘制的单位沙发复制一个，再将右边多余线段删除，其效果如图 2-64 所示。

Step 17 同样的方法将上步图形再复制出一个，将左边多余线段删除，保留中间部分效果如图 2-65 所示。

Step 18 执行"移动"命令（M），将上两步绘制的图形组合在一起，其效果如图 2-66 所示。

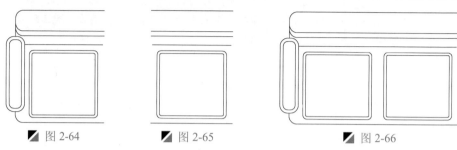

■ 图 2-64   ■ 图 2-65   ■ 图 2-66

Step 19   执行"镜像"命令（MI），将组合好的图形左边部分水平镜像，其效果如图 2-67 所示。

Step 20   执行"直线"命令（L），在图形内绘制连接线段，其效果如图 2-68 所示。

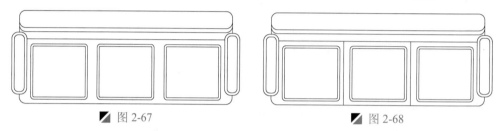

■ 图 2-67   ■ 图 2-68

Step 21   执行"圆角"命令（F），对图形进行圆角处理，倒圆角半径为 160mm，完成三人沙发效果如图 2-69 所示。

Step 22   通过移动、镜像、复制等命令，将第 15 步绘制的单位沙发与第 21 步绘制的三位沙发进行组合，其效果如图 2-70 所示。

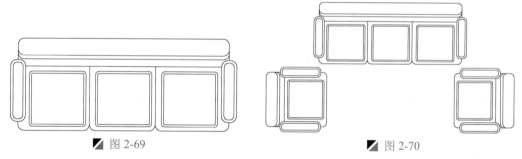

■ 图 2-69   ■ 图 2-70

Step 23   至此图形符号已经绘制完成，按【Ctrl+S】组合键进行保存。

提示：圆角命令讲解

在 AutoCAD 中，执行"圆角"命令可以按指定半径的圆弧并与对象相切来连接两个对象，这两个对象可以是圆弧、圆、椭圆、直线、多段线等。

在"圆角"命令过程中，设置了圆角半径，然后依次选择两个对象，即可倒圆角，如图 2-71 所示。

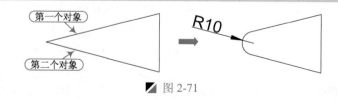

■ 图 2-71

2.2.2 茶几的绘制

案例	茶几.dwg	视频	茶几的绘制.avi	时长	03'05"

首先新建一个 dwg 文件，然后使用矩形、填充和偏移命令绘制茶几，具体操作步骤如下。

Step 01　正常启动 AutoCAD 2015 软件，系统自动创建一个空白文件；单击"保存"按钮 🖫，将其保存为"案例\02\茶几.dwg"文件。

Step 02　执行"矩形"命令（REC），绘制 3550mm×2230mm 的矩形，其效果如图 2-72 所示。

Step 03　执行"偏移"命令（O），将矩形向内依次偏移 220mm、95mm，其效果如图 2-73 所示。

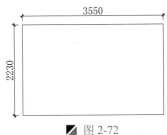

图 2-72

图 2-73

Step 04　执行"图案填充"命令（H），在自动弹出的"图案填充创建"选项卡中，设置图案为"AR-RROOF"、比例为"30"、角度为"45"对茶几进行玻璃填充，其效果如图 2-74 所示。

Step 05　同样执行"图案填充"命令（H），设置图案为"AR-SAND"、比例为"5"对茶几进行木饰面填充，其效果如图 2-75 所示。

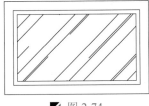

图 2-74

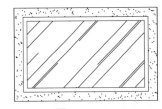

图 2-75

Step 06　至此图形符号已经绘制完成，按【Ctrl+S】组合键进行保存。

提示：图案填充设置

在进行图案填充时，默认进入了"图案填充创建"选项卡，其中主要选项含义如下。

（1）"图案填充"选项组：可以选择图案填充的样式，单击其右侧的上下按钮可选择相应图案，单击下拉按钮即可在下拉列表中选择所需的预定义图案，如图 2-76 所示。

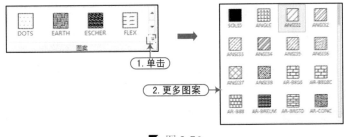

图 2-76

（2）"特性"选项组：用于设定填充图案的属性，其含有 4 个选项：图案样式和类型、填充颜色、填充比例等，如图 2-77 所示。

图 2-77

◆ 角度 角度 0 ：指定填充图案相对于当前用户坐标系 X 轴的旋转角度，用户可在右侧的文本框中输入相应的角度参数。例如，填充样例 "ANSI-31" 的图案角度为 0° 和 90° 时，其显示效果如图 2-78 所示。

◆ 比例 ：设置填充图案的缩放比例，以使图案的外观变得更稀疏或更紧密。例如，填充样例 "ANSI-31" 的图案比例为 1 和 10 时，其显示效果如图 2-79 所示。

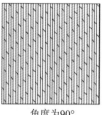

角度为0°   角度为90°

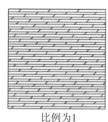
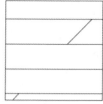
比例为1   比例为10

图 2-78   图 2-79

2.2.3　双人床的绘制

| 案例 | 双人床.dwg | 视频 | 双人床的绘制.avi | 时长 | 10'28" |

首先新建一个 dwg 文件，然后使用矩形、偏移、修剪等命令，来绘制双人床的外轮廓，再通过圆角矩形和复制命令，绘制枕头对象，再通过矩形、偏移和镜像等命令，绘制双人床两侧的床头柜，具体操作步骤如下。

Step 01　正常启动 AutoCAD 2015 软件，系统自动创建一个空白文件；单击"保存"按钮，将其保存为"案例\02\双人床.dwg"文件。

Step 02　执行"矩形"命令（REC），绘制 2400mm×3200mm 的矩形，其效果如图 2-80 所示。

Step 03　首先执行"分解"命令（X），将矩形进行打散操作，再执行"偏移"命令（O）按照如下尺寸进行偏移，其效果如图 2-81 所示。

Step 04　首先执行"修剪"命令（TR），将多余线段删除，再执行"圆角"命令（F），将偏移线条下面两个角以半径为 30mm 进行圆角处理，其效果如图 2-82 所示。

Step 05　执行"偏移"命令（O），将下方线段向上依次偏移 1960mm、435mm，其效果如图 2-83 所示。

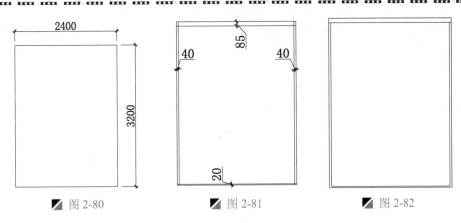

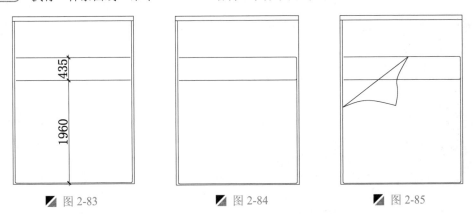

图 2-80 图 2-81 图 2-82

Step 06 执行"圆角"命令（F），将偏移出来的线段以半径 30 对其进行圆角处理，其效果如图 2-84 所示。

Step 07 执行"样条曲线"命令（SPL），绘制三条样条曲线，如图 2-85 所示。

图 2-83 图 2-84 图 2-85

提示：**样条曲线命令讲解**

在 AutoCAD 中，样条曲线是一种特殊的线段。用于绘制曲线、平滑度圆弧，它是通过或接近指定点的拟合曲线。执行"样条曲线"命令后，通过依次单击多个点来创建连续的曲线（a、b、c、d），如图 2-86 所示。选择完成的样条曲线将显示创建时单击的各个夹点，通过选中夹点并拖动可改变样条曲线的形状。

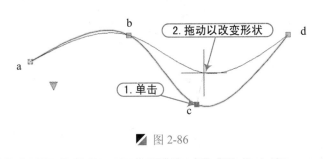

图 2-86

Step 08 执行"修剪"命令（TR），将多余线条进行修剪，修剪效果如图 2-87 所示。

Step 09 通过多段线、圆弧和复制命令，如图 2-88 所示绘制枕头。

Step 10 执行"矩形"命令（REC），根据命令行提示，绘制一个 800mm×800mm 的直角矩形；再执行"圆"命令（C），在相应位置，绘制半径分别为 75mm、200mm 的圆，其效果如图 2-89 所示。

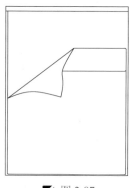

▨ 图 2-87

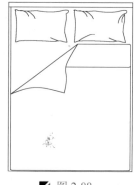

▨ 图 2-88

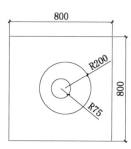

▨ 图 2-89

Step 11 执行"直线"命令（L），选择内圆绘制一条斜线段，其效果如图 2-90 所示。

Step 12 执行"阵列"命令（AR），根据如下命令行提示，将上步绘制的线段进行阵列，其效果如图 2-91 所示。

```
命令: ARRAY
选择对象:                                              \\ 选择须阵列的对象
输入阵列类型 [矩形(R)/路径(PA)/极轴(PO)] <极轴>:po      \\ 选择"极轴（PO）"选项
类型 = 极轴  关联 = 是
指定阵列的中心点或 [基点(B)/旋转轴(A)]:                  \\ 选择内圆圆心
选择夹点以编辑阵列或 [关联(AS)/基点(B)/项目(I)/项目间角度(A)/填充角度(F)/行(ROW)/层(L)/
旋转项目(ROT)/退出(X)] <退出>:I                         \\ 选择"项目（I）"选项
输入阵列中的项目数或 [表达式(E)] <6>:8                   \\ 输入项目数为 8
选择夹点以编辑阵列或 [关联(AS)/基点(B)/项目(I)/项目间角度(A)/填充角度(F)/行(ROW)/层(L)/
旋转项目(ROT)/退出(X)] <退出>:                           \\ 按 Enter 键结束操作
```

Step 13 执行"修剪"命令（TR），将图形线段修剪和延伸，其最终效果如图 2-92 所示。

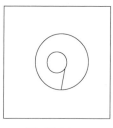

▨ 图 2-90

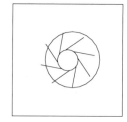

▨ 图 2-91

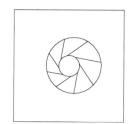

▨ 图 2-92

提示：修剪与延伸命令的转换

在进行修剪操作时按住<Shift>键，可以转换执行"延伸"（EXTEND）命令，当选择要修剪的对象时，若某条线段未与修剪边界相交，则按住<Shift>键后单击该线段，可将其延伸到最近的边界。

Step 14 执行"移动"命令（M），将床头柜移动到床边上适合的位置；再执行"镜像"命令（MI），将床头柜水平镜像复制出一个，其效果如图 2-93 所示。

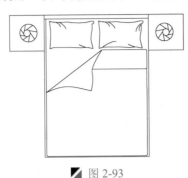

图 2-93

Step 15 至此图形已经绘制完成，按【Ctrl+S】组合键进行保存。

注意：床的分类

平板床：由基本的床头板、床尾板、加上骨架为结构的平板床，是一般最常见的式样。

四柱床：最早来自欧洲贵族使用的四柱床，让床有最宽广的浪漫遐想。古典风格的四柱上，有代表不同风格时期的繁复雕刻；现代乡村风格的四柱床，可籍由不同花色布料的使用，将床布置的更加活泼，更具个人风格。

双层床：上下铺设计的床，是一般居家空间最常使用的，不仅节省空间，当一人搬出时，上铺便可成为放置杂物的好地方。

日床：在欧美较常见，外型类似沙发，却有较深的椅垫，提供白天短暂休憩之用。与其他种类床不同的是，日床通常摆设在客厅或休闲视听室，而非晚间睡眠的卧室。

沙发床：可变形的家具，可以根据不同的需要对家具本身进行组装。可以变化成沙发，拆解开就可以当床使用。是现代家具中比较方便小空间的家具，是沙发和床的组合。

2.2.4 组合衣柜的绘制

案例	组合衣柜.dwg	视频	组合衣柜的绘制.avi	时长	04'24"

首先新建一个 dwg 文件，然后使用矩形和直线等命令绘制组合衣柜，具体操作步骤如下。

Step 01 正常启动 AutoCAD 2015 软件，系统自动创建一个空白文件；单击"保存"按钮 💾，将其保存为"案例\02\组合衣柜.dwg"文件。

Step 02 执行"矩形"命令（REC），绘制一个 50mm×305mm 的矩形，其效果如图 2-94 所示。

Step 03 执行"复制"命令（CO），将矩形水平向右复制 1100mm，其效果如图 2-95 所示。

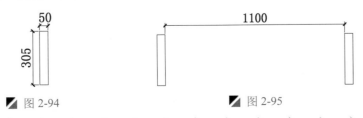

图 2-94   图 2-95

Step 04 执行"直线"命令（L），捕捉左边矩形右上方端点和右边矩形左上方端点进行连接，再执行"偏移"命令（O），将直线向下偏移 280，其效果如图 2-96 所示。

Step 05 执行"矩形"命令（REC），绘制两个 10mm×40mm 的矩形；通过移动和复制命令，将小矩形与大矩形垂直边中点对齐，最终效果如图 2-97 所示。

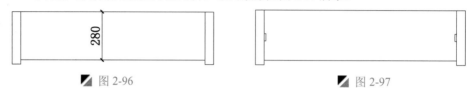

图 2-96   图 2-97

Step 06 执行"直线"命令（L），捕捉上步绘制的两个矩形中点进行连接，再执行"偏移"命令（O），将线段分别向上和向下偏移 5 然后再将中间线段删除，其效果如图 2-98 所示。

Step 07 执行"矩形"命令（REC），绘制一个 11mm×222mm 的矩形放在如图 2-99 所示位置。

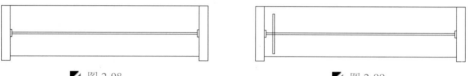

图 2-98   图 2-99

Step 08 执行"复制"命令（CO），将上步绘制的矩形进行复制，其效果如图 2-100 所示。

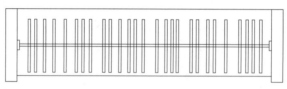

图 2-100

Step 09 至此图形已经绘制完成，按【Ctrl+S】组合键进行保存。

2.2.5 化妆台的绘制

| 案例 | 化妆台.dwg | 视频 | 化妆台的绘制.avi | 时长 | 04'56" |

　　首先新建一个 dwg 文件，然后使用矩形和圆等命令来绘制化妆台，具体操作步骤如下。

Step 01 正常启动 AutoCAD 2015 软件，系统自动创建一个空白文件；单击"保存"按钮，将其保存为"案例\02\化妆台.dwg"文件。

Step 02 执行"矩形"命令（REC），绘制一个 1525mm×635mm 的矩形，其效果如图 2-101 所示。

Step 03 执行"圆"命令（C），在相应位置绘制半径为 58mm、146mm、154mm 的同心圆，其效果如图 2-102 所示。

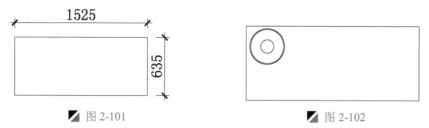

图 2-101   图 2-102

Step 04 执行"直线"命令（L），打开"正交"模式，过圆心绘制两条互相垂直的线条，其效果如图 2-103 所示。

Step 05 执行"矩形"命令（REC），绘制两个 50mm×10mm 的矩形，并放置到下侧相应位置，如图 2-104 所示。

▨ 图 2-103

▨ 图 2-104

Step 06 执行"直线"命令（L），绘制一条长为 685mm 的垂直线段；再执行"偏移"命令（O），将线段向右依次偏移 70、605、70，其效果如图 2-105 所示。

Step 07 执行"直线"命令（L），捕捉上下端点进行连接；再执行"偏移"命令（O），将下水平线向下偏移 72，如图 2-106 所示。

Step 08 执行"圆弧"命令（A），通过单击三点来绘制一段圆弧，如图 2-107 所示。

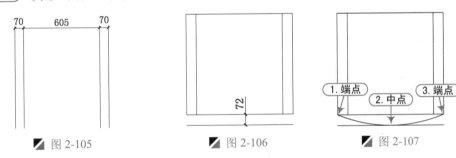

▨ 图 2-105

▨ 图 2-106

▨ 图 2-107

Step 09 执行"删除"命令（E），将多余的线条删除掉；再执行"偏移"命令（O），将圆弧向内依次偏移 70、100，其效果如图 2-108 所示。

Step 10 执行"移动"命令（M），将化妆凳移动到化妆台适合的位置，其效果如图 2-109 所示。

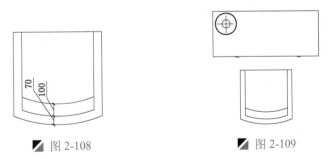

▨ 图 2-108

▨ 图 2-109

Step 11 至此图形已经绘制完成，按【Ctrl+S】组合键进行保存。

提示：三点圆弧

圆弧是圆的一部分，也是常用的基本图元之一。AutoCAD 为用户提供了 11 种圆弧的绘制方式，用户可根据不同的已知条件选择不同的方式绘制圆弧对象。

在"绘图"面板中单击"圆弧"按钮 ，或单击下拉按钮，即会看到圆弧的多种绘制方式，如图 2-110 所示。

默认情况下，圆弧是以"三点"方式来创建的，即以圆弧周线上的 3 个指定点绘制圆弧，如图 2-111 所示，其他绘制方式在后面的章节中会进行讲解。

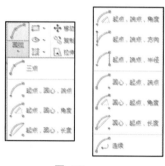

图 2-110

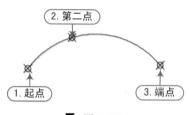

图 2-111

2.2.6　电视柜的绘制

案例	电视柜.dwg	视频	电视柜的绘制.avi	时长	04'19"

首先新建一个 dwg 文件，然后使用矩形和直线等命令绘制电视柜，具体操作步骤如下。

Step 01　正常启动 AutoCAD 2015 软件，系统自动创建一个空白文件；单击"保存"按钮 ，将其保存为"案例\02\电视柜.dwg"文件。

Step 02　执行"矩形"命令（REC），绘制一个 2530mm×30mm 的矩形，其效果如图 2-112 所示。

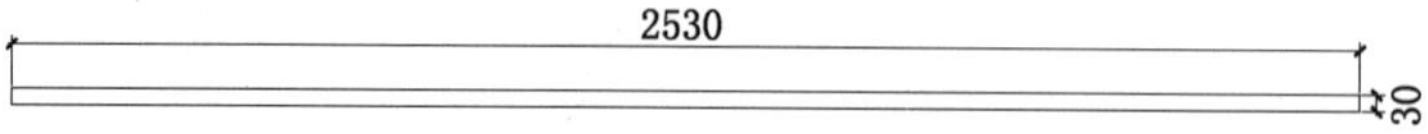

图 2-112

Step 03　执行"直线"命令（L），捕捉矩形左下角端点以其为起点垂直向下绘制一条长为 350mm 的线段，再执行"偏移"命令（O），向右依次偏移 23、500、23、1438、23、500、23，其效果如图 2-113 所示。

图 2-113

Step 04　执行"分解"命令（X），将矩形进行打散操作，再执行"偏移"命令（O），将打散后的矩形下方线段垂直向下依次偏移 221、38、91，其效果如图 2-114 所示。

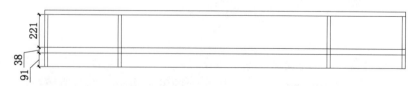

图 2-114

Step 05　执行"修剪"命令（TR），将多余线段修剪删除掉，其效果如图 2-115 所示。

■ 图 2-115

Step 06　执行"直线"命令（L），在下图所示位置绘制四条对角线，其效果如图 2-116 所示。

■ 图 2-116

Step 07　执行"圆弧"命令（A），在下方绘制圆弧并调整到相应状态，再执行"修剪"命令（TR），将多余线段修剪掉，其效果如图 2-117 所示。

■ 图 2-117

Step 08　至此图形已经绘制完成，按【Ctrl+S】组合键进行保存。

2.2.7　餐桌的绘制

案例	餐桌.dwg	视频	餐桌的绘制.avi	时长	08'14"

首先新建一个 dwg 文件，然后使用矩形、直线等命令来绘制餐桌，具体操作步骤如下。

Step 01　正常启动 AutoCAD 2015 软件，系统自动创建一个空白文件；单击"保存"按钮，将其保存为"案例\02\餐桌.dwg"文件。

Step 02　执行"矩形"命令（REC），根据如下命令提示绘制圆角矩形，其效果如图 2-118 所示。

```
命令: RECTANG                                          \\ 起动命令
指定第一个角点或 [倒角(C)/标高(E)/圆角(F)/厚度(T)/宽度(W)]:f   \\ 选择"圆角（F）选项"
指定矩形的圆角半径 <400.0000>:400                        \\ 输入圆角半径为 400
指定第一个角点或 [倒角(C)/标高(E)/圆角(F)/厚度(T)/宽度(W)]:   \\ 在屏幕上指定一点
指定另一个角点或 [面积(A)/尺寸(D)/旋转(R)]:d               \\ 选择"尺寸（D）选项"
指定矩形的长度 <2530.0000>:1900                         \\ 输入长度为 1900
指定矩形的宽度 <30.0000>:1180                           \\ 输入宽度为 1180
指定另一个角点或 [面积(A)/尺寸(D)/旋转(R)]:                \\ 按鼠标左键结束操作
```

Step 03　执行"图案填充"命令（H），设置图案为"AR-RROOF"、比例为"20"、角度为"45"，对餐桌进行图案填充，其效果如图 2-119 所示。

Step 04　执行"矩形"命令（REC），根据前面的方法绘制出 580×480，圆角半径为 15 的圆角矩形，其效果如图 2-120 所示。

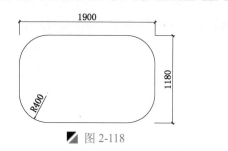

图 2-118

图 2-119

Step 05 执行"偏移"命令（O），将圆角矩形向外偏移 25，其效果如图 2-121 所示。

Step 06 执行"直线"命令（L），首先捕捉圆角矩形下方中点垂直向下绘制长为 60mm 的垂直线段，再捕捉垂直线段中点以其为基点分别向两边绘制长为 60mm 的水平线段，最后再将水平线段分别向上和向下偏移 15，其效果如图 2-122 所示。

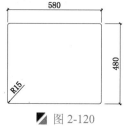

图 2-120

图 2-121

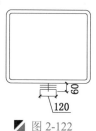

图 2-122

Step 07 执行"圆弧"命令（A），在下方绘制适当的形状大小且四条相连的圆弧，如图 2-123 所示，形成餐椅靠背。

Step 08 执行"矩形"命令（REC），在上步图形左边绘制一个长为 62mm、宽为 399mm、半径为 12mm 的圆角矩形，其效果如图 2-124 所示。

图 2-123

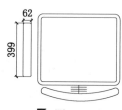

图 2-124

Step 09 执行"直线"命令（L），对图进行斜线连接，再执行"镜像"命令（MI），将左侧餐椅扶手水平镜像一个至右侧，其效果如图 2-125 所示。

Step 10 执行"复制"命令（CO）、"旋转"命令（RO）、"移动"命令（M）和"镜像"命令（MI），复制出六张椅子与餐桌组合，其效果如图 2-126 所示。

图 2-125

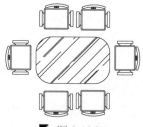

图 2-126

Step 11 图形已经绘制完成，按【Ctrl+S】组合键进行保存。

2.3 室内厨洁具图例的绘制

厨洁具包括厨具和卫生洁具，厨具是厨房用具的通称，主要包括储藏用具、洗涤用具、调理用具、烹调用具和进餐用具。卫生洁具是指人们用于洗或洗涤用具的器具，用于厕浴间和厨房，如洗面盆、坐便器、浴缸等，卫生洁具主要由陶瓷、玻璃钢、塑料、人造大理石（玛瑙）、不锈钢等材质制成。

2.3.1 燃气灶的绘制

案例	燃气灶.dwg	视频	燃气灶的绘制.avi	时长	11'01"

首先新建一个 dwg 文件，然后通过矩形和偏移命令绘制燃气灶的外轮廓，再通过圆、矩形、阵列和镜像等命令绘制灶芯，再通过圆角矩形、圆和修剪等命令，绘制燃气灶的点火开关，具体操作步骤如下。

Step 01 正常启动 AutoCAD 2015 软件，系统自动创建一个空白文件；单击"保存"按钮 ，将其保存为"案例\02\燃气灶.dwg"文件。

Step 02 执行"矩形"命令（REC），绘制一个 1280mm×732mm 的矩形，其效果如图 2-127 所示。

Step 03 执行"分解"命令（X），将矩形打散操作；再执行"偏移"命令（O），将下方线段垂直向上偏移 110mm，绘制的"灶台"效果如图 2-128 所示。

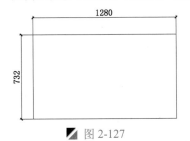

图 2-127   图 2-128

Step 04 执行"圆"命令（C），绘制半径为 37mm、46mm、91mm、110mm、137mm、174mm、201mm 的同心圆，其效果如图 2-129 所示。

Step 05 执行"矩形"命令（REC），绘制一个 12mm×82mm 的矩形，并通过移动命令，将矩形放置到如图 2-130 所示位置，使象限点和矩形中点对齐。

Step 06 执行"阵列"命令（AR），根据提示选择"极轴（PO）"选项，以同心圆的圆心为阵列的中心点，将矩形对象环形阵列 5 份，其效果如图 2-131 所示。

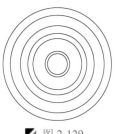 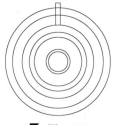 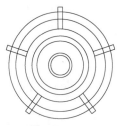

图 2-129   图 2-130   图 2-131

Step 07 执行"分解"命令（X），将阵列的图形分解掉；执行"修剪"命令（TR），将多余线段删除，其效果如图 2-132 所示。

Step 08　首先执行"直线"命令（L），在图形内相应位置绘制一条直线，再执行"阵列"命令（AR），根据提示选择"极轴（PO）"选项，以同心圆的圆心为阵列的中心点，将直线环形阵列 16 份，其效果如图 2-133 所示。

Step 09　执行"直线"命令（L），打开"正交"模式，过同心圆心绘制两条垂直的线条，完成"燃气灶"效果如图 2-134 所示。

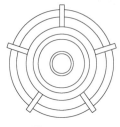 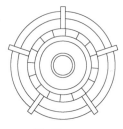 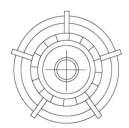

图 2-132　　　　　　　　　图 2-133　　　　　　　　　图 2-134

Step 10　执行"圆"命令（C），绘制半径为 18m、47mm 的同心圆，其效果如图 2-135 所示。

Step 11　执行"矩形"命令（REC），在同心圆内相应位置绘制一个 22mm×78mm 的矩形，其效果如图 2-136 所示。

Step 12　执行"修剪"命令（TR），将多余线段删除，其效果如图 2-137 所示。

 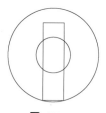 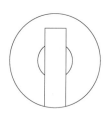

图 2-135　　　　　　　　　图 2-136　　　　　　　　　图 2-137

Step 13　执行"圆弧"命令（A），在同心圆上方绘制一条圆弧，并将其调整成如图 2-138 所示的"开关"效果。

Step 14　执行"移动"（M）和"镜像"命令（MI），将前面绘制的"开关"、"灶台"和"燃气灶"图形放置到合适的位置；最后再执行"修剪"命令（TR），将多余线段删除，完成如图 2-139 所示的效果。

　　　　　　　　　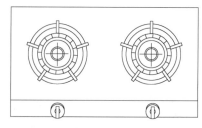

图 2-138　　　　　　　　　　　　　图 2-139

Step 15　执行"矩形"命令（REC），根据提示选择"圆角（F）"选项，首先绘制一个半径为 27mm、长度为 1207mm、宽度为 495mm 的圆角矩形，再绘制一个半径为 17mm、长度为 183mm、宽度为 421mm 的圆角矩形；然后通过执行"移动"命令（M），将圆角矩形放置到如图 2-140 所示位置。

Step 16 同样执行"矩形"命令（REC），在图上绘制一个 183mm×55mm 的直角矩形，其效果如图 2-141 所示。

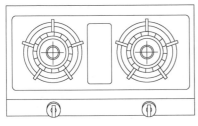 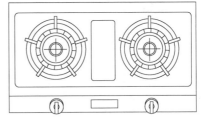

图 2-140   图 2-141

注意：步骤讲解

> 由于前面在执行"矩形"命令的过程中，设置了圆角半径参数，再后面绘制矩形时，系统自动会继承上一圆角半径参数，只能绘制出圆角的矩形；若要绘制出直角矩形，必须设置圆角半径为 0。

Step 17 至此图形已经绘制完成，按【Ctrl+S】组合键进行保存。

注意：怎样正确使用燃气器具

> （1）使用燃气器具前要仔细阅读使用说明书，按要求正确操作。
>
> （2）使用燃气器具的房间必须保持通风良好。
>
> （3）定期检查燃气器具的燃气管是否漏气，检查方法为用肥皂水刷在管道接口处，如果有气泡冒出，证明该处漏气，需要进行修理。
>
> （4）对灶具连接胶管进行检查，发现老化、磨损立即进行更换；胶管的使用年限不能超过 18 个月，其长度也不应超过 2 米；更换液化石油气钢瓶时，减压阀与钢瓶接口处的胶圈是否脱落、老化、坏损，减压阀是否上紧，严禁用管钳等工具拧逆。
>
> （5）发现漏气时，立即关闭气源，清除火种，切勿启动排风扇、抽抽烟机，打开门窗通风，进行检修。
>
> （6）使用燃气灶具时，不要长时间离开，防止火被溢出的汤水或风扑灭，造成漏气。
>
> （7）燃气燃气器具发生故障时，不要强行使用，需立即请专业人员修复。
>
> （8）不要在安装燃气设备的房间内再使用煤炉或其它灶具。
>
> （9）如果长时间外出，一定要把表前阀门关好。
>
> （10）燃气灶周围不要放置易燃杂物。

2.3.2 抽油烟机的绘制

案例	抽油烟机.dwg	视频	抽油烟机的绘制.avi	时长	03'20"

首先新建一个 dwg 文件，然后使用矩形、直线、圆等命令和通过各种编辑方法，从而绘制一个立面抽油烟机效果，具体操作步骤如下。

Step 01 正常启动 AutoCAD 2015 软件，系统自动创建一个空白文件；单击"保存"按钮，将其保存为"案例\02\抽油烟机.dwg"文件。

Step 02 执行"直线"命令（L），绘制一条长为 1350mm 的水平直线，再执行"偏移"命令（O），将线段垂直向上依次偏移 100、60，其效果如图 2-142 所示。

Step 03 执行"直线"命令（L），分别捕捉上下两条线段端点将其进行连接，其效果如图 2-143 所示。

图 2-142　　　　　　　　　　图 2-143

Step 04 执行"矩形"命令（REC），在上图中心位置绘制 385mm×900mm 的矩形，其效果如图 2-144 所示。

Step 05 执行"移动"命令（M），将矩形垂直向上移动 335mm，其效果如图 2-145 所示。

Step 06 执行"直线"命令（L），将图形进行连接，其效果如图 2-146 所示。

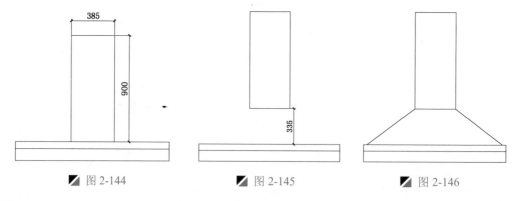

图 2-144　　　　　　图 2-145　　　　　　图 2-146

Step 07 执行"矩形"命令（REC），在图形相应位置绘制 320mm×40mm 的矩形，其效果如图 2-147 所示。

Step 08 执行"圆"命令（C），在上步绘制的矩形内相应位置绘制半径为 8mm 的圆表示按钮，如图 2-148 所示。

Step 09 执行"复制"命令（CO），将小圆依次向右侧进行多次复制，从而绘制形成抽油烟机的控制面板，其效果如图 2-149 所示。

图 2-147　　　　　　图 2-148　　　　　　图 2-149

Step 10 至此图形已经绘制完成，按【Ctrl+S】组合键进行保存。

技巧：中国十大名牌洁具品牌

（1）箭牌洁具（乐华陶瓷洁具公司旗下品牌，中国名牌，国家免检产品）。

（2）TOTO 洁具（东陶公司旗下品牌，创立于 1917 年日本，国家免检产品）。

（3）帝王洁具（四川东方洁具旗下品牌，知名品牌）。

（4）美标洁具（开始于 1872 年美国，中国驰名商标，国家免检产品）。

（5）九牧洁具（九牧集团旗下品牌，中国名牌,国家免检产品）。

（6）惠达洁具（中国驰名商标，中国名牌，国家免检产品）。

（7）科勒洁具（开始于 1872 年美国，世界知名品牌卫浴品牌）。

（8）乐家洁具（开始于 1917 年西班牙巴塞罗那，欧洲第一品牌）。

（9）东鹏洁具（中国驰名商标，中国名牌，国家免检产品）。

（10）四维 swell 洁具 （中国名牌，国家免检产品）。

2.3.3 洗碗槽的绘制

| 案例 | 洗碗槽.dwg | 视频 | 洗碗槽的绘制.avi | 时长 | 04'34" |

首先新建一个 dwg 文件，然后通过圆角矩形、移动和复制的方法绘制洗碗槽的轮廓，再通过圆等命令绘制水漏效果，再通过圆、椭圆、直线、修剪等命令绘制水阀开关，具体操作步骤如下。

Step 01 正常启动 AutoCAD 2015 软件，系统自动创建一个空白文件；单击"保存"按钮 🖫，将其保存为"案例\02\洗碗槽.dwg"文件。

Step 02 执行"矩形"命令（REC），根据提示绘制长度为 940mm、宽度为 592mm、半径为 42mm 的圆角矩形，其效果如图 2-150 所示。

Step 03 同样执行"矩形"命令（REC），在圆角矩形内相应位置绘制长度为 400mm、宽度为 435mm、半径为 84mm 的圆角矩形，其效果如图 2-151 所示。

Step 04 执行"镜像"命令（MI），将上步绘制的圆角矩形水平镜像一个至右侧，其效果如图 2-152 所示。

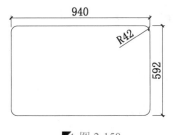

图 2-150

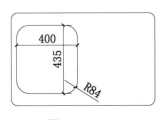

图 2-151

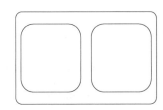

图 2-152

Step 05 执行"圆"命令（C），在图形相应位置绘制两个半径为 36mm 的圆，其效果如图 2-153 所示。

Step 06 执行"直线"命令（L），在空白处绘制两条相互垂直的线段，其效果如图 2-154 所示。

Step 07 执行"旋转"命令（RO），将垂直线段以下方端点为基点旋转 10 度，其效果如图 2-155 所示。

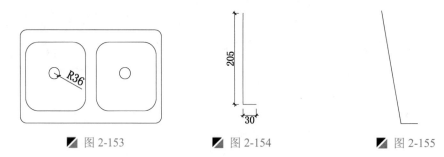

图 2-153   图 2-154   图 2-155

Step 08   执行"镜像"命令（MI），将旋转后的线段水平镜像，其效果如图 2-156 所示。

Step 09   执行"圆弧"命令（A），在图形上方绘制一个圆弧并调整如图 2-157 所示效果。

图 2-156   图 2-157

Step 10   执行"移动"命令（M）、"旋转"（RO）和"修剪"（TR）命令，绘制出如图 2-158
          所示图形。

Step 11   执行"圆"命令（C），在图内相应位置绘制两个半径为 25mm 的圆，其效果如图 2-159
          所示。

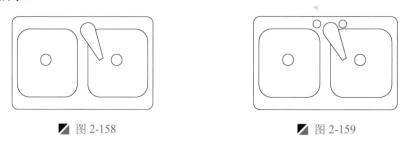

图 2-158   图 2-159

Step 12   至此图形已经绘制完成，按【Ctrl+S】组合键进行保存。

技巧：多边形中心点的捕捉

在绘图中，常常要求用户捕捉某图形的中心点来绘制图形。在这里以四边形为例，捕捉中心点的方法有以下两种。

（1）按"F3"和"F11"以启动对象捕捉与对象捕捉追踪模式，首先捕捉第一个相应特征点并在延长线上拖动，出现追踪虚线，再捕捉第二个特征点拖动，出现交叉点时单击，即可找到中心点了，如图 2-160 所示。

（2）还有一种就是绘制连接辅助线来找到中心点，如图 2-161 所示。当绘制完成时删除辅助线即可。

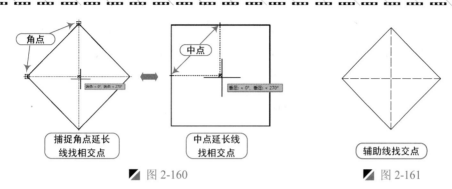

捕捉角点延长 线找相交点	中点延长线 找相交点	辅助线找交点

图 2-160   图 2-161

2.3.4 洗脸盆的绘制

案例	洗脸盆.dwg	视频	洗脸盆的绘制.avi	时长	08'08"

首先新建一个 dwg 文件，然后通过矩形、偏移、圆弧、多段线等命令，绘制洗面盆的外轮廓，再通过椭圆、移动、偏移等命令绘制面槽轮廓，再通过圆、直线、修剪、移动等命令绘制水阀效果，具体操作步骤如下。

Step 01 正常启动 AutoCAD 2015 软件，系统自动创建一个空白文件；单击"保存"按钮 🔲，将其保存为"案例\02\洗脸盆.dwg"文件。

Step 02 执行"矩形"命令（REC），绘制 1000mm×420mm 的直角矩形，并执行"分解"命令（X），将矩形分解，其效果如图 2-162 所示。

Step 03 执行"偏移"命令（O），将左右两边的线段向内偏移 140，其效果如图 2-163 所示。

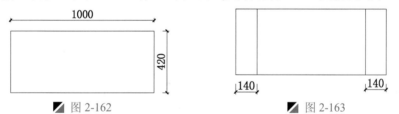

图 2-162   图 2-163

Step 04 执行"圆弧"命令（A），根据如下命令提示绘制圆弧，其效果如图 2-164 所示。

命令: ARC	\\ 启动命令
圆弧创建方向: 逆时针(按住 Ctrl 键可切换方向)	
指定圆弧的起点或 [圆心(C)]:	\\ 选择圆弧起点
指定圆弧的第二个点或 [圆心(C)/端点(E)]:e	\\ 选择"端点（E）"选项
指定圆弧的端点:	\\ 选择圆弧端点
指定圆弧的圆心或 [角度(A)/方向(D)/半径(R)]:r	\\ 选择"半径（R）"选项
指定圆弧的半径:600	\\ 输入半径为 600

Step 05 执行"修剪"命令（TR）和"删除"命令（E），将多余线段删除；再执行"偏移"命令（O）将修剪好的轮廓向内偏移 22，其效果如图 2-165 所示。

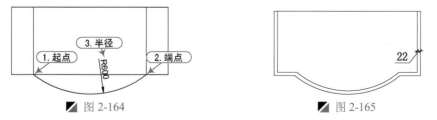

图 2-164   图 2-165

Step 06　执行"直线"命令（L），绘制两条相互垂直的线段，其效果如图 2-166 所示。

Step 07　执行"旋转"命令（RO），将垂直线段以与水平线交点为基点旋转"5"度，再执行"镜像"命令（MI），将旋转后的线段水平镜像，其效果如图 2-167 所示。

Step 08　执行"偏移"命令（O），将水平线段依次向下偏移 18、107、9，再执行"修剪"命令（TR），将多余线段删除，其效果如图 2-168 所示。

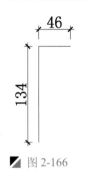
图 2-166

图 2-167

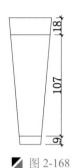
图 2-168

Step 09　执行"直线"命令（L），以上方水平线右边端点为基点垂直向下绘制一条长为 36mm 的线段，再执行"旋转"命令（RO），将线段旋转"10"度，其效果如图 2-169 所示。

Step 10　执行"直线"命令（L）和"镜像"命令（MI），绘制如图 2-170 所示图形。

Step 11　执行"圆"命令（C），在图内相应位置绘制半径为 7mm 的圆，其效果如图 2-171 所示。

图 2-169

图 2-170

图 2-171

Step 12　执行"椭圆"命令（EL），绘制长轴半径 222mm，短轴半径 180mm 的椭圆，并将椭圆向内偏移 20mm，其效果如图 2-172 所示。

命令: ELLIPSE	\\ 椭圆命令
指定椭圆的轴端点或 [圆弧(A)/中心点(C)]:	\\ 在空白处单击
指定轴的另一个端点：<正交 开> 444	\\ 正交下水平向右并输入 444
指定另一条半轴长度或 [旋转(R)]: 180	\\ 输入 180

Step 13　执行"移动"命令（M），将面盆、把手组合在一起；再执行"修剪"命令（TR）删除掉多余的线条，其效果如图 2-173 所示。

Step 14　执行"圆"命令（C），在上图内相应位置绘制半径分别为 18mm、27mm 的同心圆，再执行"直线"命令（L），打开"正交"模式，过同心圆心绘制两条垂直的线条，其效果如图 2-174 所示。

Step 15　同样的方法在把手两边绘制半径分别为 14mm、23mm 的同心圆和垂直线段，其效果如图 2-175 所示。

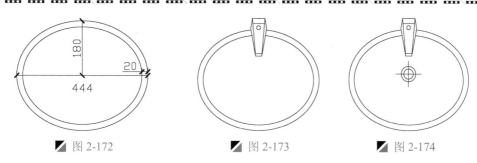

图 2-172　　　　　　图 2-173　　　　　　图 2-174

Step 16　执行"移动"命令（M），将面盆和外轮廓组合在一起，其效果如图 2-176 所示。

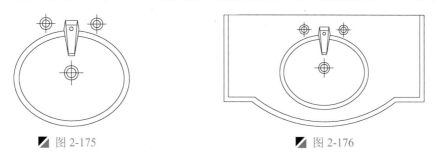

图 2-175　　　　　　　　　　图 2-176

Step 17　至此图形已经绘制完成，按【Ctrl+S】组合键进行保存。

技巧：椭圆命令讲解

在 AutoCAD 2015 中，根据"椭圆"命令可以绘制任意形状的椭圆和椭圆弧。绘制椭圆的方法有两种，如图 2-177 所示。

（1）"圆心"（C）：绘制中先指定椭圆的中心点，再指定一条轴的轴端点和另一条轴的半轴长度画椭圆。

（2）"轴、端点（E）"：绘制中先指定一条轴的两端点，再指定另一条轴的半轴长度方法画椭圆。

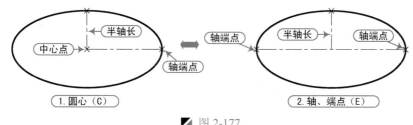

图 2-177

2.3.5　马桶的绘制

案例	马桶.dwg	视频	马桶的绘制.avi	时长	03'30"

首先新建一个 dwg 文件，然后通过矩形等命令绘制马桶的水箱轮廓，再通过椭圆、矩形、修剪等命令，绘制马桶面板轮廓，具体操作步骤如下。

Step 01　正常启动 AutoCAD 2015 软件，系统自动创建一个空白文件；单击"保存"按钮，将其保存为"案例\02\马桶.dwg"文件。

Step 02 执行"矩形"命令（REC），绘制 565mm×230mm 的直角矩形，其效果如图 2-178 所示。

Step 03 同样执行"矩形"命令（REC），在上图矩形下侧绘制 505mm×70mm 的对齐矩形，其效果如图 2-179 所示。

◢ 图 2-178　　　　　　　　　　　　　　　　　◢ 图 2-179

Step 04 执行"椭圆"命令（EL），绘制长轴半径 510mm，短轴半径 270mm 的椭圆，并将椭圆向内偏移 35mm，其效果如图 2-180 所示。

Step 05 执行"移动"命令（M），将椭圆与水箱轮廓组合在一起，其效果如图 2-181 所示。

Step 06 执行"移动"命令（M），将椭圆垂直向上移动 323mm，再执行"修剪"命令（TR）将多余线段删除，其效果如图 2-182 所示。

Step 07 执行"矩形"命令（REC），在图内绘制 50mm×20mm 的直角矩形，再执行"圆"命令（C），在矩形左侧绘制半径为 10mm 的圆；最后再将多余线段修剪掉，其效果如图 2-183 所示。

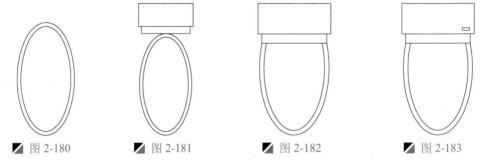

◢ 图 2-180　　　　◢ 图 2-181　　　　◢ 图 2-182　　　　◢ 图 2-183

Step 08 至此图形已经绘制完成，按【Ctrl+S】组合键进行保存。

注意：安装马桶的注意事项

（1）安装马桶时，请勿将地面管头全切平，最好能加上防渗垫。

（2）考虑到以后换水管方便，马桶安装后离墙距离最好超过 10cm。

（3）马桶的慢盖效果最终都会消失。

（4）马桶冲水管内部尽量选用细磁化的，既干净，又减少阻塞的风险。

（5）马桶的内芯一定要好，一节水，二不易损。

（6）挑用水量小的、可调整的。

（7）不需要挑贵的，只要样式和环境匹配，价格只是次要因素，换句话说，马桶的质量与价格根本不成正比。

（8）能够不用自动冲水尽量不要使用，那东西的寿命太短，还需要专心维护。

（9）选择马桶时，一定仔细检查，千万不能有撞缺角、裂痕等存在，容易渗水或漏水。

2.3.6 大便器的绘制

案例	大便器.dwg	视频	大便器的绘制.avi	时长	06'59"

首先新建一个 dwg 文件，然后通过直线、矩形、偏移、圆、镜像等命令绘制大便器，具体操作步骤如下。

Step 01 正常启动 AutoCAD 2015 软件，系统自动创建一个空白文件；单击"保存"按钮，将其保存为"案例\02\大便器.dwg"文件。

Step 02 执行"圆"命令（C），绘制两个半径分别为 102mm、122mm 的圆，且使两圆心上下相距 292，如图 2-184 所示。

Step 03 执行"直线"命令（L），捕捉上面圆两边象限点以其为基点分别向下绘制长度为 37mm 的垂直线段，其效果如图 2-185 所示。

Step 04 执行"直线"命令（L），连接直线的端点和下面圆的象限点，其效果如图 2-186 所示。

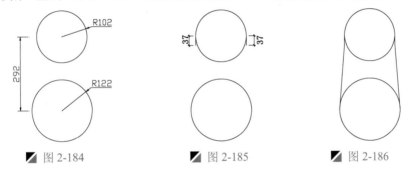

◤ 图 2-184   ◤ 图 2-185   ◤ 图 2-186

Step 05 执行"修剪"命令（TR），将多余线段删除，其效果如图 2-187 所示。

Step 06 执行"偏移"命令（O），将图形上部半圆向外偏移 51，其效果如图 2-188 所示。

◤ 图 2-187   ◤ 图 2-188

Step 07 执行"直线"命令（L），打开正交绘制如下图所示三条直线，再执行"旋转"命令（RO），将最下面一条线段以与中间线段交点为基点旋转"–25"度，其效果如图 2-189 所示。

Step 08 首先执行"镜像"命令（MI），将三条线段水平镜像，再执行"直线"命令（L），将线段下方连接，其效果如图 2-190 所示。

Step 09 执行"圆角"命令（F），对图形相应位置进行倒圆角，圆角半径分别为 20 和 51，如图 2-191 所示。

Step 10 执行"矩形"命令（REC），绘制 90mm×20mm 的矩形，如图 2-192 所示。

Step 11 执行"圆"命令（C），在矩形两边绘制半径为 10mm 的圆，再执行"修剪"命令（TR），将多余线段删除，其效果如图 2-193 所示。

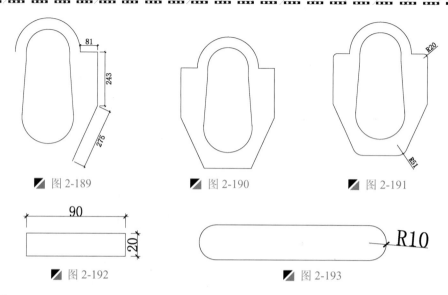

图 2-189　　　　　　　　　图 2-190　　　　　　　　　图 2-191

图 2-192　　　　　　　　　　　　　　图 2-193

Step 12　执行"移动"命令（M）、"复制"命令（CO）和"镜像"命令（MI），将圆角矩形分别复制到相应位置，如图 2-194 所示。

Step 13　执行"圆"命令（C），在图形内绘制半径为 48mm 的圆，再执行"直线"命令（L），打开"正交"模式，过圆心绘制两条互相垂直的线条，其效果如图 2-195 所示。

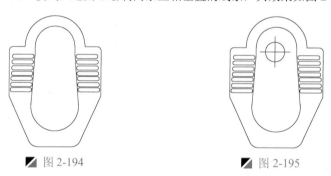

图 2-194　　　　　　　　　　　　　图 2-195

Step 14　至此图形已经绘制完成，按【Ctrl+S】组合键进行保存。

2.3.7　浴缸的绘制

案例	浴缸.dwg	视频	浴缸的绘制.avi	时长	05'27"

首先新建一个 dwg 文件，然后通过矩形、偏移、圆弧、圆等命令绘制浴缸，具体操作步骤如下。

Step 01　正常启动 AutoCAD 2015 软件，系统自动创建一个空白文件；单击"保存"按钮，将其保存为"案例\02\浴缸.dwg"文件。

Step 02　执行"矩形"命令（REC），绘制 2385mm×1015mm 的直角矩形，其效果如图 2-196 所示。

Step 03　执行"矩形"命令（REC），在上图矩形中间绘制长度为 1755mm、宽度为 815mm、半径为 152mm 的圆角矩形，其效果如图 2-197 所示。

Step 04　同样执行"矩形"命令（REC），在图形下方绘制 900mm×258mm 的矩形，并将其打散操作；再执行"修剪"命令（TR），将多余线段修剪掉，其效果如图 2-198 所示。

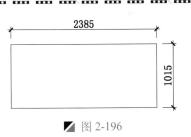

图 2-196

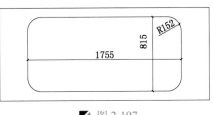

图 2-197

Step 05 执行"偏移"命令（O），将线段向内偏移 179，其效果如图 2-199 所示。

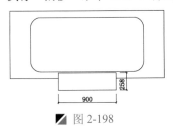

图 2-198

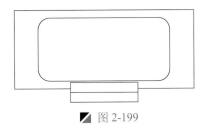

图 2-199

Step 06 执行"矩形"命令（REC），在图内相应位置绘制 120mm×335mm，圆角半径为 51mm 的圆角矩形，其效果如图 2-200 所示。

Step 07 执行"修剪"命令（TR）将多余线段删除，再执行"偏移"命令（O），将修剪后的图形向外偏移 36，将其调整如图 2-201 所示。

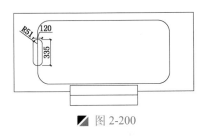

图 2-200

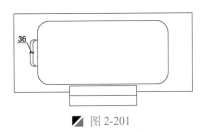

图 2-201

Step 08 执行"矩形"命令（REC），在图内相应位置绘制 246mm×89mm 的矩形，其效果如图 2-202 所示。

Step 09 执行"圆"命令（C），在图内相应位置绘制三个半径为 44mm 的圆，其效果如图 2-203 所示。

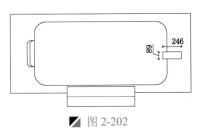

图 2-202

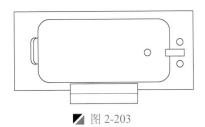

图 2-203

Step 10 至此图形已经绘制完成，按【Ctrl+S】组合键进行保存。

2.4 室内电器（气）图例的绘制

家用电器主要指在家庭及类似场所中使用的各种电气和电子器具，又称民用电器、日用电器。家用电器使人们从繁重、琐碎、费时的家务劳动中解放出来，为人类创造了更为舒适优美、更有利于身心健康的生活和工作环境，提供了丰富多彩的文化娱乐条件，已成为现代家庭生活的必需品。

2.4.1 液晶电视的绘制

案例	液晶电视.dwg	视频	液晶电视的绘制.avi	时长	03'52"

    首先新建一个 dwg 文件，然后通过矩形、偏移等命令，绘制液晶电视的外轮廓，再通过填充、直线、复制等命令绘制液晶电视外观，具体操作步骤如下。

Step 01 正常启动 AutoCAD 2015 软件，系统自动创建一个空白文件；单击"保存"按钮🖫，将其保存为"案例\02\液晶电视.dwg"文件。

Step 02 执行"矩形"命令（REC），绘制 163mm×99mm 的直角矩形，并执行"偏移"命令（O），将矩形向内偏移 3，其效果如图 2-204 所示。

Step 03 执行"分解"命令（X），将内矩形分解打散操作；再执行"偏移"命令（O）和"修剪"命令（TR），按照如图 2-205 所示尺寸进行偏移，并修剪多余线段。

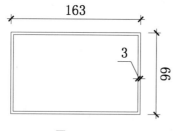

■ 图 2-204

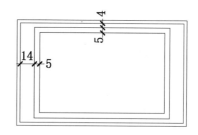

■ 图 2-205

Step 04 执行"延伸"命令（EX），直接空格键，然后单击线段需要延伸的端部，延伸效果如图 2-206 所示。

Step 05 执行"图案填充"命令（H），设置图案为"NET3"、比例为"1.75"对液晶电视进行图案填充，其效果如图 2-207 所示。

■ 图 2-206

■ 图 2-207

Step 06 执行"图案填充"命令（H），设置图案为"AR-RROOF"、比例为"2"、角度为"30"对液晶电视屏幕进行图案填充，其效果如图 2-208 所示。

Step 07 执行"直线"命令（L）和"复制"命令（CO），绘制液晶电视按钮，其效果如图 2-209 所示。

Step 08 至此图形已经绘制完成，按【Ctrl+S】组合键进行保存。

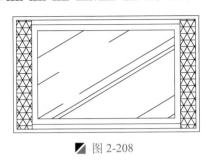

图 2-208

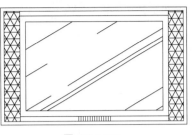

图 2-209

2.4.2 冰箱立面图的绘制

案例	冰箱.dwg	视频	冰箱立面图的绘制.avi	时长	04'09"

首先新建一个 dwg 文件，然后通过矩形、偏移、圆弧、多段线等命令，绘制冰箱的外轮廓，再通过偏移、修剪等命令绘制冰箱上下轮廓，再通过矩形、复制、移动等命令绘制冰箱的把手效果，具体操作步骤如下。

Step 01　正常启动 AutoCAD 2015 软件，系统自动创建一个空白文件；单击"保存"按钮🔲，将其保存为"案例\02\冰箱.dwg"文件。

Step 02　执行"矩形"命令（REC），绘制 662mm×1637mm 的直角矩形，并执行"分解"命令（X），将矩形分解，其效果如图 2-210 所示。

Step 03　执行"偏移"命令（O），将水平边按照如图 2-211 所示尺寸将线段进行偏移。

Step 04　"空格键"重复偏移命令，将垂直边各向内偏移 30，如图 2-212 所示。

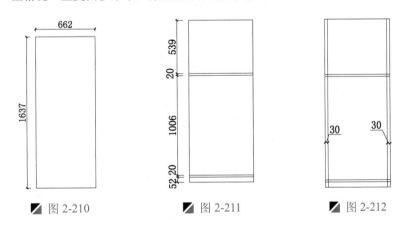

图 2-210　　　　图 2-211　　　　图 2-212

Step 05　执行"修剪"命令（TR），将多余线段修剪删除，其效果如图 2-213 所示。

Step 06　执行"矩形"命令（REC），在图形上端绘制 680mm×20mm 的矩形，其效果如图 2-214 所示。

Step 07　同样执行"矩形"命令（REC），在冰箱开门处绘制拉手，上面门拉手尺寸为 38mm×150mm，下面拉手尺寸为 38mm×225mm，并将其打散操作；再执行"偏移"命令（O），上面拉手上侧线段向中间偏移 45，下面拉手上侧线段向中间偏移 65，其效果如图 2-215 所示。

Step 08　至此图形已经绘制完成，按【Ctrl+S】组合键进行保存。

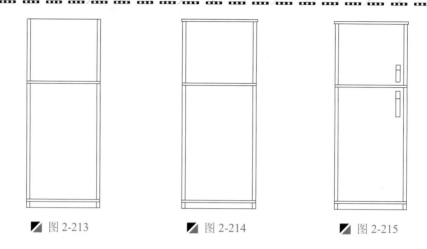

图 2-213   图 2-214   图 2-215

2.4.3 洗衣机的绘制

案例	洗衣机.dwg	视频	洗衣机的绘制.avi	时长	10'43"

首先新建一个 dwg 文件，然后通过矩形、偏移等命令绘制洗衣机的外轮廓，再通过矩形、圆等命令，绘制洗衣机的控制面板等，具体操作步骤如下。

Step 01 正常启动 AutoCAD 2015 软件，系统自动创建一个空白文件；单击"保存"按钮，将其保存为"案例\02\洗衣机.dwg"文件。

Step 02 执行"矩形"命令（REC），绘制 610mm×610mm、圆角半径为 20mm 的圆角矩形，并执行"分解"命令（X），将矩形分解，如图 2-216 所示。

Step 03 执行"偏移"命令（O），将上面线段向下依次偏移 51、102、20、295、20、102，如图 2-217 所示。

Step 04 同样执行"偏移"命令（O），将左边线段向右依次偏移 20、275、20、275，其效果如图 2-218 所示。

图 2-216   图 2-217   图 2-218

Step 05 执行"修剪"命令（TR）和"删除"命令（E），将多余线段删除，其效果如图 2-219 所示。

Step 06 执行"圆角"命令（F），设置圆角半径为 20mm，将图形相应位置倒圆角，其效果如图 2-220 所示。

Step 07 同样执行"圆角"命令（F），设置圆角半径为 10mm，将图形相应位置倒圆角，其效果如图 2-221 所示。

■ 图 2-219

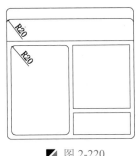

■ 图 2-220

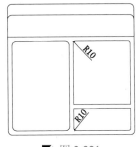

■ 图 2-221

Step 08 执行"圆"命令（C）和"修剪"命令（TR），在图内相应位置绘制半径为 20mm 的半圆，其效果如图 2-222 所示。

Step 09 执行"矩形"命令（REC）、"复制"命令（CO）和"圆角"命令（F），绘制如图 2-223 所示图形以表示"面板"。

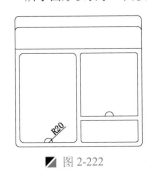

■ 图 2-222

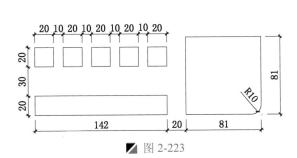

■ 图 2-223

Step 10 执行"椭圆"命令（EL），绘制长轴半径 34mm，短轴半径 22mm 的椭圆，并将椭圆向内偏移 2mm，其效果如图 2-224 所示。

Step 11 执行"矩形"命令（REC），在相应位置绘制 10mm×50mm、圆角半径为 2mm 的圆角矩形，并执行"分解"命令（X），将矩形分解，其效果如图 2-225 所示。

Step 12 执行"修剪"命令（TR），将多余线段删除，其效果如图 2-226 所示图形。

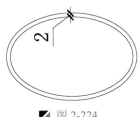

■ 图 2-224

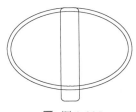

■ 图 2-225

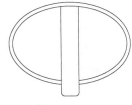

■ 图 2-226

Step 13 执行"镜像"命令（MI），将图形相应部分垂直镜像，完成"开关"效果如图 2-227 所示。

Step 14 执行"移动"命令（M）、"复制"命令（CO），将前面绘制的洗衣机开关和显示面板按钮与洗衣机轮廓组合，其效果如图 2-228 所示。

Step 15 执行"矩形"命令（REC），在洗衣机开关中间绘制 91mm×81mm 的矩形，其效果如图 2-229 所示。

Step 16 至此图形已经绘制完成，按【Ctrl+S】组合键进行保存。

图 2-227

图 2-228

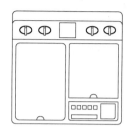
图 2-229

2.4.4 花枝吊灯的绘制

案例	花枝吊灯.dwg	视频	花枝吊灯的绘制.avi	时长	03'14"

首先新建一个 dwg 文件，然后通过构造线、圆、阵列命令绘制花枝吊灯，具体操作步骤如下。

Step 01 正常启动 AutoCAD 2015 软件，系统自动创建一个空白文件；单击"保存"按钮🖫，将其保存为"案例\02\花枝吊灯.dwg"文件。

Step 02 执行"构造线"命令（XL），绘制四条相交的构造线，斜线角度为 45，其效果如图 2-230 所示。

Step 03 执行"圆"命令（C），以构造线交点为圆心绘制半径为 375mm 的圆，其效果如图 2-231 所示。

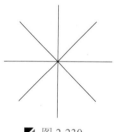
图 2-230

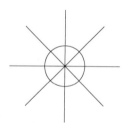
图 2-231

Step 04 同样执行"圆"命令（C），并通过偏移斜构造线来绘制两个直径分别为 376mm、188mm 的圆，其效果如图 2-232 所示。

Step 05 执行"阵列"命令（AR），根据提示选择"极轴（PO）"选项，将上步绘制的两个圆以构造线交点为阵列的中心点，将直线环形阵列 8 份，其效果如图 2-233 所示。

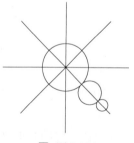
图 2-232

图 2-233

Step 06 至此图形已经绘制完成，按【Ctrl+S】组合键进行保存。

2.4.5 台灯立面的绘制

案例	台灯.dwg	视频	台灯立面的绘制.avi	时长	04'41"

首先新建一个 dwg 文件，然后通过矩形、直线、圆弧、定数等分、点样式命令绘制台灯，具体操作步骤如下。

Step 01 正常启动 AutoCAD 2015 软件，系统自动创建一个空白文件；单击"保存"按钮，将其保存为"案例\02\台灯.dwg"文件。

Step 02 执行"矩形"命令（REC），绘制 462mm×275mm 的直角矩形，并执行"分解"命令（X），将矩形分解，其效果如图 2-234 所示。

Step 03 执行"偏移"命令（O），将左边的段向内偏移 115、右边的段向内偏移 100，其效果如图 2-235 所示。

Step 04 执行"直线"命令（L）连接线段，再执行"修剪"命令（TR）将多余线段删除，其效果如图 2-236 所示。

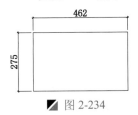
图 2-234

图 2-235

图 2-236

Step 05 执行"定数等分"命令（DIV），根据如下提示，将上下两条线分别进行 8 等分的操作，其效果如图 2-237 所示。

```
命令: DIVIDE                                        \\ 定数等分命令
选择要定数等分的对象:                                \\ 选择水平线
输入线段数目或 [块(B)]: 8                            \\ 输入等分数量
```

技巧：点样式的应用

由于 AutoCAD 软件系统默认点样式的原因，以至于进行定数（或定距）等分后看不见等分点，这时可以选择"格式|点样式"菜单命令，打开"点样式"对话框，然后可以对其设置"点样式"和"点大小"，如图 2-238 所示。

Step 06 执行"直线"命令（L），将对应等分点连接起来，其效果如图 2-239 所示。

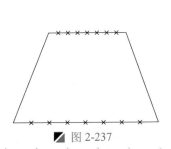
图 2-237

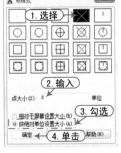
图 2-238

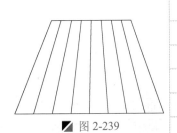
图 2-239

Step 07 执行"矩形"命令（REC），绘制 97mm×29mm 和 57mm×276mm 的直角矩形；再执行"移动"命令（M），将所绘制的矩形移动到如图 2-240 所示位置。

Step 08 执行"圆弧"命令（A），在下侧绘制相应圆弧如图 2-241 所示。

Step 09 执行"直线"命令（L），连接圆弧两端点，再执行"修剪"命令（TR），将多余线段删除，其效果如图 2-242 所示。

图 2-240　　　　图 2-241　　　　图 2-242

Step 10 至此图形已经绘制完成，按【Ctrl+S】组合键进行保存。

注意：台灯光学性能的三要点

遮光性：人处于正常坐姿的情况下，眼睛向水平方向看，应看不到灯罩的内壁及光源。

桌面照度要求：台灯照射的工作区域内应≥250lx，最低照度应≥120lx。

照度均匀度要求：应确保受台灯照射的工作区域内，照度相对均匀，不能产生特别亮或暗的光斑。

只有确保这三点基本的光学性能要求，才能减缓眼睛的疲劳，才能称得上是台舒适台灯。

2.4.6　落地灯立面的绘制

| 案例 | 落地灯.dwg | 视频 | 落地灯立面的绘制.avi | 时长 | 05'48" |

首先新建一个 dwg 文件，然后通过矩形、直线等命令绘制落地灯，具体操作步骤如下。

Step 01 正常启动 AutoCAD 2015 软件，系统自动创建一个空白文件；单击"保存"按钮，将其保存为"案例\02\落地灯.dwg"文件。

Step 02 执行"矩形"命令（REC），绘制 533mm×331mm 的直角矩形，并执行"分解"命令（X），将矩形分解，其效果如图 2-243 所示。

Step 03 执行"偏移"命令（O），分别将左右两边的线段向内偏移 147，其效果如图 2-244 所示。

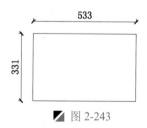 

图 2-243　　　　图 2-244

Step 04 执行"直线"命令（L），绘制连接线段，其效果如图 2-245 所示。

Step 05 执行"修剪"命令（TR）和"删除"命令（E），将多余线段删除，其效果如图 2-246 所示。

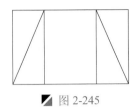

图 2-245

图 2-246

Step 06　执行"矩形"命令（REC）、"直线"命令（L）和"复制"命令（CO），绘制如图 2-247 所示图形。

Step 07　执行"圆弧"命令（A），在如图所示位置绘制半径为 11mm 的 4 个圆，并修剪多余部分，其效果如图 2-248 所示。

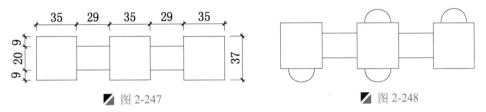

图 2-247

图 2-248

Step 08　执行"矩形"命令（REC），绘制 26mm×123mm 的矩形将上步绘制图形与前面绘制的灯罩连接在一起，其效果如图 2-249 所示。

Step 09　执行"矩形"命令（REC），在图形相应位置绘制 26mm×1070mm 和 291mm×41mm 的两个矩形，其效果如图 2-250 所示。

图 2-249

图 2-250

Step 10　至此图形已经绘制完成，按【Ctrl+S】组合键进行保存。

2.4.7　单极开关的绘制

案例	单极开关.dwg	视频	单极开关的绘制.avi	时长	02'40"

　　首先新建一个 dwg 文件，然后通过圆、多段线、旋转等命令绘制单极开关，单极开关分为单极单控开关和单极多控开关，具体操作步骤如下。

Step 01　正常启动 AutoCAD 2015 软件，系统自动创建一个空白文件；单击"保存"按钮 ，将其保存为"案例\02\单极开关.dwg"文件。

Step 02　执行"圆"命令（C），绘制半径为 50mm 的圆，其效果如图 2-251 所示。

Step 03　执行"多段线"命令（PL），选择"宽度（W）选项"设置线宽为 5，过圆心绘制转折的多段线，其效果如图 2-252 所示。

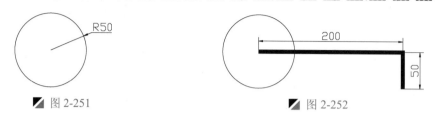

图 2-251   图 2-252

Step 04 执行"旋转"命令（RO），将多段线以圆心为基点旋转 60 度，其效果如图 2-253 所示。

Step 05 执行"图案填充"命令（H），设置图案为"SOLID"，对图形进行图案填充完成单极单控开关的绘制，其效果如图 2-254 所示。

Step 06 执行"复制"命令（CO），将单极开关复制出一份；再通过"多段线"命令（PL），绘制一段长度为 50mm，角度为 –30 的多段线，得到单极双控开关，其效果如图 2-255 所示。

图 2-253   图 2-254   图 2-255

Step 07 至此图形已经绘制完成，按【Ctrl+S】组合键进行保存。

2.4.8 插座符号的绘制

案例	插座符号.dwg	视频	插座符号的绘制.avi	时长	01'07"

首先新建一个 dwg 文件，然后通过直线、圆等命令，绘制插座。室内装修的插座分为电视插座、电话插座、网络插座、二、三插座、防水插座、地面插座，本节主要讲解二、三插座，具体操作步骤如下。

Step 01 正常启动 AutoCAD 2015 软件，系统自动创建一个空白文件；单击"保存"按钮 🖫 ，将其保存为"案例\02\插座.dwg"文件。

Step 02 执行"圆"命令（C），绘制半径为 50mm 的圆，其效果如图 2-256 所示。

Step 03 执行"直线"命令（L），过圆心绘制一条长为 200mm 的垂直线段，然后在下方绘制一条长为 100mm 的水平线与它相垂直，其效果如图 2-257 所示。

图 2-256   图 2-257

Step 04 至此图形已经绘制完成，按【Ctrl+S】组合键进行保存。

2.4.9 吸顶灯的绘制

案例	吸顶灯.dwg	视频	吸顶灯的绘制.avi	时长	01'07"

首先新建一个 dwg 文件，然后通过圆和直线等命令绘制吸顶灯效果，具体操作步骤如下。

Step 01　正常启动 AutoCAD 2015 软件，系统自动创建一个空白文件；单击"保存"按钮 🔲，将其保存为"案例\02\吸顶灯.dwg"文件。

Step 02　执行"圆"命令（C），绘制半径分别为 16mm、116mm、150mm 的同心圆，其效果如图 2-258 所示。

Step 03　执行"直线"命令（L），打开"正交"模式，过同心圆心绘制两条垂直的线条，其效果如图 2-259 所示。

图 2-258

图 2-259

Step 04　至此图形已经绘制完成，按【Ctrl+S】组合键进行保存。

2.4.10　双头豆胆灯的绘制

| 案例 | 双头豆胆灯.dwg | 视频 | 双头豆胆灯的绘制.avi | 时长 | 01'47" |

首先新建一个 dwg 文件，然后通过矩形、偏移、圆和直线等命令绘制双头豆胆灯效果，具体操作步骤如下。

Step 01　正常启动 AutoCAD 2015 软件，系统自动创建一个空白文件；单击"保存"按钮 🔲，将其保存为"案例\02\双头豆胆灯.dwg"文件。

Step 02　执行"矩形"命令（REC），绘制 220mm×120mm 的直角矩形，其效果如图 2-260 所示。

Step 03　执行"偏移"命令（O），将矩形向内偏移 20，再将偏移出来的矩形打散操作，其效果如图 2-261 所示。

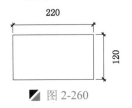

图 2-260

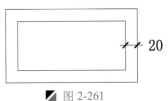

图 2-261

Step 04　执行"偏移"命令（O），将打散后的矩形线段根据如下尺寸进行偏移，其效果如图 2-262 所示。

Step 05　执行"圆"命令（C），在十字线位置分别绘制半径为 25mm、35mm 的两组同心圆，其效果如图 2-263 所示。

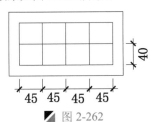

图 2-262

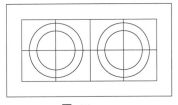

图 2-263

Step 06　至此图形已经绘制完成，按【Ctrl+S】组合键进行保存。

3

室内装潢制图规范

本章导读

为了做到室内工程图基本统一，清晰简明，提高制图效率，满足设计、施工、存档的要求，就必须有相关的制图规范。本章首先讲解图纸幅面规格和标题栏，再依次讲解室内制图的比例、线型、线宽，然后讲解室内制图的相关符号要求和设置，最后针对室内制图的尺寸标注规定进行统一说明。

本章内容

- ◪ 掌握图纸幅面及标题栏
- ◪ 掌握室内制图的相关比例
- ◪ 掌握室内制图的线型及线宽
- ◪ 掌握室内制图的相关符号及其设置
- ◪ 掌握室内制图的尺寸标注规定

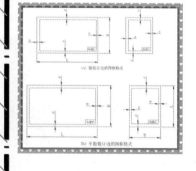
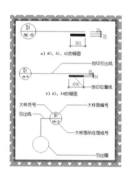
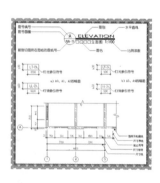

3.1 图纸幅面及标题栏

为了施工图纸的规范化要求，都应有标准的图纸幅面及标题栏，从而能够快速了解该工程图的名称、比例、设计单位等相关信息。

3.1.1 图纸幅面

图纸幅面是指图纸宽度与长度组成的图面。绘制图样时，应采用表中规定的图纸基本幅面尺寸，基本幅面代号有如表 3-1 所示的 A0、A1、A2、A3、A4 共 5 种。

表 3-1 幅面及图框尺寸

图纸幅面 尺寸代号	A0	A1	A2	A3	A4
B×L	841×1189	594×841	420×594	297×420	210×297
c	10			5	
a	25				

同一项工程的图纸不宜多于两种幅面。表 3-1 中代号的意义，对应如图 3-2 所示的图纸图幅，有留或不留装订边的图框格式，或者是横式和竖式幅面两种。

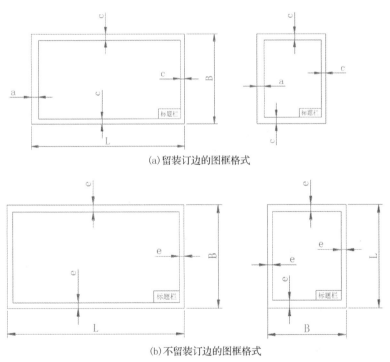

(a) 留装订边的图框格式

(b) 不留装订边的图框格式

图 3-1

图样空间由图框线和幅面线框组成，无论图样是否装订，图框线必须用粗实线表示，图纸的短边一般不应加长，长边可以加长，但加长的尺寸应符合国标规定。

A0 图幅的面积为 $1m^2$，A1 图幅由 A0 图幅对裁而得，其他图幅依次类推，如图 3-2 所示。长边作为水平边使用的图幅称为横式图幅，短边作为水平边的图幅称为竖式图幅。

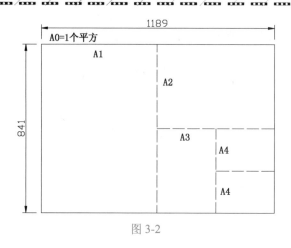

图 3-2

　　需要微缩复制的图样，其一边上应附有一段准确米制尺度，四个边上均附有对中标志，米制尺寸的总长应为 100mm，分格应为 10mm。对中标志应画在图样各边长的中点处，线宽应为 0.35mm，伸入框内应为 5mm。图样以短边作为垂直边称为横式，以短边作为水平边称为竖式。一般 A0~A3 图纸宜横式使用。

3.1.2　标题栏

　　工程图样应有工程名称、图名、图号、设计号、设计人、绘图人、审批人的签名和日期等，把这些集中放在图样的右下角，称为图样标题栏，简称图标，如图 3-3 所示为某设计单位专用图样标题栏。

巴山环境艺术设计院				工程号	
				图　别	建　施
审　定		专　业	工程名称　XXX房产开发有限公司办公楼	图　号	**01**
设　计		负责人			
总负责		设　计	图名　　**二层平面布置图**	版　号	BS-GG
校　审		制　图		日　期	2014.10

图 3-3

　　对于涉外工程的标题栏内，各项主要内容的中文下方应附有译文，设计单位的上方或左方，应加"中华人名共和国"字样。在计算机制图文件中当使用电子签名与认证时，应符合国家有关电子签名法的规定。

3.2　室内制图的比例

　　图样中图形与实物相对应的线性尺寸之比，称为比例。比例的大小，是指其比值的大小，如 1:50 大于 1:100。

　　比例的符号为"："，比例应以阿拉伯数字表示，如 1:1、1:2、1:100 等。

比例宜注写在图名的右侧，字的基准线应取平；比例的字高宜比图名的字高小一号或二号，如图 3-3 所示。

绘图所用的比例，应根据图样的用途与绘图对象的复杂程度，从表 3-2 中选用，并优先用表中常用比例。

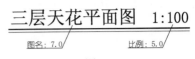

三层天花平面图　1:100

图名: 7.0　　比例: 5.0

图 3-4

表 3-2

常用比例	1:1、1:2、1:5、1:10、1:20、1:50、1:100、1:150、1:200、1:500
可用比例	1:3、1:4、1:15、1:25、1:30、1:40、1:60、1:80、1:125、1:300、1:400

不同阶段及内容的比例设置，可参见如表 3-3 所示。

表 3-3

比　例	图纸内容	图纸类型
1:100 1:150 1:200	方案阶段　　总图阶段	平面图 顶面图
1:30 1:50 1:60	小型房间平面施工图（如卫生间、客房） 区域平面施工图阶段 区域平面图施工阶段	平面图 顶面图
1:50 1:30 1:20	顶标高在 2.8m 以上的剖立面施工图 顶标高在 2.5m 左右的剖立面 顶标高在 2.2m 以下的剖立面或特别复杂的立面	剖面图 立面图
1:10 1:5 1:4 1:2 1:1	2000mm 左右的剖立面（如从顶到地的剖面，大型橱柜剖面等） 1000mm 左右的剖立面（如吧台、矮隔断、酒水柜等剖立面） 500mm-600mm 左右的剖面（如大型门套的剖面造型） 180mm 左右的剖面（如踢脚、顶角线等线脚大样） 50mm-60mm 左右的剖面（如大型门套的剖面造型）	节点大样图

提示：实物尺寸及大样比例

对于绘制详图的比例设置，可依靠绘图对象的实际尺寸而定，如图 3-5 所示。

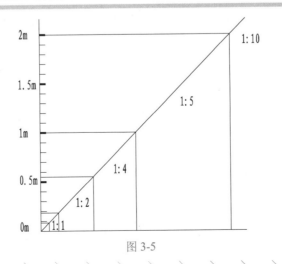

图 3-5

3.3 室内制图的的线型与线宽

画在图纸上的线条统称图线。工程图中，为了表示图中不同的内容，并且能够主次分明，通常采用不同粗细的图线，即图线要有不同的线型与宽度之分。在工程建设制图中，应选用如表 3-4 所示的图线。

表 3-4 图线的线型、线宽及用途

名称		线型	线宽	一般用途
实线	粗		b	主要可见轮廓线 剖面图中被剖着部分的主要结构构件轮廓线、结构图中的钢筋线、建筑或构筑物的外轮廓线、剖切符号、地面线、详图标志的圆圈、图纸的图框线、新设计的各种给水管线、总平面图及运输中的公路或铁路线等
	中		0.5b	可见轮廓线 剖面图中被剖着部分的次要结构构件轮廓线、未被剖但仍能看到而需要画出的轮廓线、标注尺寸的尺寸起止45°短画线、原有的各种水管线或循环水管线等
	细		0.25b	可见轮廓线、图例线 尺寸界线、尺寸线、材料的图例线、索引标志的圆圈及引出线、标高符号线、重合断面的轮廓线、较小图形中的中心线
虚线	粗		b	新设计的各种排水管线、总平面图及运输图中的地下建筑物或构筑物等
	中		0.5b	不可见轮廓线 建筑平面图运输装置（例如桥式吊车）的外轮廓线、原有的各种排水管线、拟扩建的建筑工程轮廓线等
	细		0.25b	不可见轮廓线、图例线
单点长画线	粗		b	结构图中梁或框架的位置线、建筑图中的吊车轨道线、其他特殊构件的位置指示线
	中		0.5b	见各有关专业制图标准
	细		0.25b	中心线、对称线、定位轴线 管道纵断面图或管系轴测图中的设计地面线等
双点长画线	粗		b	预应力钢筋线
	中		0.5b	见各有关专业制图标准
	细		0.25b	假想轮廓线、成型前原始轮廓线
折断线			0.25b	断开界线
波浪线			0.25b	断开界线
加粗线			1.4b	地平线、立面图的外框线等

提示：图线的画法

在采用技术绘图时，尽量采用色彩（COLOR）来控制绘图笔画的宽度，尽量少用多段线（PLINE）等有宽度的线，以加快图形的显示，缩小图形文件。其打印出图笔号 1～10 号线宽的设置如表 3-5 所示。

表 3-5

1 号	红色	0.1mm	6 号	紫色	0.1~0.13mm
2 号	黄色	0.1~0.13mm	7 号	白色	0.1~0.13mm
3 号	绿色	0.1~0.13mm	8 号	灰色	0.05~0.1mm
4 号	浅蓝色	0.15~0.18mm	9 号	灰色	0.05~0.1mm
5 号	深蓝色	0.3~0.4mm	10 号	红色	0.6~1mm

注：10 号特粗线主要用于立面地坪线、索引剖切符号、图标上线、索引图标中表现索引图在本图的短线。

3.4 室内制图的符号设置

在进行各种建筑和室内装饰设计时，为了更清楚明确的表明图中的相关信息，将以不同的符号表示。

3.4.1 平面剖切符号

平面剖切符号是用于在平面图中对各剖立面作出的索引符号。剖切符号由剖切引出线、剖视位置线和剖切索引号共同组成，如图 3-6 所示。

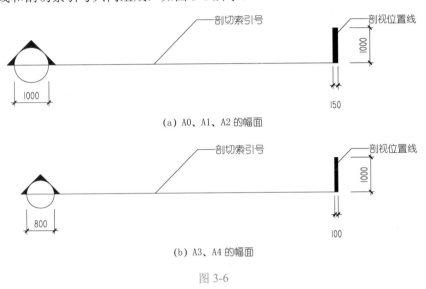

(a) A0、A1、A2 的幅面

(b) A3、A4 的幅面

图 3-6

（1）剖切引出线由细实线绘制，贯穿被剖切的全貌位置。

（2）剖视位置线的方向表示剖视方向，并同剖切索引号箭头指向一致，其宽度分别为 150mm（A0、A1、A2 幅面）和 100mm（A3、A4 幅面）。

（3）剖切索引号由直径Φ1000mm（A0、A1、A2 幅面）和直径Φ800mm（A3、A4 幅面）的圆圈，并以三角形为视投方向共同组成。

（4）剖切索引号上半圆标注剖切编号，以大写英文字母表示，下半圆标注被剖切的图样所在的图纸号如图 3-7 所示。

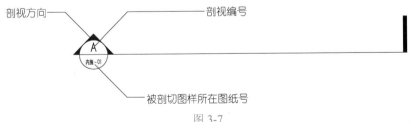

图 3-7

（5）上、下半圆表述内容不能颠倒，且三角箭头所指方向即剖视方向。

（6）如图 3-8 表示在同一剖切线上的两个剖视方向。

（7）如图 3-9 表示经转折后的剖切符号，转折位置即转折剖切线位置。

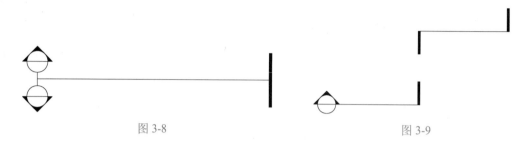

图 3-8   图 3-9

（8）平面剖切符号的文字设置。

按 A0、A1、A2 幅面：上半圆字高为 300mm

下半圆字高为 180mm

按 A3、A4 幅面：   上半圆字高为 250mm

下半圆字高为 120mm

3.4.2 立面索引符号

立面索引符号是用于在平面中对各段立面做出的索引符号。

（1）立面索引符号由直径Φ1000mm（A0、A1、A2 幅面）和直径Φ800mm（A3、A4
幅面）的圆圈，并以三角形为视投方向共同组成。

（2）上半圆内的数字或字母，表示立面编号，如图 3-10 所示。

（3）下半圆内的数字表示立面所在的图纸号。

（4）上、下半圆以一过圆心的水平直线分界。

（5）三角所指方向为立面图投视方向。

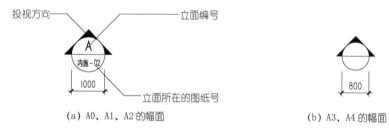

(a) A0、A1、A2 的幅面   (b) A3、A4 的幅面

图 3-10

（6）三角方向随立面投视方向而变，但圆中水平直线、数字及字母，永不变方向。上、
下圆内表述内容不能颠倒，如图 3-11 所示。

图 3-11

（7）立面编号宜采用顺时针顺序连续排列，且可由数个立面索引符号组合成一体，
如图 3-12 所示。

（8）立面索引符号的文字设置。

按 A0、A1、A2 幅面：上半圆字高为 300mm

下半圆字高为 180mm

按 A3、A4 幅面：　　上半圆字高为 250mm

下半圆字高为 120mm

图 3-12

3.4.3　节点剖切索引符号

为了更清楚地表达出平、顶、剖、立面图中某一局部或构件，需另见详图，以剖切索引号来表达，剖切索引号即索引符号+剖切符号，如图 3-13 所示。

(a)　　　　　　　　　　　　(b)

图 3-13

（1）索引符号以细实线绘制，直径分别为 Φ1000mm（A0、A1、A2 幅面）和 Φ800mm（A3、A4 幅面）。索引号上半圆中的阿拉伯数字表示节点详图的编号，下半圆中的编号表示节点详图所在的图纸号，如图 3-14（a）、（b）所示。若被索引的详图与被索引部分在同一张图纸上，可在下半圆用一段宽度为 400mm（A0、A1、A2 幅面）和 80mm（A3、A4 幅面）的水平粗实线表示，如图 3-14（c）所示。剖切线所在位置方向为剖视向。

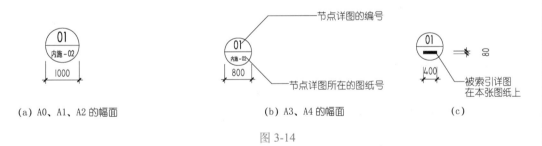

(a) A0、A1、A2 的幅面　　　　　(b) A3、A4 的幅面　　　(c)

图 3-14

（2）剖切索引详图，应在被剖切部位用粗实线绘制出剖切位置线，宽度分别为 150mm（A0、A1、A2 幅面）和 100mm（A3、A4 幅面），用细实线绘制出剖切引出线，引出索引号。且引出线与剖切位置线平行、对齐，相距分别为 150mm（A0、A1、A2 幅面）和 100mm（A3、A4 幅面）。剖切号一侧表示剖切后的投视方向，即由引出线向剖切线方向剖视，并同索引号的方向同视向，如图 3-15 所示。

（3）若被剖切的断面较大时，则以两端剖切位置线来明确剖切面的范围，如图 3-16 所示，此符号常被用于对立面或剖立面的整体剖切，即从顶至地的整体断面图。

（4）剖切节点索引符号的文字设置。

按 A0、A1、A2 幅面：上半圆字高为 300mm

下半圆字高为 180mm

按 A3、A4 幅面：　　上半圆字高为 250mm

下半圆字高为 120mm

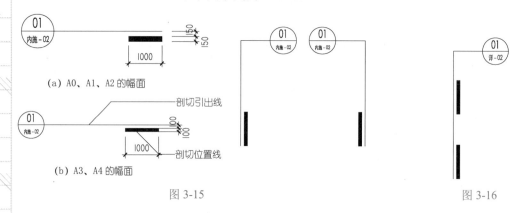

（a）A0、A1、A2 的幅面

（b）A3、A4 的幅面

图 3-15　　　　　　　　　　　　　　　　　图 3-16

3.4.4　大样图索引符号

为进一步表明图样中某一局部，需引出后放大，另见详图，以大样图索引符号来表示。大样图索引符号是由大样符号+引出符号构成，如图 3-17 所示。

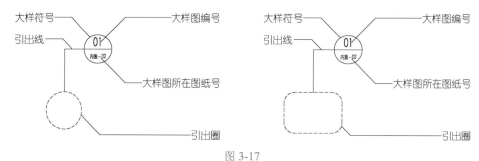

图 3-17

（1）引出符号由引出圈和引出线组成。

（2）引出圈以细虚线圈出需放样的大样图范围，范围较小的引出圈以圆形虚线绘制，范围较大的引出圈以倒弧角的矩形绘制，引出圈需将被引出的图样范围完整地圈入其中。

（3）大样符号与引出线用细实线绘制。

（4）大样符号直径分别为 Φ1000mm（A0、A1、A2 幅面）和 Φ800mm（A3、A4 幅面）。

（5）大样符号上半圆中的大写英文字母表示大样图编号，下半圆中的阿拉伯数字表示大样图所在的图纸号。

（6）若被索引的大样图与被索引部分在同一张图纸上，可在下半圆用一条宽度为 1mm（所有幅面）的水平粗实线表示，如图 3-18 所示。

（7）大样图索引符号的文字设置。

按 A0、A1、A2 幅面：上半圆字高为 300mm

图 3-18

下半圆字高为 180mm

按 A3、A4 幅面：　　　上半圆字高为 250mm

下半圆字高为 120mm

3.4.5 图号

图号是被索引出来表示本图样的标题编号。

（1）图号由图号圆圈、编号、被剖切图所在图纸的图纸号、水平直线、图名、图别、比例读数共同组成，如图 3-19 所示。

图 3-19

（2）图号圆圈直径分别是 Φ1200mm（A0、A1、A2 幅面）和 Φ1000mm（A3、A4 幅面）。

（3）图号的横向总尺寸长度等同于该图样的横向总尺寸。

（4）图号水平直线为粗实线，粗实线的宽度分别为 150mm（A0、A1、A2 幅面）和 100mm（A3、A4 幅面），上端注明图别；水平直线下端注明图号名称和比例读数，且水平直线末端同比例读数末端对齐，如图 3-20 所示。

（5）立面图上半圆以大写英文字母编号，节点大样图上半圆以阿拉伯数字为编号。

图 3-20

（6）图号的文字设置。

按 A0、A1、A2 幅面：　上半圆字高为 350mm

下半圆字高为 200mm

图名、图别、比例读数字高为 300mm

按 A3、A4 幅面：　　　上半圆字高为 300mm

下半圆字高为 180mm

图名、图别、比例读数字高为 250mm

3.4.6 图标符号

对无法体现图号的图样，在其图样下方以图标符号的形式表达，图标符号由两条长短相同的平行水平直线和图名图别及比例读数共同组成。

（1）上面的水平线为粗实线，下面的水平线为细实线，粗实线的宽度分别为 150mm（A0、A1、A2 幅面）和 100mm（A3、A4 幅面），两线相距分别是 150mm（A0、A1、A2 幅面）和 100mm（A3、A4 幅面），粗实线的左上部为图名图别，右下部为比例读数。图名图别用中文表示，比例读数用阿拉伯数字表示，如图 3-21 所示。

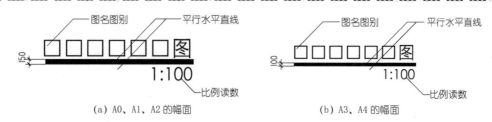

(a) A0、A1、A2 的幅面　　　　　　　(b) A3、A4 的幅面

图 3-21

（2）图号的文字设置。

按 A0、A1、A2 幅面：图名图别字高为 500mm

比例读数字高为 400mm

按 A3、A4 幅面：　　图名图别字高为 400mm

比例读数字高为 300mm

3.4.7 材料索引符号

材料索引符号用于表达材料类别及编号，以椭圆形细实线绘制，如图 3-22 所示。

（1）材料索引符号尺寸分别为 18mm×10mm（A0、A1、A2 幅面）和 16mm×9mm（A3、A4 幅面）。

（2）符号内的文字由大写英文字母及阿拉伯数字共同组成，英文字母代表材料大类，后缀阿拉伯数字代表该类别的某一材料编号。

(a) A0、A1、A2 的幅面　　　　　　　(b) A3、A4 的幅面

图 3-22

（3）材料引出由材料索引符号与引出线共同组成，如图 3-23 所示。

图 3-23

（4）材料索引符号的文字设置。

按 A0、A1、A2 幅面：字高为 250mm

按 A3、A4 幅面：　　字高为 200mm

3.4.8 灯光、灯饰索引符号

灯光、灯饰索引符号用于表达灯光、灯饰的类别及具体编号，以矩形细实线绘制，如图 3-24 所示。

（1）灯光、灯饰索引符号尺寸分别为 1000mm×500mm（A0、A1、A2 幅面）和 800mm×400mm（A3、A4 幅面）两种。

（2）符号内的文字由大写英文字母 LT、LL 及阿拉伯数字共同组成，英文字母 LT 表示灯光，LL 表示灯饰，后缀阿拉伯数字表示具体编号。

(a) A0、A1、A2 的幅面　　　　　　(b) A3、A4 的幅面

图 3-24

（3）符号引出由灯光、灯饰索引符号与引出线共同组成，如图 3-25 所示。

图 3-25

（4）灯光、灯饰索引符号的文字设置。

按 A0、A1、A2 幅面：字高为 250mm

按 A3、A4 幅面：　　　字高为 200mm

3.4.9　家具索引符号

家具索引符号用于表达家具的类别及具体编号，以六角形细实线绘制，如图 3-26 所示。

（1）家具索引符号尺寸以过中心的水平对角线来表示，其长度分别为 1000mm（A0、A1、A2 幅面）和 800mm（A3、A4 幅面），如图 3-27 所示。

（2）符号内文字由大写英文字母及阿拉伯数字共同组成，上半部分为阿拉伯数字，表示某一家具编号，下半部分为英文字母，表示某一家具类别。

(a) A0、A1、A2 的幅面　　　(b) A3、A4 的幅面

图 3-26　　　　　　　　　　图 3-27

（3）符号引出由家具索引符号和引出线共同组成，如图 3-28 所示。

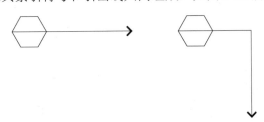

图 3-28

3.4.10 引出线

为了保证图样的清晰、有条理，对各类索引符号、文字说明采用引出线来连接。

（1）引出线为细实线，可采用水平引出、垂直引出、30°斜线引出，如图 3-29 所示。

图 3-29

（2）引出线同时索引几个相同部分时，各引出线应互相保持平行，如图 3-30 所示。

图 3-30

（3）多层构造的引出线必须通过被引的各层，并保持垂直方向，文字说明的次序应与构造层次一致，为：由上而下，从左到右，如图 3-31 所示。

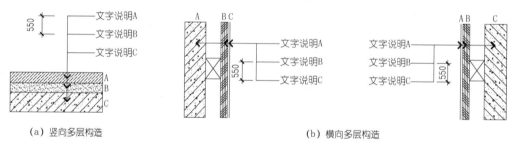

图 3-31

（4）引出线的一端为引出箭头或引出圈，引出圈以虚线绘制；另一端为说明文字或索引符号，如图 3-32 所示。

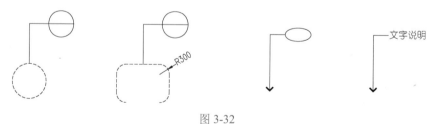

图 3-32

3.4.11 中心对称符号

中心对称符号表示图样中心对称。

（1）中心对称符号由对称号和中心对称线组成，对称号以细实线绘制，中心对称线以细点画线表示，其尺寸如图 3-33 所示。

（2）当所绘对称图样，需表达出断面内容时，可以中心对称线为界，一半画出外型图样，另一半画出断面图样，如图 3-34 所示。

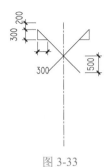
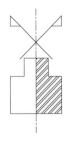

图 3-33　　　　　　　　　　　　图 3-34

3.4.12　折断线

当所绘图样因图幅不够，或因剖切位置不必画全时，采用折断线来终止画面。

（1）折断线以细实线绘制，且必须经过全部被折断的图面，如图 3-35 所示。

（2）圆柱断开线：圆形构件需用曲线来折断，如图 3-36 所示。

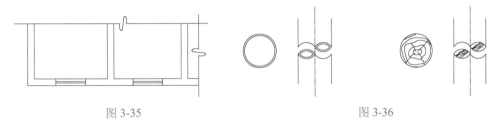

图 3-35　　　　　　　　　　　　　　　　图 3-36

3.4.13　标高符号

标高符号是表达建筑高度的一种尺寸形式，如图 3-37 所示。

（1）标高符号由一等腰直角三角形构成，三角形高为 200mm（A0、A1、A2 幅面），160mm（A3、A4 幅面），尖端所指被注的高度，尖端下的短横线为需注高度的界线，短横线与三角形同宽，地面标高尖端向下，平顶标高尖端向上，长横线之上或之下注写标高数字，如图 3-38 所示。

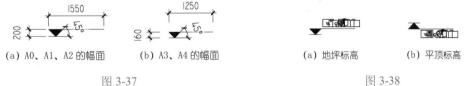

（a）A0、A1、A2 的幅面　　（b）A3、A4 的幅面　　　　（a）地坪标高　　　（b）平顶标高

图 3-37　　　　　　　　　　　　　　　　图 3-38

（2）标高数字以米为单位，注写到小数点后第三位。

（3）零点标高注写成±0.000，正数标高应注"+"，负数标高应注"-"，如图 3-39 所示。

（a）零点标高　　　　　　（b）正数标高　　　　　　（c）负数标高

图 3-39

（4）在图样的同一位置需表示几个不同的标高时，可按以下形式注写，如图 3-40 所示。

（5）标高数字字高为 250mm（A0、A1、A2 幅面），200mm（A3、A4 幅面）。

图 3-40

3.4.14 比例尺

表示所绘制的方案图比例，可采用比例尺图示法表达，用于方案图阶段，如图 3-41 所示。

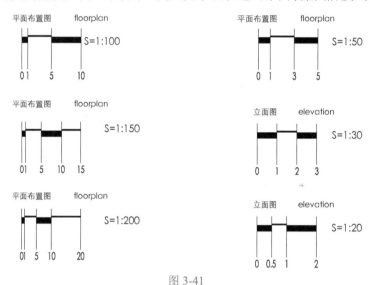

图 3-41

3.5 室内制图的尺寸标注

在室内施工图中，除了要画出室内建筑物及其各部分的形状外，还必须准确地、详尽地和清晰地标注尺寸，以确定其大小，作为施工时的依据。

3.5.1 尺寸界线、尺寸线、尺寸数字

图样尺寸由尺寸界线、尺寸线、起止符号和尺寸数字组成，如图 3-42 所示。

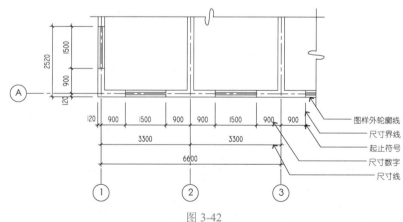

图 3-42

（1）尺寸界线必须与尺寸线垂直相交。

（2）尺寸界线必须与被注图形平行。

（3）尺寸起止符号为45 角粗斜线。

（4）尺寸数字的高度为250mm（A0、A1、A2 幅面），200mm（A3、A4 幅面）。

3.5.2　尺寸排列与布置

（1）尺寸数字宜标注在图样轮廓线以外的正视方，不宜与图线、文字、符号等相交，如图3-43 所示。

（2）尺寸数字宜标注在尺寸线读数上的中部，如注写位置不够时，最外边的尺寸数字可注写在尺寸界线的外侧，中间的尺寸数字可上下错开注写或引出注写，如图3-44 所示。

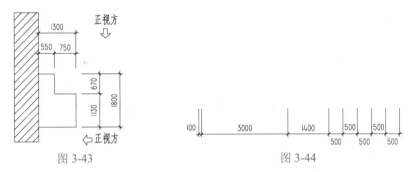

图 3-43　　　　　　　　　　　　图 3-44

（3）相互平行的尺寸线应从被注的图样轮廓线由内向外排列，尺寸数字标注由最小尺寸开始。由小到大，先小尺寸和分尺寸、后大尺寸和总尺寸，层层外推，如图3-45 所示。

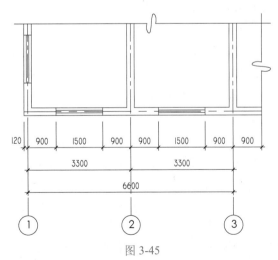

图 3-45

（4）任何图线应尽量避免穿过尺寸线和尺寸文字。如不可避免时，应将尺寸线和尺寸数字处的其他图层断开。

（5）尺寸线和尺寸数字尽可能标注在图样轮廓线以外，如确实需要标注在图样轮廓线以内时，尺寸数字处的图线应断开。

（6）平行排列的尺寸线之间的距离，为900mm（A0、A1、A2 幅面），700mm（A3、A4 幅面）。

（7）尺寸线与被注长度平行，且应略超出尺寸界线 100mm，如图 3-46 所示。

（8）尺寸线应用细实线绘制，其一端应距图样轮廓线不小于 1mm，另一端宜超出尺寸线 1mm，如图 3-47 所示。

（9）必要时，图样轮廓线也可用做尺寸界线，如图 3-48 所示。

（10）图样上的尺寸单位，除标高以 m 为单位以外，其余均以 mm 为单位。

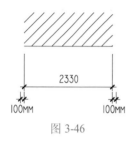
图 3-46

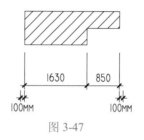
图 3-47

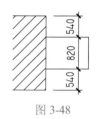
图 3-48

3.5.3 尺寸标注的深度设置

室内设计制图应在不同阶段和不同绘制比例时，均对尺寸标注的详细程度作出不同要求。尺寸标注的深度是按制图阶段及图样比例这两方面因素来设置，具体分为六种尺寸标注深度设置。

1. 六种尺寸设置内容

（1）土建轴线尺寸：反映结构轴号之间的尺寸。

（2）总段尺寸：反映图样总长、宽、高的尺寸。

（3）定位尺寸：反映空间内各图样之间的定位尺寸的关系和比例。

（4）分段尺寸：各图样内的大结构图尺寸（如：立面的三段式比例尺寸关系、分割线的板块尺寸、主要可见构图轮廓线尺寸）。

（5）局部尺寸：局部造型的尺寸比例（如：装饰线条的总高、门套线的宽度）。

（6）节点细部尺寸：一般为详图上所进一步标注的细部尺寸（如：分缝线的宽度等）。

2. 六种设置的运用

（1）当绘制建筑装饰总平面、总顶面图，方案图时，适用 1:200、1:150、1:100 的比例。

（2）当绘制建筑装饰平面、顶面图，方案图时，适用 1:100、1:80、1:60 的比例。

（3）当绘制建筑装饰分区平面、分区顶面施工图时，适用 1:60、1:50 的比例。

（4）当绘制建筑装饰剖立面图、立面施工图时，适用 1:50、1:30 的比例。

（5）当绘制特别复杂的建筑装饰立面图或断面图时，适用 1:20、1:10 的比例。

（6）当绘制建筑装饰断面图、节点图、大样图时，适用 1:10、1:5、1:2、1:1 的比例。

注：上述设置可应具体情况由设计负责人针对某一项目进行合并或调整。

3.5.4 其他尺寸标注设置

1. 半径、直径、圆球

（1）标注圆的半径尺寸时，半径数字前应加符号 R；半径尺寸线必须从圆心画起或对准圆心，如图 3-49 所示。

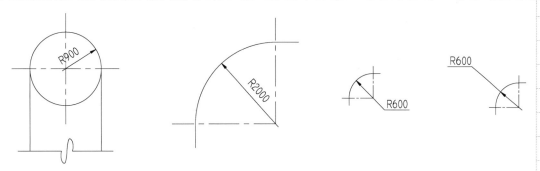

图 3-49

（2）标注圆的直径尺寸时，直径数字前应加符号 φ。

（3）直径尺寸线则通过圆心或对准圆心，如图 3-50 所示。

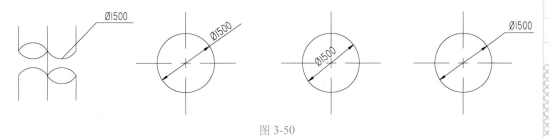

图 3-50

（4）半径数字、直径数字仍沿着半径尺寸或直径尺寸线来注写。当图形较小时，注写尺寸数字及符号的位置不够时也可以引入注写。

（5）标注斜线标注，如图 3-51 所示。

2. 角度、弧长、弦长

（1）角度的尺寸线，应以弧线表示。该圆弧的圆心应是该角的顶点，角的两个边为尺寸界线。角度的起止符号应以箭头表示，如没有足够位置画箭头，可用圆点代替。角度数字应水平方向注写，如图 3-52 所示。

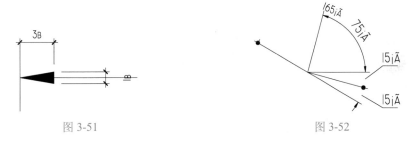

图 3-51   图 3-52

（2）标注圆弧的弧长时，尺寸线应由所示图样的圆弧为同心圆弧线表示，尺寸界线应垂直于该弧的弦，起止符号应以斜线表示，弧长数字的上方应加注圆弧符号，如图 3-53 所示。

（3）标注圆弧的弦长时，尺寸线应以平行于该线来表示，尺寸界线应该平行于该弧线，起止符号应以箭头表示，如没有足够位置画箭头，可用圆点代替。角度数字应水平方向注写，如图 3-54 所示。

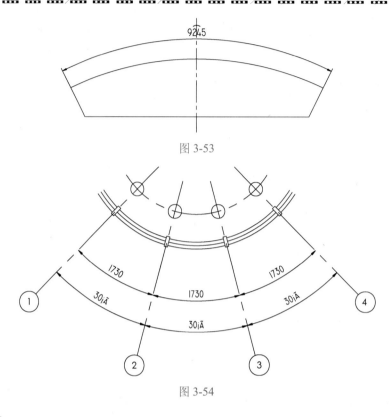

图 3-53

图 3-54

3. 坡度

（1）标注坡度时，在坡度数字下，应加注坡度符号，坡度符号的箭头一般应指向下坡的方向。标注坡度时应沿坡度画上指向下坡的箭头，在箭头的一侧或一端注写坡度数字，百分数、比例、小数均可，如图 3-55 所示。

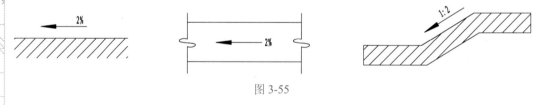

图 3-55

（2）坡度也可以用直角三角形形式标注，如图 3-56 所示。

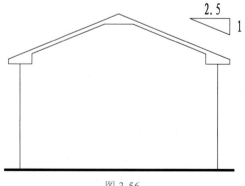

图 3-56

（3）标注箭头，按 A0、A1、A2 幅面，字高为 250mm；按 A3、A4 幅面，字高为 200mm，如图 3-57 所示。

图 3-57

4. 网格法标注

复杂的图形，可用网格形式标注，如图 3-58 所示。

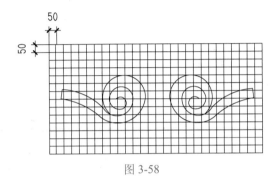

图 3-58

4

家装工程图平面图的绘制

本章导读

本章首先结合室内设计基本知识，介绍装修设计图制图内容、装饰设计要点，并结合实例精讲整套方装饰设计施工图的绘制过程，包括建筑平面图、家装平面布置图、地面布置图、顶棚布置图等内容。

本章内容

◪ 家装室内建筑平面图的绘制
◪ 家装平面布置图的绘制
◪ 家装地面布置图的绘制
◪ 家装顶棚布置图的绘制

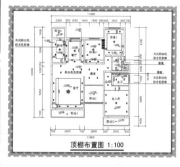

顶棚布置图 1:100

地面布置图 1:100

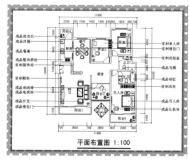

平面布置图 1:100

4.1 家装室内建筑平面图的绘制

用户在绘制家装设计建筑平面图时，首先设置绘图环境，包括图形界限的设置、图层设置、文字和标注样式的设置等；根据要求绘制轴网对象，并进行修剪；设置多线样式绘制墙体对象；根据图形的要求绘制拆墙、砌墙和开启门窗洞口，以及绘制并调用门窗对象安装至相应的位置；最后对其进行文字、尺寸、图名、比例的标注操作，效果如图4-1所示。

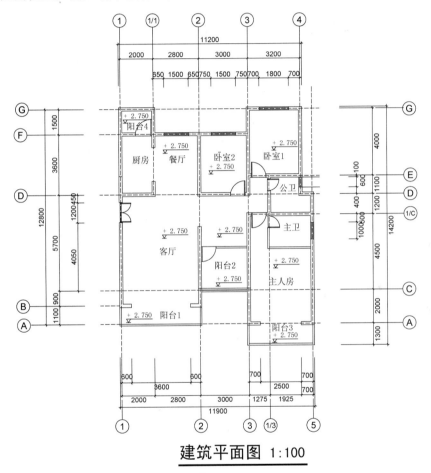

建筑平面图 1:100

图 4-1

4.1.1 调用并修改绘制环境

案例	家装建筑平面图.dwg	视频	调用并修改绘图环境.avi	时长	02'32"

将前面设置的"绘图模版.dwt"文件打开，其中已经设置好单位、图层界限、图层、标注样式、文字样式等，用户在绘制本实例的过程中，仅根据需要对该样板文件的一些设置进行适当的修改即可，具体操作步骤如下。

Step 01 启动 AutoCAD 2015 应用程序，选择"文件 | 打开"菜单命令，打开"案例\04\绘图模版.dwt"文件；再选择"文件 | 另存为"菜单命令，将"绘图模版.dwt"文件另存为"案例\04\家装建筑平面图.dwg"文件。

Step 02 选择"格式 | 标注样式"菜单命令，打开"标注样式管理器"对话框，将"1 比 100"样式置为当前样式，再单击右侧的"修改"按钮，弹出"修改标注样式：1 比 100"对话框，在"调整"选项卡的"使用全局比例"选项设置"全局比例"为 100、在"主单位"选项卡"线型标注"精度选择"0"，然后依次单击"确定"和"关闭"按钮，其效果如图 4-2 所示。

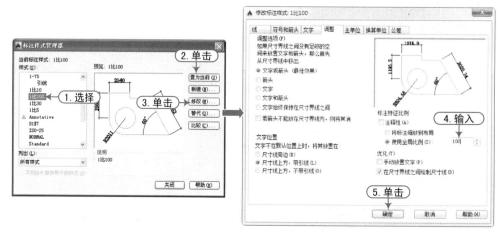

图 4-2

Step 03 执行"线型比例"命令（LTS），根据命令行提示"输入新线型比例因子 <1.0000>:"时，输入 100，以调整新的线型比例。

4.1.2 绘制轴线

案例	家装建筑平面图.dwg	视频	轴线的绘制.avi	时长	04'10"

首先新建一个 dwg 文件，然后使用构造线、偏移等命令绘制轴线，具体操作步骤如下。

Step 01 在"图层"工具栏的"图层控制"下拉列表框中，选择"ZX-轴线"图层，使之成为当前图层。

Step 02 执行"构造线"命令（XL），根据命令行提示，选择"水平(H)"选项，在视图窗口中绘制一条水平构造线。

Step 03 执行"偏移"命令（O），将上一步所绘制的构造线依次向下偏移 1500、2500、1100、1200、3500、1000、900 和 1100 的距离，其效果如图 4-3 所示。

Step 04 执行"构造线"命令（XL），根据命令行提示，选择"垂直(V)"选项，在视图窗口中绘制一条垂直构造线。

Step 05 执行"偏移"命令（O），将上一步所绘制的垂直线依次向右偏移 2000、2800、3000、1275、1925 和 700 的距离，其效果如图 4-4 所示。

注意：构造线的调整

由于绘制的构造线是无限延长的，这时可以使用"修剪"命令将相交以外多余的构造线部分进行修剪。

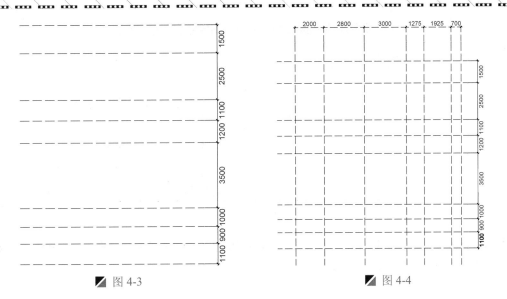

图 4-3　　　　　　　　　　　　　　　　　图 4-4

4.1.3　墙体的绘制

| 案例 | 家装建筑平面图.dwg | 视频 | 墙体的绘制.avi | 时长 | 11'29" |

根据本建筑平面图的要求，其墙体宽度为 200mm 和 100mm，首先应该设置多线样式，然后通过多线命令绘制墙体，具体操作步骤如下。

Step 01 将"QT-墙体"图层置为当前图层，选择"格式丨多线样式"菜单命令，弹出"多段样式"对话框，单击"新建"按钮，弹出"创建新的多线样式"对话框，输入新样式名"200"，输入图元的偏移为 100 和-100，然后单击"确定"按钮，从而创建"200"的多线样式，如图 4-5 所示。

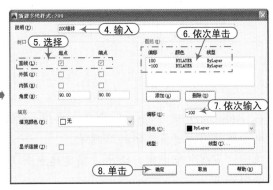

图 4-5

Step 02 同样，再按照前面的方法，按要求创建"100"的多线样式，设置图元偏移量为 50 和-50，创建效果如图 4-6 所示。

Step 03 执行"多线"命令（ML），根据命令行提示，选择"对正（J）"选项，选择"无（Z）"选项；选择"比例（S）"选项，输入比例为 1，选择"样式（ST）"选项，输入当前样式名为"200"，然后捕捉相应的轴线交点，绘制出一段 200 的墙体，其效果如图 4-7 所示。

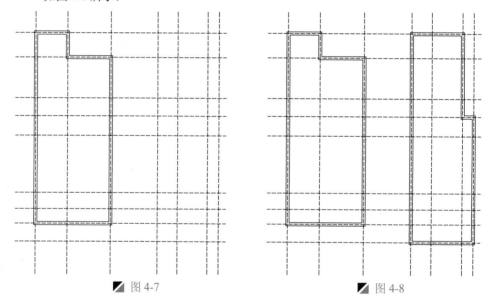

▨ 图 4-6

Step 04 继续执行"多线"命令（ML），再捕捉相应轴线的交点绘制另一段 200 的墙体，其效果如图 4-8 所示。

▨ 图 4-7   ▨ 图 4-8

提示：多线的比例及对正设置

在 AutoCAD 中，"多线"命令主要用于绘制任意多条平行线的组合图形，一般用于电子线路图、建筑墙体的绘制等。

执行"多线"命令后，提示"指定起点或 [对正(J)/比例(S)/样式(ST)]:"，其主要选项说明如下。

（1）比例：此项用于设置多线的平行线之间的距离，可输入 0、正值或负值，输入 0 时各平行线重合，输入负值时平行线的排列将倒置，如图 4-9 所示。

比例为10   比例为20

▨ 图 4-9

（2）对正：多线的对正有三种方式，其中"上（T）"是指在光标上方绘制多线，因此在指定点处将会出现具有最大正偏移值的直线；"无（Z）"是指将光标作为平行线中点绘制多线；"下（B）"是指在光标下方绘制多线，因此在指定点处将出现具有最大负偏移值的直线，如图4-10所示。

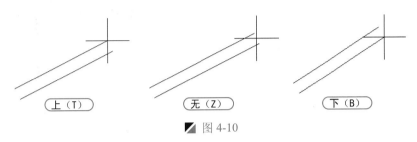

上（T）　　　　　　　无（Z）　　　　　　　下（B）

图 4-10

（3）样式（ST）：此项用于设置多线的绘制样式。默认样式为标准型（STANDARD），用户可以根据提示输入所需多线样式名，如"Q240"。

Step 05 继续执行"多线"命令（ML），在内部捕捉相应轴线绘制一些200的短墙体，其效果如图4-11所示。

Step 06 执行"偏移"命令（O）和"修剪"命令（TR），在内部绘制出附加轴线，其效果如图4-12所示。

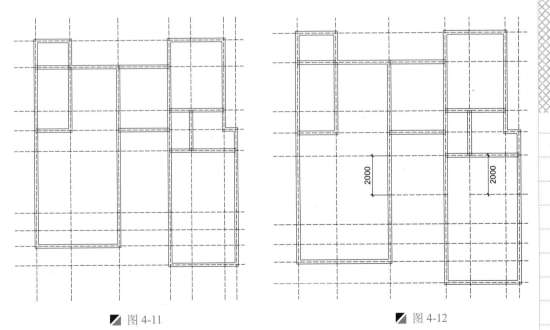

图 4-11　　　　　　　　　　　　　　　　　　　　图 4-12

Step 07 执行"多线"命令（ML），根据命令行提示，选择"样式（ST）"选项，输入样式名为"100"，捕捉上一步的附加轴线绘制两段宽100的墙体，其效果如图4-13所示。

Step 08 选择"格式 | 多线样式"菜单命令，新建"200-I"多线样式，并设置图元量为100、10、–10、100，其效果如图4-14所示。

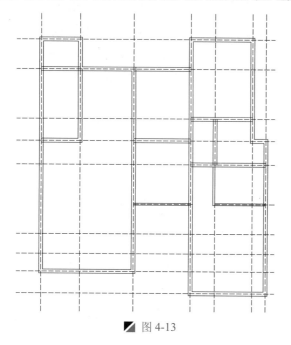

图 4-13   图 4-14

Step 09 执行"多线"命令（ML），根据命令行提示，选择"样式（ST）"选项，输入样式名为
"200-I"，捕捉相应轴线绘制一段宽 200 的四线矮墙体，其效果如图 4-15 所示。

Step 10 在图层下拉列表中，单击"轴线"图层前面的💡按钮，将该图层关闭，其效果如图 4-16
所示。

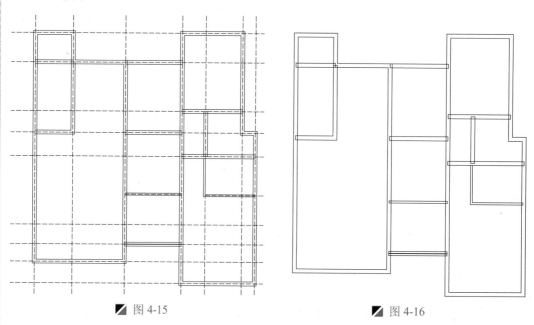

图 4-15   图 4-16

Step 11 双击任意多段线，弹出"多线编辑工具"对话框，单击"T 形打开"按钮，然后根据提示
依次选择第一条和第二条多线，将 T 形结合处进行打开操作，其效果如图 4-17 所示。

Step 12 根据上述方法，对其他的多线进行相应的编辑，其效果如图 4-18 所示。

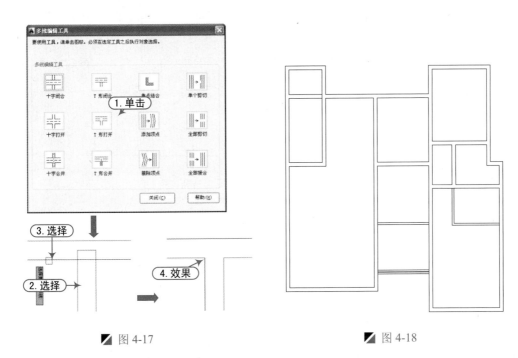

图 4-17   图 4-18

提示：选择编辑多线的顺序

> 在"多线编辑工具"对话框中，各种编辑工具都有一个预览图标，表示多线的合并效果，用户根据需要选择相应的图标来进行编辑。
>
> 在对多线进行编辑时，应注意选择多线的顺序，选择顺序不同会得到不同的编辑效果，其中"选择第一条多线"时，应选择副线，"选择第二条多线"时，应选择合并到的主线。

4.1.4 门窗的绘制

案例	家装建筑平面图.dwg	视频	门窗的绘制.avi	时长	17'13"

根据建筑平面图的要求，首先在绘制的多线墙体上为建筑图开启门窗洞口，然后将准备好的平面门图块按照适当的比例插入门洞口上，再建立窗样式并绘制相应的玻璃窗对象即可，具体操作步骤如下。

Step 01 在图层下拉列表中，将隐藏的"轴线"图层显示出来。执行"直线"命令（L）、"偏移"命令（O）、"修剪"命令（TR）等命令，分别对指定的墙体进行门窗洞口的开启，如图 4-19 所示。

Step 02 将"M-门"图层置为当前图层，执行"插入块"命令（I），将"案例\02"文件夹下面的"平面门、双开门"图块插入建筑平面图中，并通过执行"旋转"命令（RO）和"缩放"命令（SC），绘制出如图 4-20 所示图形。

Step 03 执行"格式 | 多线样式"菜单命令，打开"多线样式"对话框，按照前面的方法和要求创建"200-C"多线样式，并且设置其图元偏移量为 100、50、−50、−100，如图 4-21 所示。

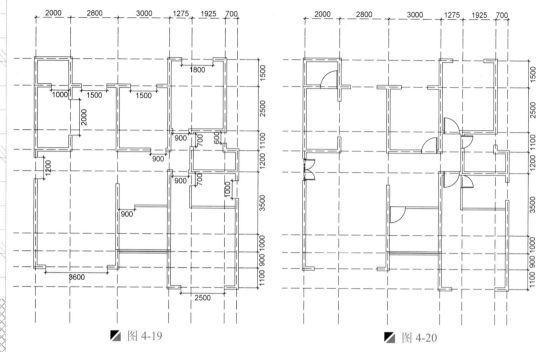

图 4-19   图 4-20

Step 04 将"C-窗"图层置为当前图层，执行"多线"命令（ML），按照要求在图形中绘制出窗户；再执行直线、偏移、修剪等命令，绘制出多线样式为"100"的阳台，如图 4-22 所示。

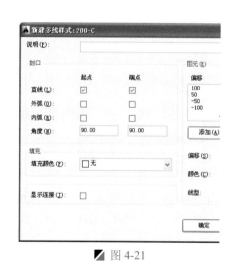

图 4-21   图 4-22

4.1.5 尺寸、轴号、文字及图名标注

案例	家装建筑平面图.dwg	视频	尺寸、轴号、文字及图名标注.avi	时长	17′31″

　　通过前面的操作步骤，已经绘制好建筑平面图的轴网、墙体及门窗对象，而完整的建筑平面图中，还应有尺寸标注、纵横轴号、图内说明文字及图名与比例等，具体操作步骤如下。

Step 01 将"BZ-标注"图层置为当前图层，执行"线性标注"命令（DLI）和"连续标注"命令（DCO），对其建筑整体结构进行尺寸标注，其效果如图 4-23 所示。

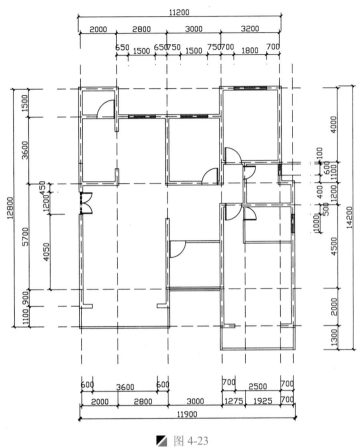

◢ 图 4-23

技巧：尺寸标注类型

在 AutoCAD 2015 中，系统提供了十余种标注工具以标注图形对象，分别位于"注释"选项卡的"标注"面板中，使用它们可以进行角度、半径、直径、线性、对齐、连续、圆心及基线等标注，如图 4-24 所示。

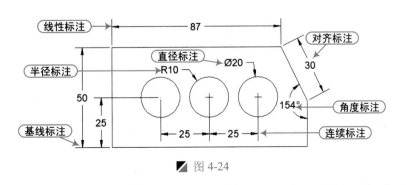

◢ 图 4-24

在 AutoCAD 中，线性标注用于标注图形对象的线性距离或长度，包括水平标注、垂直标注和旋转标注三种类型，线性标注可以水平、垂直或对齐放置。标注示意图如图 4-25 所示。

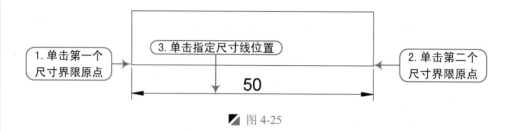

图 4-25

在 AutoCAD 中，连续标注是首尾相连的多个标注，在创建基线或连续标注之前，必须首先存在线性、对齐或角度标注。标注示意图如图 4-26 所示。

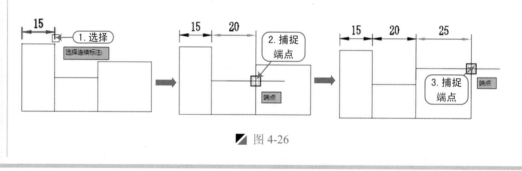

图 4-26

Step 02 执行"圆"命令（C），在视图的空白位置绘制直径为 800mm 的圆，执行"单行文字"命令（DT），选择"正中（MC）"选项，捕捉圆的中心点，设置文字字体为宋体、文字高度为 350，然后输入文字"A"，其效果如图 4-27 所示。

Step 03 执行"直线"命令（L），以圆的上、下、左、右象限点为起点，分别绘制长度为 500mm 的水平或垂直线段，其效果如图 4-28 所示。

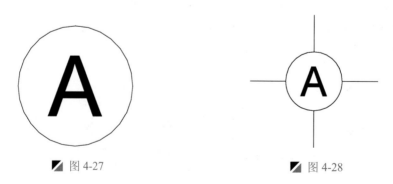

图 4-27   图 4-28

Step 04 执行"复制"命令（CO），分别将绘制好的轴号和指定的线段选中，再将其复制到相应的位置，然后根据要求双击轴号内的文字对象，分别输入横向的字母，以及纵向的数字，从而完成轴号的标注，其效果如图 4-29 所示。

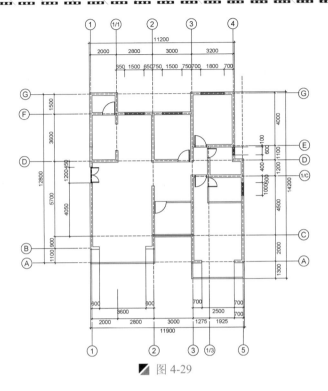

图 4-29

提示：定位轴线、规定

定位轴线是确定建筑物主要结构构件位置及其尺寸的基准线，同时是施工放线的依据。用于平面时称平面定位轴线，用于竖向时称竖向定位轴线。

（1）定位轴线应用细点画线绘制。

（2）定位轴线一般应编号，编号应注写在轴线端部的圆内。圆应用细实线绘制，直径为 8～10mm。定位轴线圆的圆心，应在定位轴线的延长线或延长线的折线上。

1. 平面定位轴线及编号。

（1）横向定位轴线用阿拉伯数字按从左至右顺序编写；纵向定位轴线用大写的拉丁字母按从下到上顺序编写，其中 O、I、Z 一般不用（容易与数字 0、1、2 混淆），如图 4-30 所示。

（2）圆形平面图中定位轴线的编号，其径向轴线宜用阿拉伯数字表示，从左下角开始，按逆时针顺序编写；其圆周轴线宜用大写拉丁字母表示，按从外向内顺序编写，如图 4-31 所示。

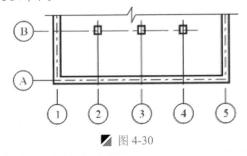

图 4-30

图 4-31

（3）如字母数量不够使用，可采用双字字母或单字字母加数字注脚方式，如 AA、BA、……、YA 或 A1、B1、Y1。

（4）组合较复杂的平面图中定位轴线可采用分区编号，如图 4-32 所示。

2. 当详图为通用时，其定位轴线应只画圆，不注写轴线编号，如图 4-33 所示。

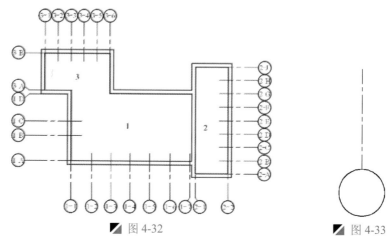

图 4-32　　　　　　　　　　图 4-33

附加定位轴线的编号，应以分数形式表示，并应按下列规定编写。

（1）两根轴线间的附加轴线，应以分母表示前一轴线的编号，分子表示附加轴线的编号，编号宜用阿拉伯数字顺序编写，如 $\frac{1}{2}$ 表示 2 号轴线之后附加的第一根轴线；$\frac{3}{c}$ 表示 C 号轴线之后附加的第三根轴线。

（2）1 号轴线或 A 号轴线之前的附加轴线的分母应以 01 或 0A 表示，如 $\frac{1}{01}$ 表示 1 号轴线之前附加的第一根轴线；$\frac{3}{0A}$ 表示 A 号轴线之前附加的第三根轴线。

Step 05　执行"图层管理"命令（LA），新建一个文字图层"WZ-文字"，并将图层置为当前图层，如图 4-34 所示。

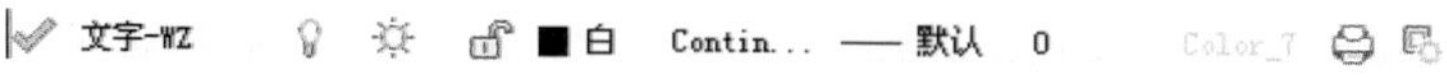

文字-WZ　♀　☼　🔓　■白　Contin...　——默认　0　　Color_7　🖨　🗐

图 4-34

Step 06　选择文字样式为"标注文字"，执行"多行文字"命令（MT），设置图内的文字大小为350，对其建筑平面图进行文字注释，其效果如图 4-35 所示。

Step 07　将"FH-符号"图层置为当前图层，执行"插入块"命令（I），将"案例\02"文件夹下面的"标高符号"图块插入图中，并设置标高符号的缩放比例与图形相符，然后分别修改标高的数值，其效果如图 4-36 所示。

Step 08　执行"多行文字"命令（MT），设置文字高度为700，在图形下方输入文字"建筑平面图"；然后设置文字高度为 500，在图名右侧标注比例"1:100"。

Step 09　执行"多段线"命令（PL），设置多段线全局宽度为100，在图名下方绘制与图名同长的水平多段线，效果如图 4-37 所示。

Step 10 至此，图形已经绘制完成，按【Ctrl+S】组合键进行保存。

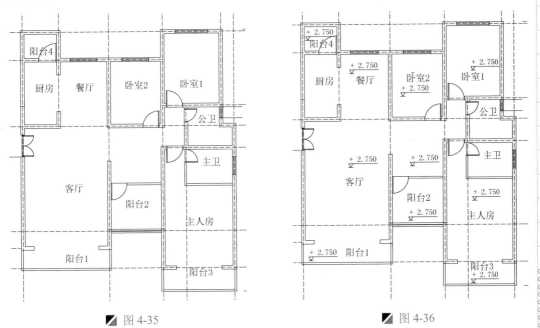

■ 图 4-35   ■ 图 4-36

字高700 → **建筑平面图 1:100** ← 字高600

宽度100 →

■ 图 4-37

注意：多行文字讲解

在 AutoCAD 中，多行文字是一种易于管理和操作的文字对象，可以用来创建两行或两行以上的文字，创建的多行文字是一个整体。

执行"多行文字"命令后，将提示指定两个对角点，并在绘图区弹出文本框，而在面板区显示"文字编辑器"选项卡，在其中可以对多行文字参数进行设置，创建方法如图 4-38 所示。

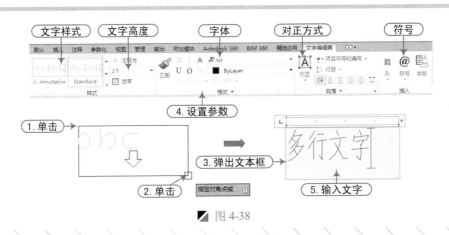

■ 图 4-38

4.2 家装平面布置图的绘制

用户在进行家装平面布置图的绘制时，首先打开"案例\04"下面的"家装建筑平面图.dwg"文件，且另存为"家装平面布置图.dwg"文件来进行操作，然后将原尺寸标注删除，再依次布置每个房间的家具摆放，最后进行内视符号、图名及标注等，其效果如图 4-39 所示。

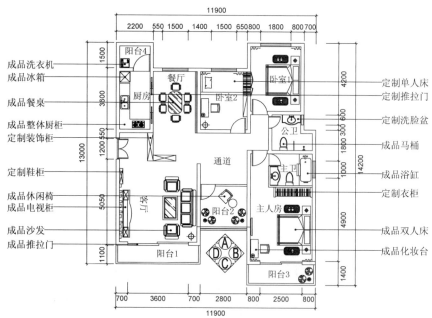

平面布置图 1:100

图 4-39

4.2.1 调用并修改建筑平面图

案例	家装平面布置图.dwg	视频	调用绘图环境.avi	时长	01'58"

在前面已经绘制好建筑平面图，在进行室内布置图的绘制时，首先将"建筑平面图"打开并执行另存为"平面布置图"操作，具体操作步骤如下。

Step 01 启动 AutoCAD 2015 应用程序，选择"文件 | 打开"菜单命令，打开前面绘制好的"案例\04\家装建筑平面图.dwg"文件；再执行"文件 | 另存为"菜单命令，将其另存为"案例\04\家装平面布置图.dwg"文件。

Step 02 根据绘制平面布置图的要求，将图形文件中的尺寸标注对象、轴号、标高符号删除，然后再修改图名为"平面布置图"，修改效果如图 4-40 所示。

4.2.2 布置客厅

案例	家装平面布置图.dwg	视频	布置客厅.avi	时长	09'15"

在进行客厅平面布置时，应在客厅配备电视、组合沙发、茶几等，具体操作步骤如下。

Step 01 将"轴线"图层隐藏，再将"JJ-家具"图层置为当前图层，执行"矩形"命令（REC），在进门对面绘制两个大小分别为 350mm×1650mm、1350mm×350mm 的矩形作为装饰柜轮廓，其效果如图 4-41 所示。

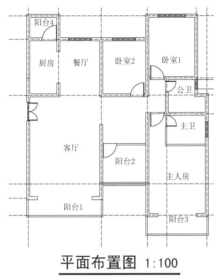

平面布置图 1:100

图 4-40

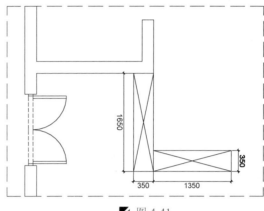

图 4-41

Step 02 执行"矩形"命令（REC），在门口下侧墙体处绘制一个 900mm×200mm 的直角矩形，作为鞋柜轮廓，其效果如图 4-42 所示。

Step 03 执行"矩形"命令（REC），继续在鞋柜下侧绘制两个大小分别为 200mm×100mm、100mm× 150mm 的直角矩形，并通过执行"移动"命令（M）和"复制"命令（CO），将矩形对象放置到如图 4-43 所示的位置，从而形成墙面造型的轮廓。

Step 04 执行"插入块"命令（I），将"案例\02"文件夹下面的"平面电视柜"、"平面茶几"、"平面沙发"、"落地灯"、"推拉门"插入客厅中，并通过相应的调整按如图 4-44 所示的位置进行布局。

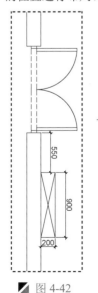

图 4-42

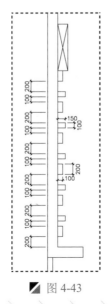

图 4-43

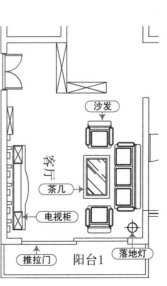

图 4-44

注意：步骤讲解

在插入第 2 章绘制的图块以后，使用"移动"、"旋转"和"缩放"等命令调整其位置与大小。如在插入"推拉门"时，可先进行"分解"，然后通过"拉伸"命令调整门扇的长度，从而适合门洞的长度。

4.2.3 布置厨房和餐厅

案例	家装平面布置图.dwg	视频	布置厨房和餐厅.avi	时长	12'16"

在厨房应该绘制相应的操作柜台，再插入燃气灶、冰箱、洗菜盆等，在餐厅应布置餐桌，具体操作步骤如下。

Step 01　将"M-门"图层置为当前图层，通过执行"偏移"命令（O）和"修剪"命令（TR），在厨房和餐厅之间绘制出隐藏的推拉门门框的效果，如图 4-45(a)所示。

Step 02　执行"矩形"命令（REC），绘制两个 40mm×700mm 的矩形，放置在门框中间作为推拉门，其效果如图 4-45(b)所示。

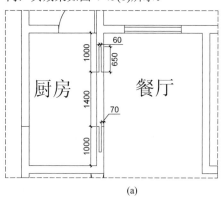
(a)

(b)

图 4-45

Step 03　执行"偏移"命令（O），将相应墙体线进行偏移；再执行"圆角"命令（F），根据命令行提示，设置圆角半径为 0，对偏移出来的线条进行修剪，并将绘制好的橱柜轮廓置换到"JJ-家具"图层，其效果如图 4-46 所示。

Step 04　执行"矩形"命令（REC），绘制 600mm×600mm 的矩形，并将其打散操作，将右侧线段向内偏移 20，再执行"直线"命令（L），最终完成冰箱轮廓的绘制，其效果如图 4-47 所示。

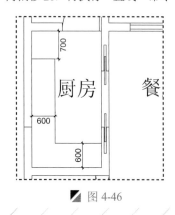
图 4-46

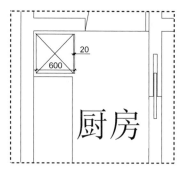
图 4-47

Step 05 执行"偏移"命令（O）和"直线"命令（L），将餐厅右侧墙体线向内依次偏移60、60，并用直线连接形成装饰轮廓，其效果如图4-48所示。

Step 06 执行"插入块"命令（I），将"案例\02"文件夹下面的"平面餐桌"、"平面燃气灶"、"平面洗碗槽"和"平面洗衣机"插入厨房和餐厅中，并通过"旋转"命令（RO）、"镜像"命令（MI）、"缩放"命令（SC）和"移动"命令（M），将家具摆放到合适的位置，其效果如图4-49所示。

图 4-48

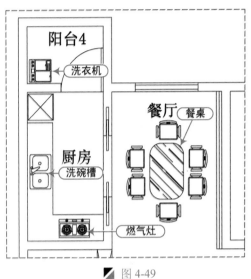

图 4-49

4.2.4 布置卧室1和卧室2

案例	家装平面布置图.dwg	视频	布置卧室1和卧室2.avi	时长	15'52"

在卧室应该绘制床、书桌、衣柜、电脑桌等，具体操作步骤如下。

Step 01 执行"直线"命令（L）和"偏移"命令（O），按【F8】键打开"正交"模式，在卧室1和卧室2之间绘制一个衣柜外框轮廓来将两个区域划分，如图4-50所示。

Step 02 执行"矩形"命令（REC）和"复制"命令（CO），在衣柜轮廓内绘制438mm×21mm的矩形作为衣架；再通过"复制"命令复制多个矩形，其效果如图4-51所示。

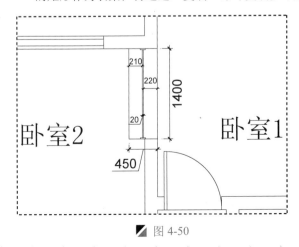

图 4-50

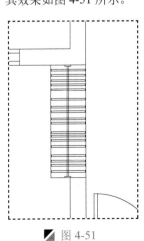

图 4-51

Step 03 执行"矩形"命令（REC），绘制 467mm×25mm 的矩形，再执行"复制"命令（CO）、"直线"命令（L）和"旋转"命令（RO），绘制出如图 4-52 所示的衣柜门。

Step 04 执行"直线"命令（L），在卧室 2 内绘制书柜，其效果如图 4-53 所示。

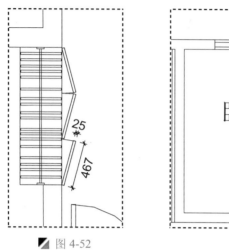

图 4-52

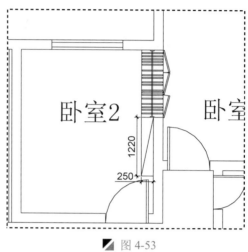

图 4-53

注意：装饰柜在 CAD 中的图形表示方法

在室内设计中，为了区分家具之间的区别，一般情况下，只连接一个对角点的柜子表示**矮柜**（柜子一般为半高），而连接了两个对角点的则表示**高柜**（从底做到顶），其效果如图 4-54 所示。

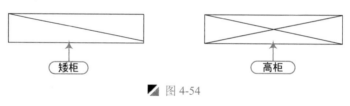

图 4-54

Step 05 执行"矩形"命令（REC），绘制 400mm×50mm 的矩形并将其打散操作，再执行"偏移"命令（O）按照如下尺寸将线段偏移，其效果如图 4-55 所示。

Step 06 执行"圆"命令（C），在如图所示位置绘制半径为 40mm 的 5 个圆，其效果如图 4-56 所示。

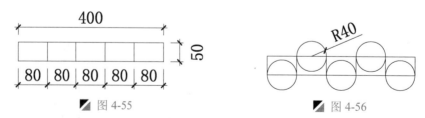

图 4-55

图 4-56

Step 07 执行"修剪"命令（TR），将多余线段删除，其效果如图 4-57 所示。

Step 08 执行"直线"命令（L），捕捉右侧端点绘制一条长为 200mm 的水平直线，再继续绘制一条斜线形成箭头，效果如图 4-58 所示。

图 4-57　　　　　　　　　图 4-58

Step 09　执行"写块"命令（W），选择上一步绘制的对象，并指定左边端点作为基点，将图形保存在"案例\04"文件下，文件名为"窗帘"，如图 4-59 所示。

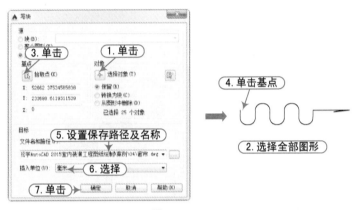

图 4-59

提示：将图块写入磁盘

　　在 AutoCAD 中，用户可以将图块进行存盘操作，以便以后能在任何一个文件中使用。执行"WBLOCK"命令可以将块以文件的形式写入磁盘，其快捷键为"W"。

Step 10　执行"移动"命令（M）、"复制"命令（CO）和"镜像"命令（MI），将窗帘放置在卧室 1、2 的窗口，如图 4-60 所示。

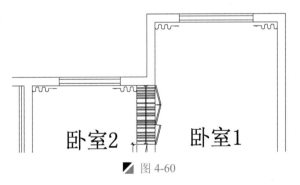

卧室2　　卧室1

图 4-60

Step 11　执行"偏移"命令（O），将如图 4-61 所示的墙体线向内进行偏移，并将多余线段修剪，从而形成地台效果。

Step 12　执行"矩形"命令（REC），在地台位置绘制圆角半径为 100mm、长度为 400mm、宽度为 700mm 的圆角矩形作为单人床枕头，效果如图 4-62 所示。

Step 13　执行"插入块"命令（I），将"案例\02"文件夹下面的"双人床"、"化妆台"、"落地灯"图块插入图中，并通过执行"移动"命令（M）、"旋转"命令（RO）、"缩放"命令（SC）等命令将家具图块放置到适当的位置，如图 4-63 所示。

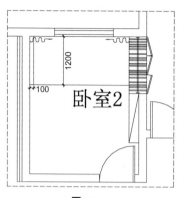

图 4-61

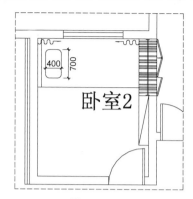

图 4-62

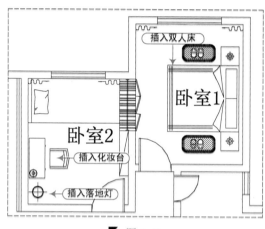

图 4-63

4.2.5 布置主人房和阳台 2

案例	家装平面布置图.dwg	视频	布置主人房和阳台 2.avi	时长	18'30"

在布置主人房时与前面卧室一样有床、书桌、衣柜等物品,在阳台应有休闲椅、植物等,具体操作步骤如下。

Step 01 将"ZW-植物"图层置为当前图层,执行"圆"命令(C),绘制半径为 230mm 的圆,其效果如图 4-64 所示。

Step 02 执行"直线"命令(L)和"圆"命令(C),在圆内绘制如图 4-65 所示的图形。

Step 03 首先执行"圆"命令(C),绘制半径为 104mm 的圆,再执行"圆弧"命令(A),在圆内绘制如图 4-66 所示的图形。

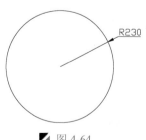

图 4-64

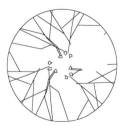

图 4-65

图 4-66

Step 04　执行"移动"命令（M）和"复制"命令（CO），将前面绘制的两个图形组合成如图 4-67 所示效果；再执行"写块"命令（W），将图形保存在"案例\04"文件下，文件名为"植物"。

Step 05　执行"复制"命令（CO）和"镜像"命令（MI），将植物放置在阳台相应位置，其效果如图 4-68 所示。

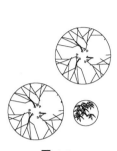

图 4-67

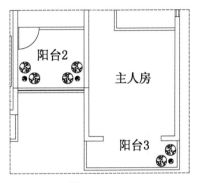

图 4-68

Step 06　执行"矩形"命令（REC），绘制 625mm×650mm 的矩形，并将其打散操作，其效果如图 4-69 所示。

Step 07　执行"偏移"命令（O），将两边线段分别向内偏移 50，其效果如图 4-70 所示

Step 08　执行"直线"命令（L），连接线段，并执行"修剪"命令（TR），将多余线段删除，其效果如图 4-71 所示。

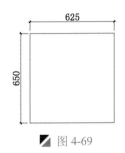

图 4-69

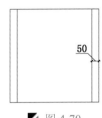

图 4-70

图 4-71

Step 09　执行"圆弧"命令（A），在图形相应位置绘制如图 4-72 所示的适当圆弧，并将多余线段删除。

Step 10　执行"偏移"命令（O），将图形相应线段和圆弧按照如图 4-73 所示尺寸进行偏移。

Step 11　执行"修剪"命令（TR），将多余线段删除，其效果如图 4-74 所示。

图 4-72

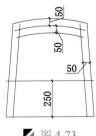

图 4-73

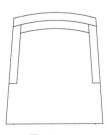

图 4-74

Step 12　执行"圆"命令（C），在图形右侧绘制半径为 250mm 的圆，其效果如图 4-75 所示。

Step 13　执行"旋转"命令（RO），选择图形以圆心为基点旋转"-30"度，效果如图 4-76 所示；再执行"写块"命令（W），指定圆心点作为基点，选择对象，将图形保存在"案例\04"文件下，文件名为"休闲椅"。

Step 14　执行"移动"命令（M），将休闲椅放置在阳台 2 相应位置，其效果如图 4-77 所示。

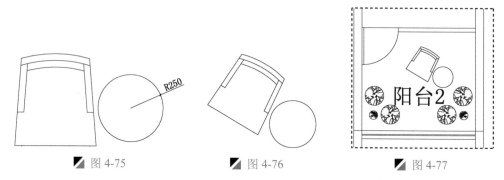

　　图 4-75　　　　　　　　　　图 4-76　　　　　　　　　　图 4-77

Step 15　执行"矩形"命令（REC），绘制 1038mm×120mm 的矩形，并将其打散操作，其效果如图 4-78 所示。

Step 16　执行"偏移"命令（O），将打散后的线段根据如下尺寸进行偏移，其效果如图 4-79 所示。

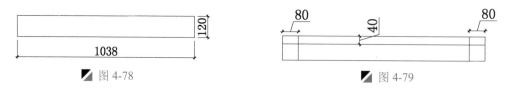

　　图 4-78　　　　　　　　　　　　　　　　图 4-79

Step 17　执行"直线"命令（L），绘制连接线段，再执行"修剪"命令（TR），将多余线段删除，其效果如图 4-80 所示。

Step 18　执行"直线"命令（L）和"镜像"命令（MI），绘制如图 4-81 所示的斜线；再执行"写块"命令（W），指定中点作为基点，选择对象，将图形保存在"案例\04"文件下，文件名为"平面电视"。

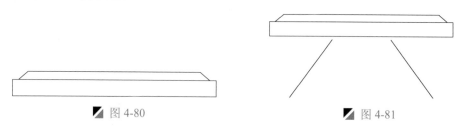

　　图 4-80　　　　　　　　　　　　　　　　图 4-81

Step 19　执行"移动"命令（M）和"旋转"命令（RO），将平面电视放置在主人房内相应位置，其效果如图 4-82 所示。

Step 20　执行"插入块"命令（I），将"案例\02"文件夹下面的"双人床"、"化妆台"、"衣柜"、"推拉门"和"案例\04"文件夹下面的"窗帘"图块插入图中，并通过执行"移动"命令（M）、"旋转"命令（RO）、"缩放"命令（SC）等命令将家具图块放置到适当的位置，其效果如图 4-83 所示。

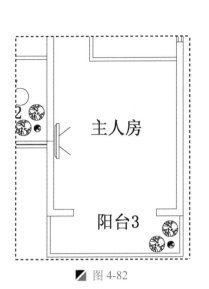

图 4-82

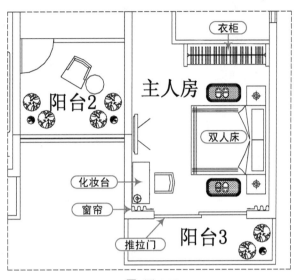

图 4-83

4.2.6 布置主卫和公卫

案例	家装平面布置图.dwg	视频	布置主卫和公卫的绘制.avi	时长	08'26"

在该家装空间中，主卫应配备淋浴房，公卫应进行干湿分区，这样更方便使用，具体操作步骤如下。

Step 01 将"JJ-家具"图层置为当前图层，执行"矩形"命令（REC），在公卫中绘制一个 12mm×550mm 的直角矩形，从而形成隔断轮廓。

Step 02 执行"圆"命令（C），绘制半径分别为 40mm、30mm、12mm 的同心圆，其效果如图 4-84 所示。

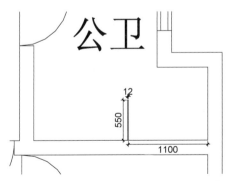

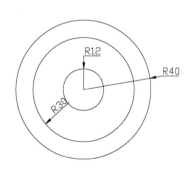

图 4-84

Step 03 执行"矩形"命令（REC），绘制 24mm×200mm 的矩形，其效果如图 4-85 所示。

Step 04 执行"修剪"命令（TR），将多余线段删除，其效果如图 4-86 所示。

Step 05 执行"矩形"命令（REC），在相应位置绘制如图 4-87 所示的三个矩形，矩形尺寸分别为"35mm×33mm、24mm×6mm、160mm×10mm"。

Step 06 执行"偏移"命令（O），将 35mm×33mm 的矩形打散操作，并将两边线段向内各偏移 6，其效果如图 4-88 所示。

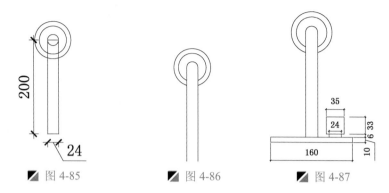

■ 图 4-85   ■ 图 4-86   ■ 图 4-87

Step 07　执行"圆弧"命令（A），在图中相应位置绘制圆弧，其效果如图 4-89 所示。

Step 08　执行"修剪"命令（TR），修剪多余的线条；再执行"圆角"命令（F），将图形相应位置倒圆角，圆角半径为"6"，其效果如图 4-90 所示。

■ 图 4-88   ■ 图 4-89   ■ 图 4-90

Step 09　执行"镜像"命令（MI），对图形相应部分进行水平镜像，其效果如图 4-91 所示；再执行"写块"命令（W），指定同心圆点作为基点，选择对象，将图形保存在"案例\04"文件下，文件名为"沐浴喷头"。

Step 10　执行"插入块"命令（I），将"案例\02"文件夹下面的"洗脸盆"、"马桶"、"沐浴喷头"和"浴缸"图块插入图中，并通过执行"移动"命令（M）、"旋转"命令（RO）、"缩放"命令（SC）等命令将家具图块放置到适当的位置，其效果如图 4-92 所示。

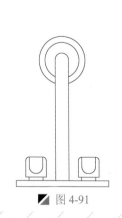

■ 图 4-91

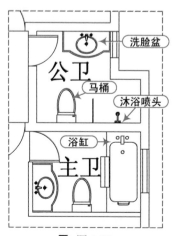

■ 图 4-92

4.2.7 进行尺寸标注、文字注释

案例	家装平面布置图.dwg	视频	进行尺寸标注、文字注释的绘制.avi	时长	14'43"

一张完整的室内平面布置图，还应包括尺寸标注和文字注释等，具体操作步骤如下。

Step 01　将"BZ-标注"图层置为当前图层，执行"线性标注"命令（DLI）和"连续标注"命令（DCO），对室内平面布置图进行相应的尺寸标注，其效果如图 4-93 所示。

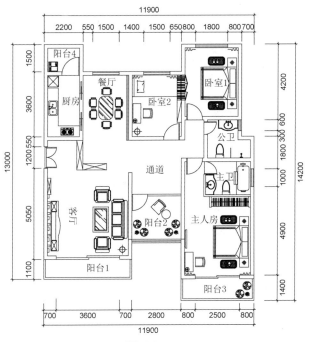

▰ 图 4-93

Step 02　执行"多重引线管理器"命令（MLS），打开"多重引线管理器"对话框，单击"新建"弹出"创建新多重引线样式"对话框，输入新样式名"圆点"样式，再单击"继续"按钮，然后在弹出的对话框内，设置箭头符号为"点"样式，且将点大小设置为"80"，如图 4-94 所示。

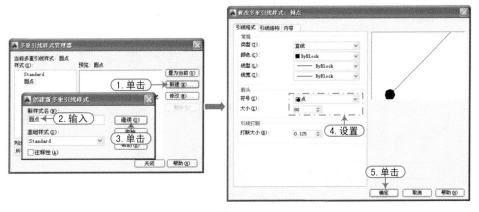

▰ 图 4-94

Step 03　将"ZS-注释"图层置为当前图层，执行"多重引线"命令（MLD），根据命令行提示，选择第一个点和第二个点后，弹出文字格式对话框，设置文字格式为"宋体"、字体大小为"400"，根据要求对平面布置图进行文字注释，注释效果如图 4-95 所示。

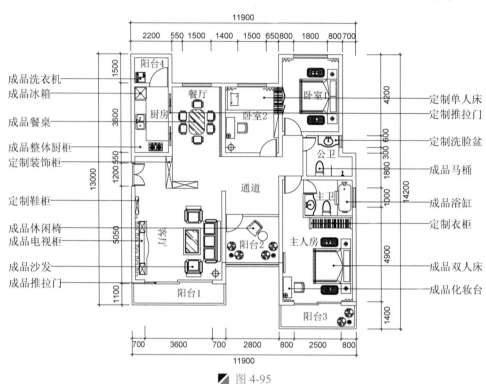

图 4-95

注意：多重引线命令的讲解

在 AutoCAD 2015 中，多重引线是具有多个选项的引线对象。对于多重引线，先放置引线对象的头部、尾部或内容均可，在"注释"选项卡的"引线"面板中，包括相应的多重引线的命令及相应的工具，如图 4-96 所示。

引线对象是一条直线或样条曲线，其一端带有箭头，另一端带有多行文字或块。在某些情况下，有一条短水平线（又称基线）将文字或块和特征按控制框连接到引线上，如图 4-97 所示。

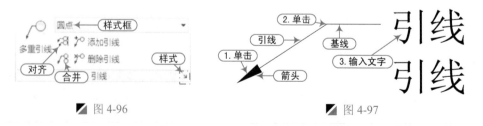

图 4-96　　　　　　　　　　　　　　　　　　图 4-97

Step 04　将"FH-符号"图层置为当前图层，执行"插入块"命令（I），将"案例\02"文件夹下面的"立面索引符号"插入如图 4-98 所示的位置。

Step 05　至此，图形已经绘制完成，按【Ctrl+S】组合键进行保存。

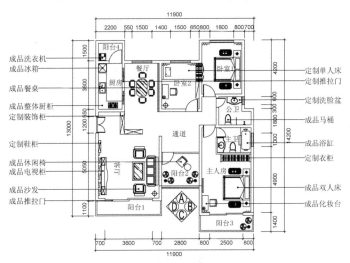

平面布置图 1:100

图 4-98

4.3　家装地面布置图的绘制

　　用户在绘制家装地面布置图时，首先打开"案例\04"下面的"家装平面布置图.dwg"，且进行另存为"家装地面布置图.dwg"文件操作，再对其整理图形并封闭门口线，然后分别对相应位置进行填充，最后对其进行文字注释说明，如图 4-99 所示。

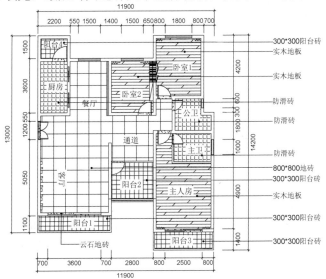

地面布置图 1:100

图 4-99

提示：图案填充孤岛

　　在进行图案填充时，把位于总填充区域内的封闭区域称为孤岛。用户可以使用以下三种样式填充孤岛：普通、外部和忽略。

（1）普通：此填充样式为默认的填充样式，这种样式将从外部向内填充。如果填充过程中遇到内部边界，填充将关闭，直到遇到另一个边界为止，如图 4-100（a）所示。

（2）外部：此填充样式也是从外部边界向内填充，并在下一个边界处停止，如图 4-100（b）所示。

（3）忽略：此填充样式将忽略内部边界，填充整个闭合区域，如图 4-100（c）所示。

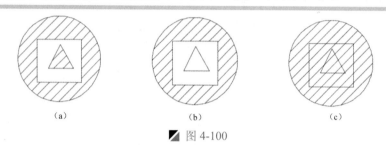

（a）　　　　　　（b）　　　　　　（c）

图 4-100

4.3.1　调用并修改平面布置图

案例	家装地面布置图.dwg	视频	调用绘图环境.avi	时长	02'24"

　　在前面已经绘制好平面布置图，在进行地面布置图的绘制时，利用前面绘制好的平面布置图，可以更快、更方便地进行地面布置图的绘制，具体操作步骤如下。

Step 01　启动 AutoCAD 2015 应用程序，选择"文件｜打开"菜单命令，打开前面绘制好的"案例\04\家装平面布置图.dwg"文件，再执行"文件｜另存为"菜单命令，将其另存为"案例\04\家装地面布置图.dwg"文件。

Step 02　根据绘制地面布置图的要求，将图形文件中的文字注释删除，将多余的家具也删除，然后将图名修改为"地面布置图"，效果如图 4-101 所示。

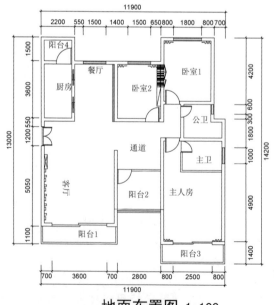

地面布置图 1:100

图 4-101

4.3.2 填充地面材质

| 案例 | 家装地面布置图.dwg | 视频 | 填充地面材质.avi | 时长 | 09'29" |

在地面布置图中，主要应该表现出材料在空间的感觉，具体操作步骤如下。

Step 01 将"TC-填充"图层置为当前图层，执行"图案填充"命令（H），根据命令提示选择"设置"选项，则弹出"图案填充与渐变色"对话框，选择类型为"用户定义"，设置间距为"800"、勾选"双向"，对客厅、通道和餐厅进行填充，从而形成800×800地砖的效果，如图4-102所示。

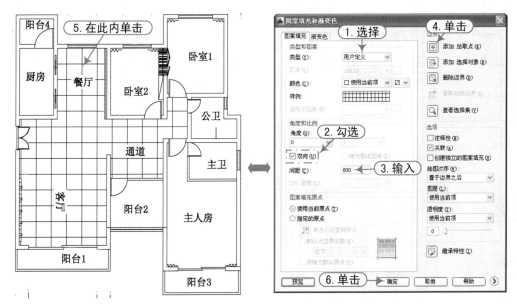

图 4-102

提示：用户定义填充

使用"用户定义"填充的图案，默认是以0°线条（水平线）填充封闭区域，当勾选了"双向"时，则填充0°和90°的网格线条（水平与垂直线），设置的间距，就是线条间的距离。如填充双向间距为800，则网格之间或线与线之间的测量距离就是800mm。

Step 02 用前面同样的方法选择类型为"用户定义"，设置间距为"300"，勾选"双向"，对阳台"1、2、3、4"进行300×300阳台砖效果的填充，如图4-103所示。

Step 03 执行"图案填充"命令（H），选择图案为"AR-CONC"，角度为0，比例为30，对所有门口进行填充，从而将门槛填充成云石地砖效果，如图4-104所示。

Step 04 执行"图案填充"命令（H），选择图案为"ANGLE"，角度为"0"，比例为"1000"，对卫生间和厨房进行图案填充操作，从而形成防滑砖的效果，如图4-105所示。

Step 05 同样，执行"图案填充"命令（H），选择类型为"预定义"，图案为"DOLMIT"，角度为0，比例为800，对三个卧室进行填充，从而形成木地板效果，其效果如图4-106所示。

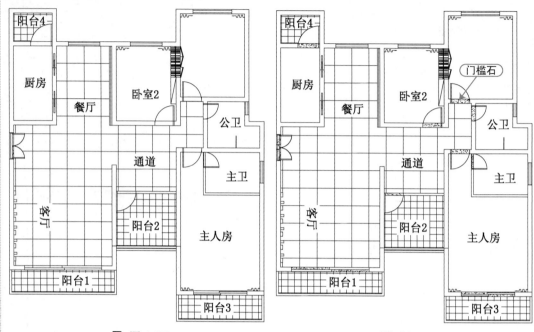

图 4-103

图 4-104

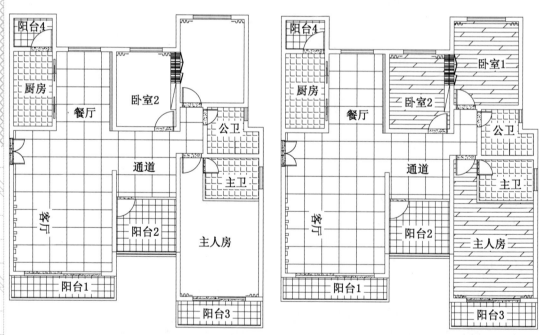

图 4-105

图 4-106

技巧：填充内部文字

　　在执行"填充"命令的过程中，根据提示选择"设置"选项，则会打开"图案填充与渐变色"对话框，这和图案填充时，自动弹出的"图案填充创建"选项卡中的内容是一样的，用户可根据自己的习惯进行操作。

在填充图案时，封闭区域内若有文字，则系统默认该文字为块，并作为孤岛将其排除在填充范围内，如图 4-107 所示。

图 4-107

4.3.3 进行文字说明

案例	家装地面布置图.dwg	视频	进行文字说明.avi	时长	07'02"

在地面布置图中，全部用图案很难清楚地表示出设计中的所有需求，这时就需要借助文字说明，从而会更清楚地表达出设计师的设计意图，具体操作步骤如下。

Step 01 执行"多重引线"命令（MLD），设置文字格式为"宋体"、字体大小为"400"，根据要求对地面材质图进行文字说明，其效果如图 4-108 所示。

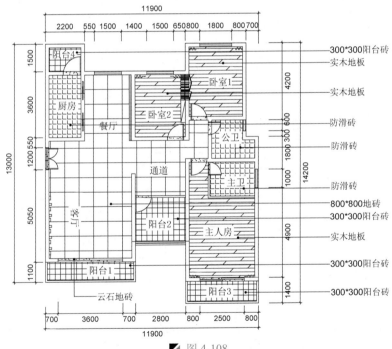

图 4-108

Step 02 至此，图形已经绘制完成，按【Ctrl+S】组合键进行保存。

注意：家装瓷砖的说明

在选择厨房使用的瓷砖时，与客厅或浴室的瓷砖应有所不同。选择厨房瓷砖之前，应先选好橱柜和配套吊顶，再根据其式样与颜色来购买瓷砖，并且应尽量一次买足，以避免因产品批号不同而出现色差。

（1）墙砖属陶制品，而地砖属瓷制品，它们的物理特性不同。陶质砖吸水率大概在 10%，比吸水率只有 0.5% 的瓷质砖要高出许多倍，吸水率低的地砖，适合地面铺设。

（2）墙砖是釉面陶制的，含水率较高，它的背面较粗糙，这样利于粘合剂把它贴上墙。地砖不易在墙上贴牢固，墙砖用在地面会吸水太多不易清洁。厨房和卫生间都属水汽较大的地方，因此在厨卫空间不宜混用墙、地砖。

（3）此外，还要注意厨卫瓷砖的选择。一般厨卫空间比较小，应当选择规格小的砖，这样在铺贴时可减少浪费。业内人士建议，最好铺贴亚光瓷砖，品质好的亚光瓷砖不但非常容易清洗，而且其细腻、朴实的光泽能使厨房和卫生间的装修效果更加自然。

4.4 家装顶棚布置图的绘制

在绘制顶棚布置图时，首先借用地面布置图，在此基础上绘制直线段封闭门窗洞口，分别绘制相应功能区域的吊顶轮廓，布置灯具且标注吊顶及灯具的高度，最后进行文字注释等操作，如图 4-109 所示。

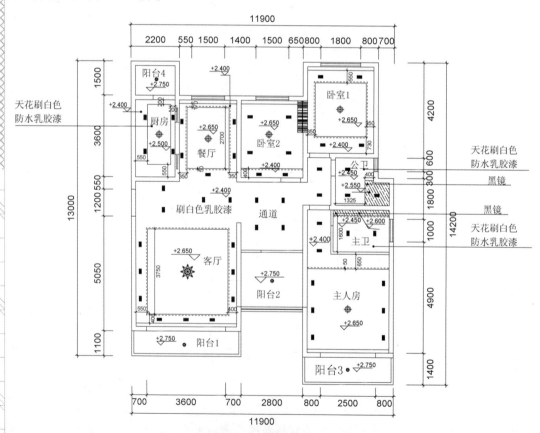

顶棚布置图 1:100

图 4-109

4.4.1 调用并修改地面布置图

案例	家装顶棚布置图.dwg	视频	调用绘图环境.avi	时长	04'46"

前面已经绘制好地面布置图,在进行顶棚布置图的绘制时,利用前面绘制好的地面布置图,可以更快、更方便地进行顶棚布置图的绘制,具体操作步骤如下。

Step 01 启动 AutoCAD 2015 应用程序,选择"文件 | 打开"菜单命令,打开前面绘制好的"案例\04\家装地面布置图.dwg"文件,再执行"文件 | 另存为"菜单命令,将其另存为"案例\04\家装顶棚布置图.dwg"文件。

Step 02 根据绘制顶棚布置图的要求,对图形文件中的门、文字注释和填充图案进行删除操作,将"DD-吊顶"图层置为当前图层,并执行"直线"命令(L),对所有门洞进行封闭操作,并修改图名为"顶棚布置图",其效果如图 4-110 所示。

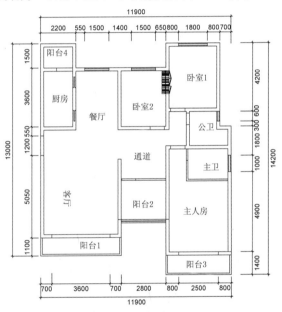

顶棚布置图 1:100

图 4-110

4.4.2 绘制吊顶轮廓

案例	家装顶棚布置图.dwg	视频	吊顶轮廓的绘制.avi	时长	13'29"

在将地面布置图整理后,得到顶棚布置图需要的轮廓,这时就可以对吊顶轮廓进行绘制,具体操作步骤如下。

Step 01 执行"偏移"命令(O),将客厅内侧墙体线根据尺寸依次向内偏移,并将偏移出来的四根线条置换到"DD-吊顶"图层;再执行"圆角"命令(F),设置圆角半径为"0",将偏移出来的四条线段修剪成直角,其效果如图 4-111 所示。

Step 02 执行"偏移"命令(O),将上一步倒角后的四条线段再向外偏移 50,并执行"修剪"命令(TR),将多余线段删除,最后将偏移后的线段置换到"DD-灯带"图层,其效果如图 4-112 所示。

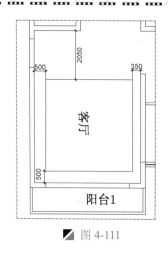

图 4-111

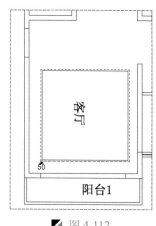

图 4-112

技巧："0"度圆角及倒角

圆角是用来对两条有夹角的直线按一定的半径倒出一个光滑的圆弧，倒角则是倒出一个与原来两直线成一定距离或角度的过度线，以满足工件的工艺要求。

在执行"倒角"或"圆角"的过程中，设置圆角半径为"0"且为"修剪模式"时，通过选择两条有交点或有隐含交点的直线，以将它们修剪或延伸至相交，如图 4-113 所示。

超出相交　　　0度圆角或倒角　　　未相交

图 4-113

Step 03　执行"偏移"命令（O），将客厅下侧内墙体线向内偏移 150，从而得到窗帘盒轮廓，其效果如图 4-114 所示。

Step 04　将"DD-吊顶"图层置为当前图层，通过"偏移"命令（O）和"修剪"命令（TR），分别在厨房和餐厅内相应位置绘制 1050mm×2650mm 和 1900mm×2700mm 的矩形，其效果如图 4-115 所示。

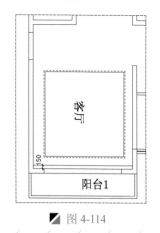

图 4-114

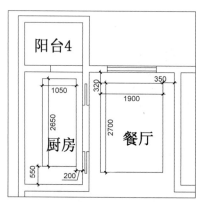

图 4-115

技巧：线型比例的调整

由于"DD-灯带"图层设置的线型为虚线，若将线条转换为"灯带"图层时，看不出虚线的效果，那么就要调整线型的显示比例了。可执行"格式|线型"菜单命令，单击"显示细节"按钮以显示"详细信息"列表，然后在"全局比例因子"处调整该值；同样可直接执行"LTS"命令，输入新值来调整线型的全局比例。

Step 05 再执行"偏移"命令（O），首先将餐厅内矩形向外侧偏移 50 并将偏移出来的矩形置换到"DD-灯带"图层，再将窗户线向内偏移 150，其效果如图 4-116 所示。

Step 06 同前面方法一样执行"偏移"命令（O）、"圆角"命令（F）和"修剪"命令（TR），绘制卧室 1 和卧室 2 的天花吊顶和灯带，其效果如图 4-117 所示。

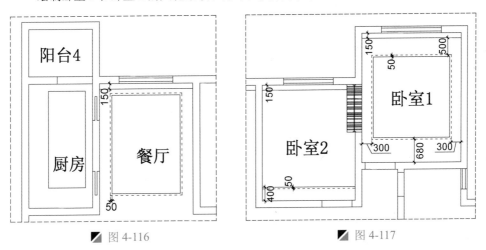

图 4-116　　　　　　　　图 4-117

Step 07 执行"偏移"命令（O），在主人房内绘制天花轮廓、灯带和窗帘盒轮廓，其效果如图 4-118 所示。

Step 08 再执行"偏移"命令（O），在公卫和主卫内绘制天花轮廓和灯带，其效果如图 4-119 所示。

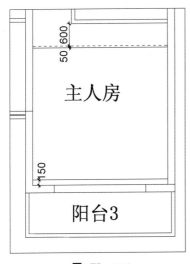

图 4-118

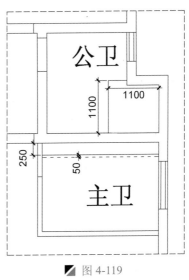

图 4-119

Step 09 执行"图案填充"命令（H），选择类型为"预定义"，图案为"GOST_WOOD"，角度为"30"，比例为"50"，对卫生间天花轮廓进行图案填充操作，其效果如图 4-120 所示。

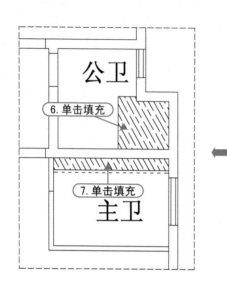
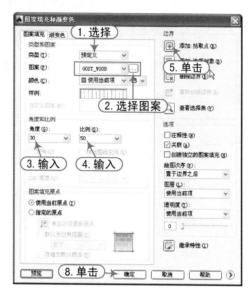

图 4-120

4.4.3 布置灯具

案例	家装顶棚布置图.dwg	视频	布置灯具.avi	时长	12'53"

在所有室内空间吊顶轮廓绘制好后，就可以进行灯具的布置了，具体操作步骤如下。

Step 01 执行"图层管理"命令（LA），新建一个"辅助线"图层，并将"辅助线"图层置为当前图层，其效果如图 4-121 所示。

✓ 辅助线　　☀ ☼　　♟ ■8　　DASH　　—— 默认　 0

图 4-121

Step 02 执行"直线"命令（L）和"偏移"命令（O），打开"非正交"模式，在顶棚布置图中需要安装灯具的地方，通过绘制辅助线的方式来确定灯具的位置，其效果如图 4-122 所示。

技巧：在房间中心点布置灯具

此步骤以"直线"的方式来绘制连接房间对角点的辅助线，这样辅助线交点就是该房间的中心点，在中心点放置灯具为灯具照明的最佳效果。

Step 03 将"DJ-灯具"图层置为当前图层，根据灯具布置的要求，执行"插入块"命令（I），将"案例\02"文件夹下面的"吸顶灯"和"花枝吊灯"插入图中，再结合"移动"命令（M）、"复制"命令（CO）和"缩放"命令（SC）等命令，绘制出如图 4-123 所示图形效果，并将"辅助线"图层关闭。

Step 03 再执行"插入块"命令（I），将"案例\02"文件夹下面的"双头豆胆灯"插入图形中，并按照如图 4-124 所示效果进行放置。

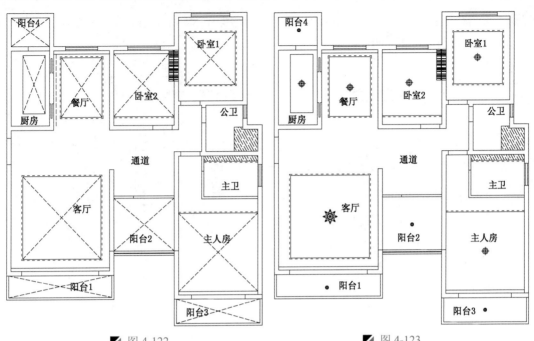

▨ 图 4-122   ▨ 图 4-123

图 4-122   图 4-123

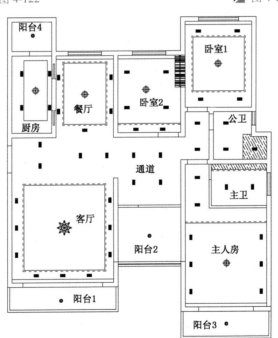

▨ 图 4-124

4.4.4 进行文字注释和标注

| 案例 | 家装顶棚布置图.dwg | 视频 | 进行文字注释和标注.avi | 时长 | 12'17" |

在灯具布置好后，就可以对顶棚布置图进行具体文字、标高、尺寸、说明，具体操作步骤如下。

Step 01 将 "BZ-标注" 图层置为当前图层，执行 "线性标注" 命令（DLI），对吊顶轮廓进行尺寸标注，其效果如图 4-125 所示。

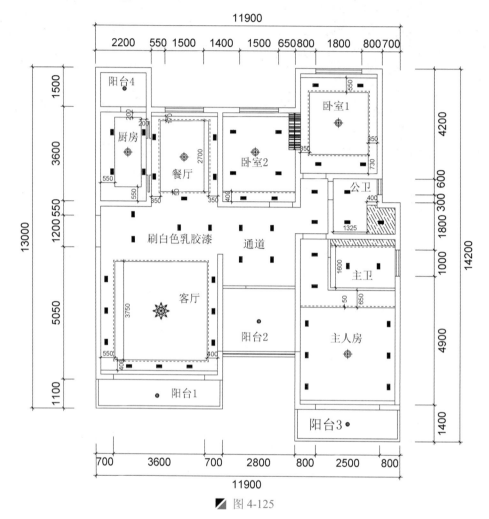

▇ 图 4-125

注意：步骤讲解

在对图形内部进行吊顶轮廓标注时，可以在当前标注样式下新建一个标注样式（或者设置一个替代样式），且将新的全局比例因子设置得更小些，这样可以使标注出来的尺寸比外侧的尺寸小些。

Step 02 将 "WZ-文字" 图层置为当前图层，执行 "多重引线" 命令（MLD），设置文字格式为 "宋体"、字体大小为 "300"，对顶棚布置图进行文字说明，其效果如图 4-126 所示。

Step 03 将 "FH-符号" 图层置为当前图层，执行 "插入块" 命令（I），将 "案例\02" 文件夹下面的 "标高符号" 图块插入图中，并通过 "复制" 命令（CO）、"移动" 命令（M）等命令对顶棚布置图进行添加标高符号，再修改不同的标高值，其效果如图 4-127 所示。

Step 04 至此，图形已经绘制完成，按【Ctrl+S】组合键进行保存。

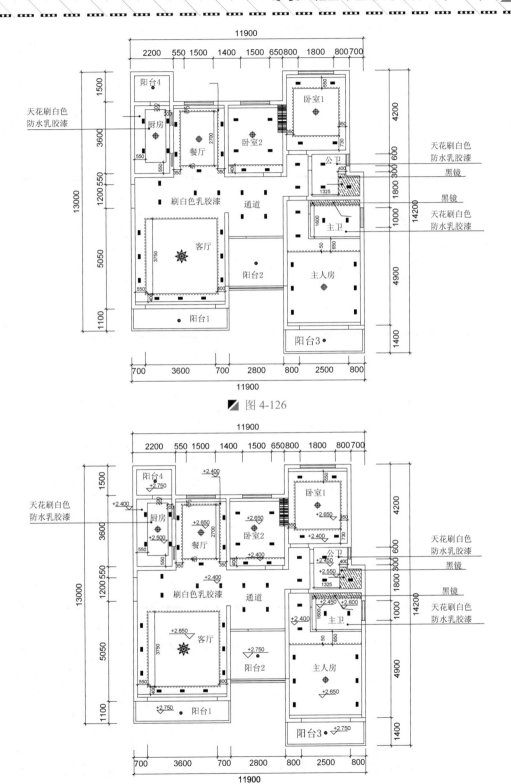

图 4-126

图 4-127

5

家装工程图立面图的绘制

本章导读

　　本章根据平面图绘制出立面图基本轮廓，紧接着绘制墙面造型及其他装饰元素，最后对图纸进行材料名称、色彩及施工工艺做法说明，对各立面组成部分尺寸进行标注和图名标注，使读者能轻松掌握家装立面施工图的绘制方法。

本章内容

- ☑ 家装客厅立面图的绘制
- ☑ 家装厨房立面图的绘制
- ☑ 家装卫生间立面图的绘制
- ☑ 家装主卧室立面图的绘制
- ☑ 家装其他立面图的效果

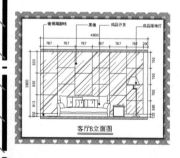

客厅B立面图

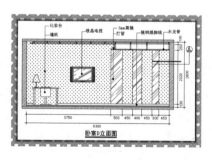

卧室D立面图

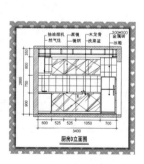

厨房D立面图

5.1　家装客厅立面图的绘制

　　由于平面图纸不能很完善地表现出空间的具体造型和关系，所以在绘制室内设计施工图时，还应该绘制各立面图的具体效果，这样才能更直观地反映整套工程图的设计内容。根据如下步骤进行操作，即可完成该客厅沙发背景墙立面图的绘制，如图5-1所示。

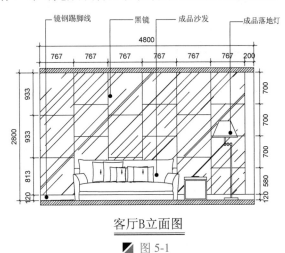

客厅B立面图

▨ 图5-1

5.1.1　调用并修改平面图

案例	客厅立面图.dwg	视频	调用绘图环境.avi	时长	03'08"

　　在绘制立面图时，应该借用之前绘制好的平面布置图，然后进行另存为"客厅立面图.dwg"文件，以此文件来进行绘制，具体操作步骤如下。

Step 01　启动 AutoCAD 2015 应用程序，选择"文件｜打开"菜单命令，打开前面绘制好的"案例\04\家装平面布置图.dwg"文件，如图5-2所示，再执行"文件｜另存为"菜单命令，将其另存为"案例\05\客厅立面图.dwg"文件。

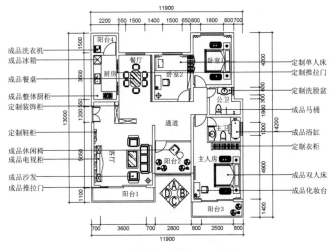

平面布置图 1:100

▨ 图5-2

Step 02 根据绘制立面图的要求，将"LM-立面"图层置为当前图层，执行"矩形"命令（REC），在需要绘制立面图的客厅平面图部分绘制一个矩形，并设置矩形为虚线"DASH"线型；然后通过"修剪"命令（TR）和"删除"命令（E）等命令，对除矩形框以外的平面图进行修剪和删除，整理好的效果如图 5-3 所示。

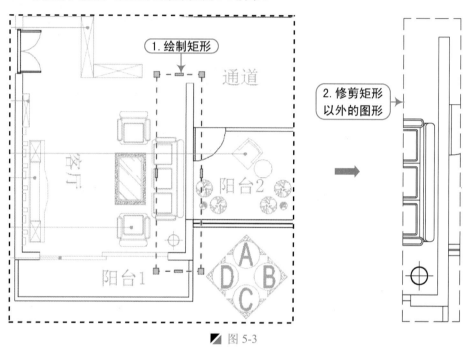

图 5-3

注意：立面图方向的识读

在图 5-3 中，截取的位置是客厅右侧墙体部分，再根据"立面索引符号"的箭头指引，可知索引符号"B"指向右方向，因此所绘制的图形即是客厅的"B"立面图，以此为据可识读其他立面图方向。

5.1.2 绘制造型轮廓

案例	客厅立面图.dwg	视频	造型轮廓的绘制.avi	时长	10'12"

根据立面图的要求，首先根据平面图绘制立面图轮廓，然后通过直线、偏移、修剪、定数等分、填充等命令绘制出整体客厅沙发背景墙的造型轮廓，具体操作步骤如下。

Step 01 执行"旋转"命令（RO），将图形旋转 90°；再执行"定数等分"命令（DIV），将需要绘制造型的平面内墙体线定数等分为 6 份，其效果如图 5-4 所示。

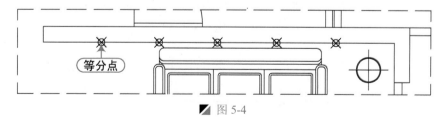

图 5-4

注意：步骤讲解

> 由于 AutoCAD 软件系统默认点样式的原因，以至于进行定数（或定距）等分后看不见等分点，这时可以选择"格式 | 点样式"菜单命令，打开"点样式"对话框，然后可以对其设置"点样式"和"点大小"，在第 2 章已经作了详细的讲解。

Step 02 执行"构造线"命令（XL），根据命令行提示，通过平面图的轮廓和等分点，绘制 8 条垂直的构造线，其效果如图 5-5 所示。

Step 03 再执行"构造线"命令（XL），绘制一条水平构造线，并执行"偏移"命令（O），将水平构造线向下偏移 3000 的距离，然后执行"修剪"命令（TR），对多余的构造线进行修剪，从而形成立面图的轮廓，其效果如图 5-6 所示。

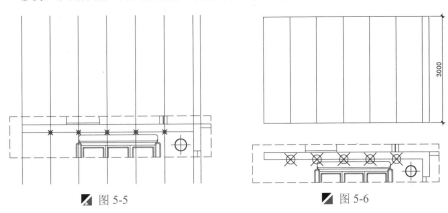

图 5-5   图 5-6

Step 04 执行"偏移"命令（O），将上下两条水平线段分别向内各偏移 100，从而形成原建筑结构的轮廓，其效果如图 5-7 所示。

Step 05 将"TC-填充"图层置为当前图层，执行"图案填充"命令（H），对原建筑结构轮廓部分进行填充，图案为"ANSI31"，比例为"300"，其效果如图 5-8 所示。

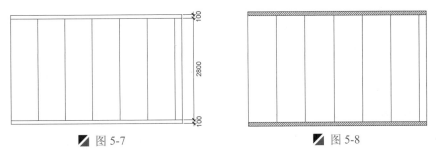

图 5-7   图 5-8

Step 06 执行"定数等分"命令（DIV），将图内如图所示线段分别定数等分为 3 份、4 份，其效果如图 5-9 所示。

Step 07 将"LM-立面"图层置为当前图层，执行"直线"命令（L）和"修剪"命令（TR），在立面图内根据定数等分点绘制如图 5-10 所示图形，然后将点删除。

Step 08 将"JJ-家具"图层置为当前图层，执行"插入块"命令（I），将"案例\02"文件夹下面的"立面沙发"、"立面台灯"插入立面图轮廓中，并通过执行"修剪"命令（TR），修剪掉被遮挡的部分，效果如图 5-11 所示。

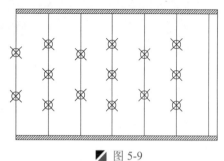

图 5-9

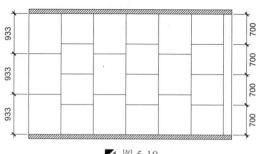

图 5-10

Step 09 将沙发背景墙地面的横线向上偏移 120mm 的距离，从而形成踢脚线的轮廓；再执行"修剪"命令（TR），对立面图中多余的线条进行修剪，修剪效果如图 5-12 所示。

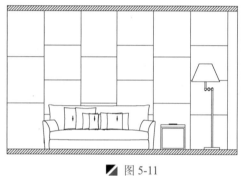

图 5-11

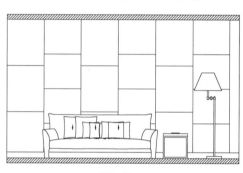

图 5-12

Step 10 将"TC-填充"图层置为当前图层，执行"图案填充"命令（H），设置填充图案为"AR-RROOF"，填充比例为"450"，角度为"45"，对沙发后面的墙填充艺术玻璃效果，效果如图 5-13 所示。

5.1.3 进行标注和文字注释

案例	客厅立面图.dwg	视频	进行标注和文字注释.avi	时长	08'54"

通过前面的操作步骤，已经绘制好立面图的基本造型轮廓，而完整的立面图还应有尺寸标注、图内说明文字及图名等，具体操作步骤如下。

Step 01 将"BZ-标注"图层置为当前图层，执行"线性标注"命令（DLI）和"连续标注"命令（DCO）等命令，对立面图进行标注，如图 5-14 所示。

图 5-13

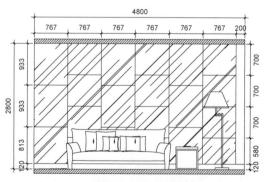

图 5-14

Step 02　将"WZ-文字"图层置为当前图层，执行"多重引线"命令（MLD），设置字体为"宋体"，大小为120，对沙发背景墙立面图进行文字注释，如图5-15所示。

Step 03　执行"多行文字"命令（MT），设置字体为"黑体"，文字大小为200，在图形的下方对立面图进行图名标注；再执行"多段线"命令（PL），根据命令行提示，设置线宽为20，绘制一条与图名同长的多段线；将多线向上偏移40，并修改偏移出来的多线线宽为0，如图5-16所示。

Step 04　至此图形已经绘制完成，按【Ctrl+S】组合键进行保存。

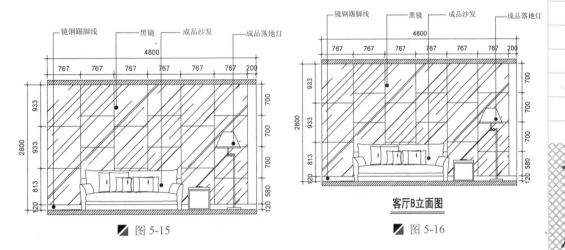

图 5-15　　　　　　　　　　　　　　　客厅B立面图

图 5-16

5.2　家装厨房立面图的绘制

　　厨房作为居室中视觉美感的一部分，对其立面造型从单一功能变成一个多功能的，甚至是舒适的房间，在绘制厨房立面图时，方法同前面基本一致，如图5-17所示。

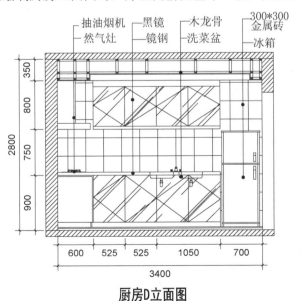

厨房D立面图

图 5-17

5.2.1 调用并修改平面图

| 案例 | 厨房立面图.dwg | 视频 | 调用绘图环境.avi | 时长 | 03'53" |

在绘制厨房立面图时，借用之前绘制好的平面布置图，然后进行另存为"厨房立面图.dwg"文件，以此文件来进行绘制，具体操作步骤如下。

Step 01 启动 AutoCAD 2015 应用程序，选择"文件｜打开"菜单命令，打开前面绘制好的"案例\04\家装平面布置图.dwg"文件，再执行"文件｜另存为"菜单命令，将其另存为"案例\05\厨房立面图.dwg"文件。

Step 02 根据绘制立面图的要求，将"LM-立面"图层置为当前图层，根据前面立面图的绘制方法，执行"矩形"命令（REC），选择需要绘制立面图的厨房平面图部分绘制一矩形，然后通过"修剪"命令（TR）和"删除"命令（E）等命令，将其余部分删除；再执行"旋转"命令（RO），将平面图旋转-90°，整理后效果如图 5-18 所示。

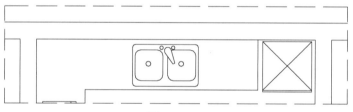

图 5-18

5.2.2 绘制造型轮廓

| 案例 | 厨房立面图.dwg | 视频 | 造型轮廓的绘制.avi | 时长 | 24'12" |

在这里讲解厨房 D 立面图的绘制方法，其他立面这里就不一一绘制，读者可以自行练习，具体操作步骤如下。

Step 01 执行"构造线"命令（XL），通过厨房背景墙轮廓绘制 6 条垂直构造线，其效果如图 5-19所示。

Step 02 再执行"构造线"命令（XL），绘制一条水平构造线，并执行"偏移"命令（O），将水平构造线向下偏移 3000 的距离，然后执行"修剪"命令（TR），对多余的构造线进行修剪，从而形成立面图的轮廓，其效果如图 5-20 所示。

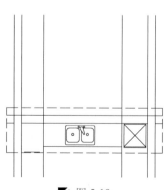

图 5-19

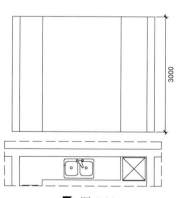

图 5-20

Step 03　执行"偏移"命令（O）和"修剪"命令（TR），在立面图轮廓中绘制出原建筑结构的
　　　　轮廓，其效果如图 5-21 所示。

Step 04　执行"偏移"命令（O），根据图 5-22 所示尺寸偏移线段，其效果如图 5-22 所示。

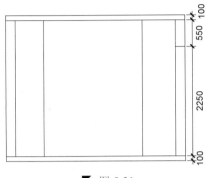

图 5-21

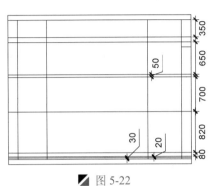

图 5-22

Step 05　执行"修剪"命令（TR），将多余线段删除，其效果如图 5-23 所示。

Step 06　执行"偏移"命令（O），根据尺寸继续偏移线段，绘制出如图 5-24 所示图形。

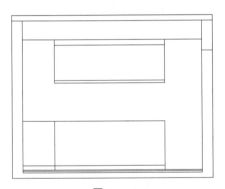

图 5-23

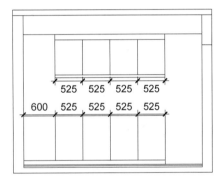

图 5-24

Step 07　执行"偏移"命令（O）、"直线"命令（L）和"修剪"命令（TR），绘制厨柜门上造
　　　　型轮廓，其效果如图 5-25 所示。

Step 08　执行"矩形"命令（REC），绘制 3400mm×350mm 的矩形，并将其打散操作，如图 5-26
　　　　所示。

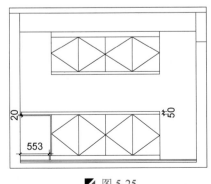

图 5-25

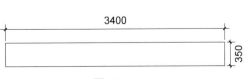

图 5-26

Step 09 执行"偏移"命令（O），将打散后的矩形按照尺寸进行偏移，其效果如图 5-27 所示。

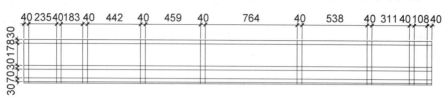

图 5-27

Step 10 执行"修剪"命令（TR），将上步绘制的图形多余线段删除，其效果如图 5-28 所示。

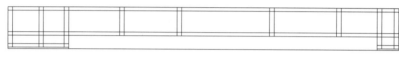

图 5-28

Step 11 执行"偏移"命令（O）和"修剪"命令（TR），将相应线段偏移"12"并将多余线段删除，其效果如图 5-29 所示。

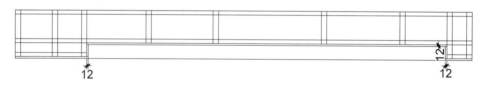

图 5-29

Step 12 执行"直线"命令（L），在上步绘制的小格内相应位置绘制图 5-30 所示交叉线段，形成剖开的木龙骨效果，如图 5-30 所示。

Step 13 执行"移动"命令（M），将上步绘制的厨房天花吊顶木龙骨结构立面图移动至如图 5-31 所示位置。

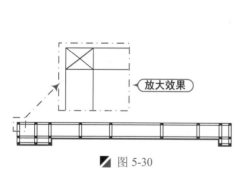

图 5-30

图 5-31

注意：天花吊顶木龙骨的绘制

　　在绘制厨房立面图时，由于天花吊顶木龙骨的立面图效果无法表示清楚所绘"尺寸与方法"，所以在这里单独绘制完成后，再移动到立面图内。

Step 14 将"JJ-家具"图层置为当前图层，执行"插入块"命令（I），将"案例\04"文件夹下面的"立面洗菜盆"、"立面然气灶"、"侧面抽油烟机"、和"案例\02 冰箱"分别插入立面图中，并通过"移动"命令（M）移动到立面图相应位置，如图 5-32 所示。

Step 15 将"TC-填充"图层置为当前图层，执行"图案填充"命令（H），设置填充图案为"ANSI31"，填充比例为"400"对墙体结构效果的填充，如图 5-33 所示。

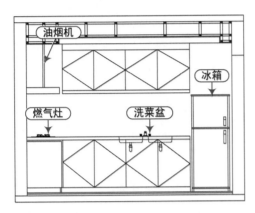

图 5-32

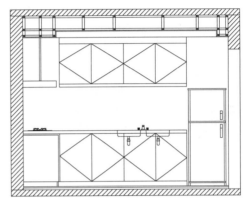

图 5-33

Step 16 执行"图案填充"命令（H），设置填充图案为"AR-RROOF"，填充比例为"450"，填充角度为"45"，对厨柜门黑镜效果的填充，如图 5-34 所示。

Step 17 同样执行"图案填充"命令（H），选择类型为"用户定义"，设置间距为"300"，勾选"双向"，从而形成 300×300 瓷砖的效果， 其效果如图 5-35 所示。

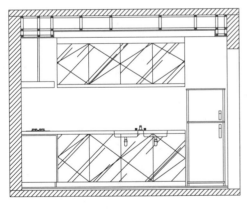

图 5-34

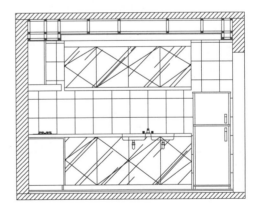

图 5-35

5.2.3 进行标注和文字注释

案例	厨房立面图.dwg	视频	进行标注和文字注释.avi	时长	10'18"

通过前面的操作步骤，已经绘制好立面图的基本造型轮廓，而完整的立面图中，还应有尺寸标注、图内说明文字及图名等，具体操作步骤如下。

Step 01 将"BZ-标注"图层置为当前图层，执行"线性标注"命令（DLI）和"连续标注"命令（DCO）等命令，对立面图进行标注，其效果如图 5-36 所示。

Step 02 将"WZ-文字"图层置为当前图层，执行"快速引线"命令（LE），设置文字为"宋体"，大小为"100"，对厨房立面图进行文字注释，其效果如图5-37所示。

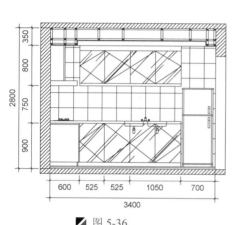

图 5-36   图 5-37

Step 03 执行"多行文字"命令（MT），设置文字为"黑体"，文字大小为"200"，对立面图进行图名标注；再执行"多段线"命令（PL），根据命令行提示，设置线宽为20，绘制一条齐图名的多段线；并将多线向上偏移出40，并修改偏移出来的多线线宽为0；其效果如图5-38所示。

Step 04 至此，图形已经绘制完成，按【Ctrl+S】组合键进行保存。

5.3 家装卫生间立面图的绘制

在家装室内设计立面图的绘制中，卫生间作为家庭的洗理中心，是每个人生活中不可缺少的一部分。它是一个极具实用功能的地方，也是家庭装饰设计中的重点之一，绘制方法同前面的基本一致，如图5-39所示。

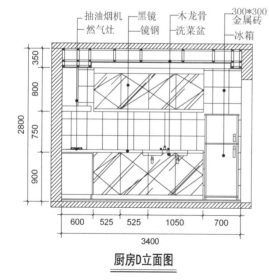

厨房D立面图

图 5-38

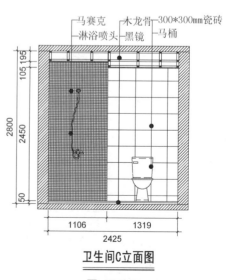

卫生间C立面图

图 5-39

5.3.1 调用并修改平面图

案例	卫生间立面图.dwg	视频	调用绘图环境.avi	时长	02'44"

在绘制卫生间立面图时，借用之前绘制好的平面布置图，然后进行另存为"卫生间立面图.dwg"文件，以此文件进行绘制，具体操作步骤如下。

Step 01 启动 AutoCAD 2015 应用程序，选择"文件丨打开"菜单命令，打开前面绘制好的"案例\04\家装平面布置图.dwg"文件，再执行"文件丨另存为"菜单命令，将其另存为"案例\05\卫生间立面图.dwg"文件。

Step 02 根据绘制立面图的要求，将"LM-立面"图层置为当前图层，执行"矩形"命令（REC），选择需要进行绘制立面图的卫生间平面图部分来绘制一个矩形，然后通过"修剪"命令（TR）和"删除"命令（E）等命令，删除矩形以外的图形对象。

Step 03 执行"旋转"命令（RO），将截出的平面图旋转 180°，如图 5-40 所示。

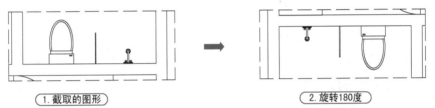

1. 截取的图形　　　　　2. 旋转180度

图 5-40

5.3.2 绘制造型轮廓

案例	卫生间立面图.dwg	视频	造型轮廓的绘制.avi	时长	11'12"

首先根据平面图绘制立面图轮廓，然后使用直线、矩形、填充、修剪等命令绘制出卫生间的造型轮廓，具体操作步骤如下。

Step 01 执行"构造线"命令（XL），根据命令行提示，通过平面图的轮廓绘制 5 条垂直的构造线，其效果如图 5-41 所示。

Step 02 再执行"构造线"命令（XL），绘制一条水平构造线，并执行"偏移"命令（O），将水平构造线向下偏移 3000 的距离，然后执行"修剪"命令（TR），将多余的构造线进行修剪，从而形成立面图的轮廓，其效果如图 5-42 所示。

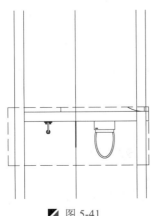

图 5-41

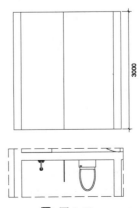

图 5-42

Step 03 执行"偏移"命令（O），将上下两条水平线段分别向内各偏移 100，并将多余线段删除，从而形成原建筑结构墙的轮廓，其效果如图 5-43 所示。

Step 04 执行"矩形"命令（REC），绘制 2425mm×300mm 的矩形，并将其打散操作，其效果如图 5-44 所示。

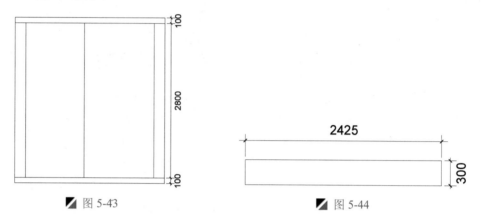

图 5-43   图 5-44

Step 05 执行"偏移"命令（O），将打散后的矩形按照尺寸进行偏移，其效果如图 5-45 所示。

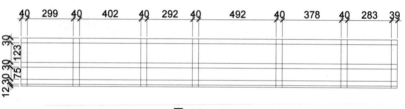

图 5-45

Step 06 执行"修剪"命令（TR），将上步绘制的图形多余线段删除，其效果如图 5-46 所示。

图 5-46

Step 07 执行"偏移"命令（O），将相应线段分别偏移"12"、"6"并将多余线段删除，其效果如图 5-47 所示。

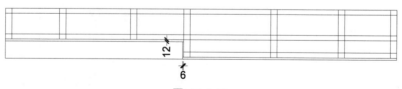

图 5-47

Step 08 执行"直线"命令（L），在上步绘制的图形内相应位置绘制如图 5-48 所示交叉线段，其效果如图 5-48 所示。

Step 09 执行"移动"命令（M），将上步绘制的卫生间天花吊顶木龙骨结构图移动至如图 5-49 所示位置。

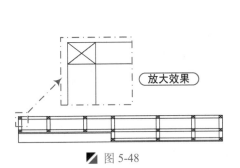

图 5-48

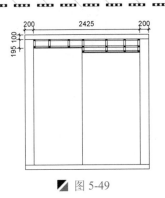

图 5-49

Step 10　执行"偏移"命令（O），将线段依次向上垂直偏移 30、20，其效果如图 5-50 所示。

Step 11　将"JJ-家具"图层置为当前图层，执行"插入块"命令（I），将"案例\05"文件夹下面的"立面马桶"、"立面淋浴喷头"插入图形中；并通过"移动"命令（M）按照如图 5-51 所示进行摆放。

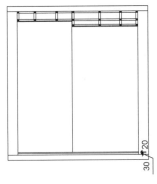

图 5-50

图 5-51

Step 12　将"TC-填充"图层置为当前图层，执行"图案填充"命令（H），设置图案为"ANSI31"，比例为"300"，对剖面墙体进行填充，效果如图 5-52 所示。

Step 13　同样执行"图案填充"命令（H），选择类型为"用户定义"，设置间距为"300"，勾选"双向"，对右侧墙体填充成 300×300 瓷砖的效果；同样设置间距为"30"、"双向"对淋浴区墙壁填充马赛克效果，如图 5-53 所示。

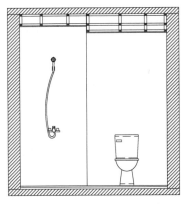

图 5-52

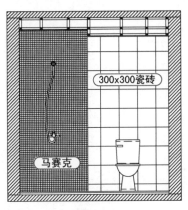

图 5-53

5.3.3 进行标注和文字注释

案例	卫生间立面图.dwg	视频	进行标注和文字注释.avi	时长	09'37"

通过前面的操作步骤，已经绘制好立面图的基本造型轮廓，而完整的立面图中，还应有尺寸标注、图内说明文字及图名等，具体操作步骤如下。

Step 01 将"BZ-标注"图层置为当前图层，执行"线性标注"命令（DLI）和"连续标注"命令（DCO）等命令，对立面图进行标注，如图 5-54 所示。

Step 02 将"WZ-文字"图层置为当前图层，执行"快速引线"命令（LE），设置文字为"宋体"，大小为"100"，对卫生间立面图进行文字注释，如图 5-55 所示。

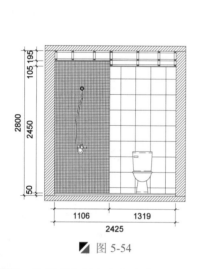

图 5-54

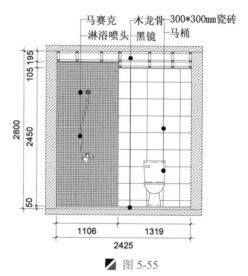

图 5-55

Step 03 执行"多行文字"命令（MT），设置字体为"黑体"，文字大小为"180"，对立面图进行图名标注；再执行"多段线"命令（PL），根据命令行提示，设置线宽为 20，在图名下侧绘制同长的多段线；并将多段线向上偏移出 40，并修改偏移出来的多段线线宽为 0，如图 5-56 所示。

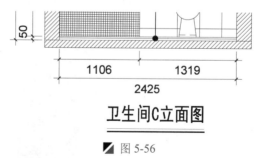

卫生间C立面图

图 5-56

Step 04 至此，图形已经绘制完成，按【Ctrl+S】组合键进行保存。

5.4 家装主卧室立面图的绘制

在绘制卧室立面图时，绘制方法和前面绘制立面图的方法基本一致，如图 5-57 所示。

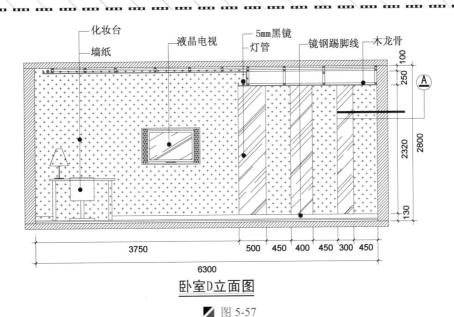

化妆台
墙纸
液晶电视
5mm黑镜
灯管
镜钢踢脚线
木龙骨

100
250
Ⓐ
2320 2800
130

3750 500 450 400 450 300 450
6300

卧室D立面图

▨ 图 5-57

5.4.1 调用并修改平面图

案例	主卧室立面图 dwg	视频	调用绘图环境.avi	时长	03'04"

　　在绘制卧室立面图时，可借用之前绘制好的平面布置图，然后进行另存为"主卧室立面图.dwg"文件，以此文件来进行绘制，具体操作步骤如下。

Step 01 启动 AutoCAD 2015 应用程序，选择"文件 | 打开"菜单命令，打开前面绘制好的"案例\04\家装平面布置图.dwg"文件，再执行"文件 | 另存为"菜单命令，将其另存为"案例\05\主卧室立面图.dwg"文件。

Step 02 根据绘制立面图的要求，将"LM-立面"图层置为当前图层，执行"矩形"命令（REC），选择需要进行绘制立面图的卧室平面图部分来绘制一个矩形，然后通过"修剪"命令（TR）和"删除"命令（E）等命令，对矩形外的图形进行删除操作；然后执行"旋转"命令（RO），将截取的图形旋转–90°，效果如图 5-58 所示。

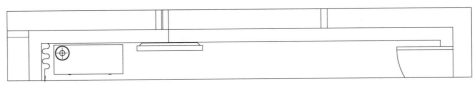

▨ 图 5-58

5.4.2 绘制造型轮廓

案例	主卧室立面图 dwg	视频	造型轮廓的绘制.avi	时长	16'18"

　　首先根据平面图绘制立面图轮廓，然后执行直线、偏移、插入、填充等命令绘制出立面图造型，具体操作步骤如下。

Step 01 执行"构造线"命令（XL），根据命令行提示，通过平面图的轮廓绘制 4 条垂直的构造线，其效果如图 5-59 所示。

Step 02 再执行"构造线"命令（XL），绘制一条水平构造线，并执行"偏移"命令（O），将上下水平构造线各向内偏移 100 的距离，然后执行"修剪"命令（TR），将多余的构造线进行修剪，从而形成立面图的轮廓，其效果如图 5-60 所示。

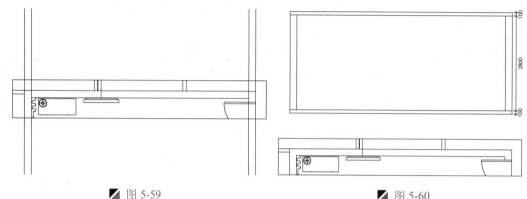

图 5-59   图 5-60

Step 03 执行"矩形"命令（REC），绘制 6150mm×350mm 的矩形，并将其打散操作，其效果如图 5-61 所示。

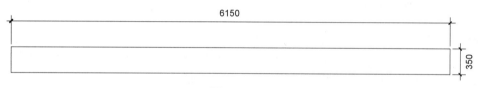

图 5-61

Step 04 执行"偏移"命令（O），将打散后的矩形按照如下尺寸进行偏移，其效果如图 5-62 所示。

图 5-62

Step 05 执行"修剪"命令（TR），将上步绘制的图形多余线段删除，其效果如图 5-63 所示。

图 5-63

Step 06 执行"直线"命令（L）和"偏移"命令（O），绘制如图 5-64 所示的灯槽图形，其厚度为 12mm。

图 5-64

Step 07 执行"直线"命令（L），在上步绘制的图形内相应位置绘制交叉线段，再执行"插入块"

命令（I），将"案例\05\立面灯管"插入图形相应位置，并进行复制操作，如图 5-65 所示。

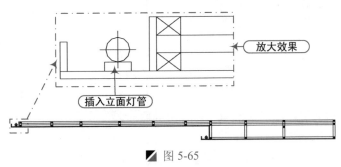

放大效果

插入立面灯管

图 5-65

Step 08 执行"移动"命令（M），将上步绘制的卧室天花吊顶木龙骨结构立面图移动至如图 5-66 所示位置。

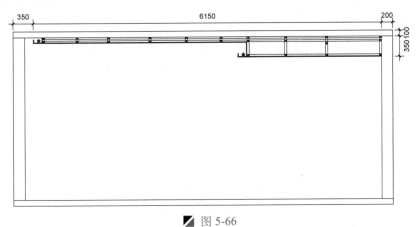

350 6150 200

350 100

图 5-66

Step 09 执行"偏移"命令（O），将右侧线段依次向左偏移 450、300、450、400、450、500，如 图 5-67 所示。

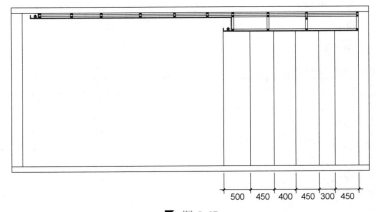

500 450 400 450 300 450

图 5-67

Step 10 同样执行"偏移"命令（O），将下方线段依次垂直向上偏移 30、20、80，其效果如 图 5-68 所示。

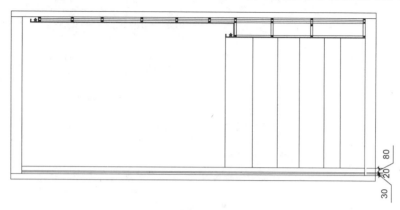

图 5-68

Step 11 将"JJ-家具"图层置为当前图层,执行"插入块"命令(I),将"案例\05"和"案例\02"文件夹下面的"液晶电视"、"立面化妆台"插入立面图中;并通过"移动"命令(M)和"修剪"命令(TR)等命令,绘制出如图 5-69 所示图形。

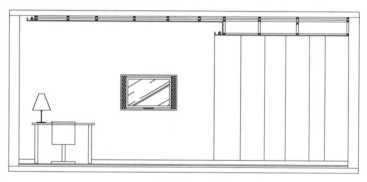

图 5-69

Step 12 将"TC-填充"图层置为当前图层,执行"图案填充"命令(H),设置填充图案为"AR-RROOF",填充比例为"300",角度为"45",对墙体进行玻璃镜面填充;再设置填充图案为"CROSS",填充比例为"300",对墙体进行艺术墙纸的填充;最后设置填充图案为"ANSI31",填充比例为"300",对原始墙体结构进行剖面线填充,如图 5-70 所示。

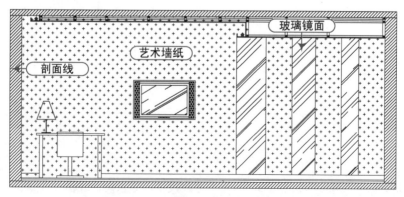

图 5-70

5.4.3　进行标注和文字注释

案例	主卧室立面图.dwg	视频	进行标注和文字注释.avi	时长	08'47"

　　通过前面的操作步骤，已经绘制好立面图的基本造型轮廓，而完整的立面图中，还应有尺寸标注、图内说明文字及图名等，具体操作步骤如下。

Step 01　将"BZ-标注"图层置为当前图层，执行"线性标注"命令（DLI）和"连续标注"命令（DCO）等命令，对立面图进行标注，如图 5-71 所示。

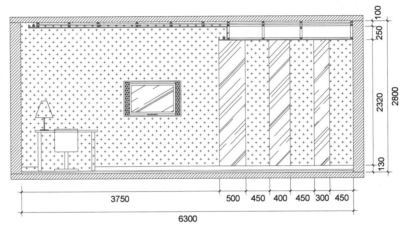

■ 图 5-71

Step 02　将"WZ-文字"图层置为当前图层，执行"快速引线"命令（LE），设置文字为"宋体"，大小为"120"，对卧室立面图进行文字注释，如图 5-72 所示。

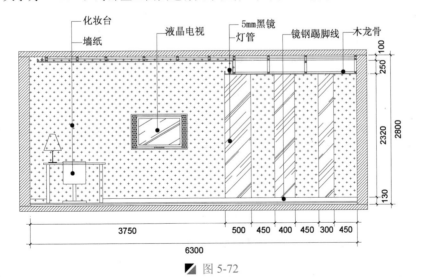

■ 图 5-72

Step 03　执行"多行文字"命令（MT），设置字体为"黑体"，文字大小为"180"，对立面图进行图名标注；再执行"多段线"命令（PL），根据命令行提示，设置线宽为 20，在图名下方绘制同长多段线；并将多段线向上偏移出 40，并修改偏移出来的多段线线宽为 0；如图 5-73 所示。

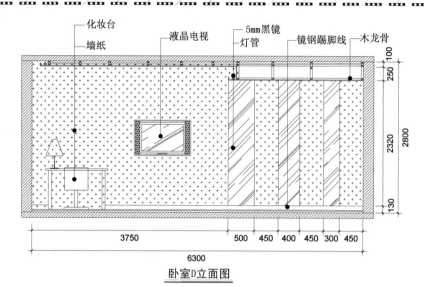

图 5-73

Step 04 执行 "插入块" 命令（I），将 "案例\02" 文件夹下面的 "剖切符号" 插入立面图中；再通过 "移动" 命令（M）、"缩放" 命令（SC）和 "旋转" 命令（RO）等命令绘制出如图 5-74 所示图形效果。

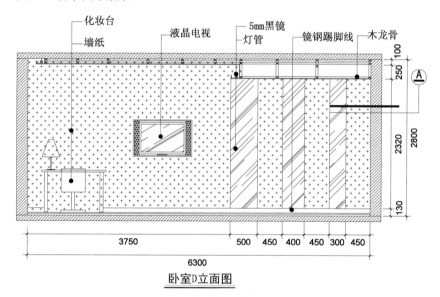

图 5-74

Step 05 至此，图形已经绘制完成，按【Ctrl+S】组合键进行保存。

5.5 家装其他立面图的效果

在家装室内设计施工图的绘制中，除了以上绘制的立面图，其余有造型的墙面都需要绘制出立面图，由于书本篇幅有限，这里就不一一绘制，在 "案例\05\其他立面图.dwg" 文件中给出一部分绘制效果，读者可自行练习，如图 5-75 所示。

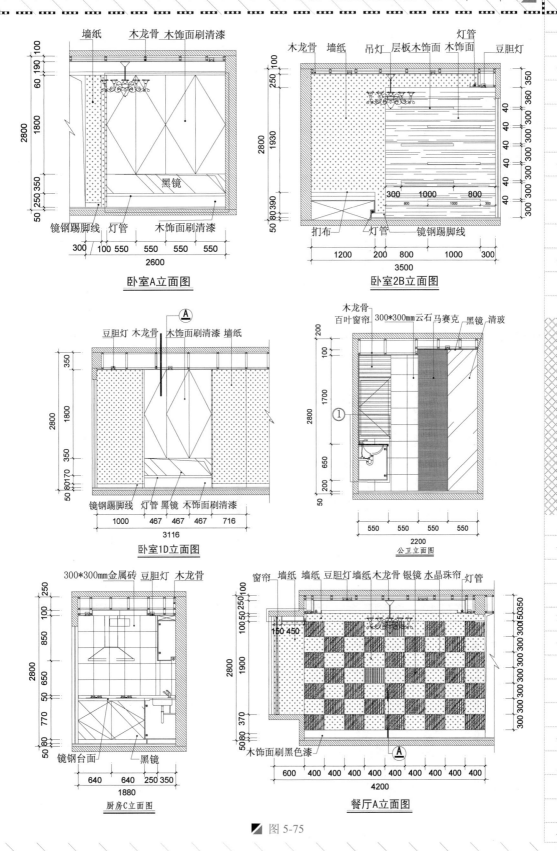

卧室A立面图

卧室2B立面图

卧室1D立面图

公卫立面图

厨房C立面图

餐厅A立面图

图 5-75

读书破万卷

6

剖面图与节点详图的绘制

本章导读

室内装饰空间通常由三个基面构成：顶棚、墙面、地面。这三个基面经过设计师的精心设置，再配置风格协调的家具、绿化与陈设等，营造出特定的气氛和效果，这些气氛和效果的营造必须通过细部做法及相应的施工工艺才能实现，要做好这些，光有立面图还不够，还需要绘制出更能表现出局部细节的详图。

本章内容

◩ 衣柜剖面图的绘制
◩ 衣柜大样图的绘制
◩ 公卫洗手台大样图的绘制
◩ 其他大样图与剖面图效果

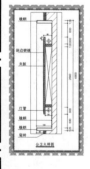

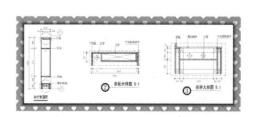

6.1 衣柜剖面图的绘制

剖面图又称剖切图，是通过对有关图形按照一定剖切方向所展示的内部构造图例，剖面图是假想用一个剖切平面将物体剖开，移去介于观察者和剖切平面之间的部分，对于剩余的部分向投影面所做的正投影图。剖面图一般用于工程的施工图和机械零部件的设计中，补充和完善设计文件，是工程施工图和机械零部件设计中的详细设计，用于指导工程施工作业和机械加工。

在绘制如图 6-1 所示的衣柜剖面图时，应该借用之前绘制好的室内立面图，打开相应的立面图，然后再使用直线、修剪等命令绘制剖面图的细节轮廓，最后进行文字注释和标注。

案例	卧室 1 衣柜剖面图.dwg	视频	卧室 1 衣柜剖面图的绘制.avi	时长	35'45"

首先复制一卧室 1D 立面图，然后使用偏移、直线、修剪等命令绘制剖面图，具体操作步骤如下。

Step 01 启动 AutoCAD 2015 应用程序，选择"文件 | 打开"菜单命令，打开前面绘制好的"案例\05\其他立面图.dwg"文件，除"卧室 1D 立面图"外将其他立面图全部删除，结果如图 6-2 所示。再执行"文件 | 另存为"菜单命令，将其另存为"案例\06\卧室 1 衣柜剖面图.dwg"文件。

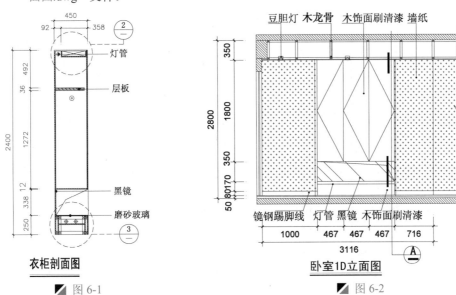

衣柜剖面图

■ 图 6-1

卧室1D立面图

■ 图 6-2

Step 02 将"LM-立面"图层置为当前图层，执行"构造线"命令（XL），过衣柜正立面图轮廓，绘制 4 条水平构造线；再执行"直线"命令（L），过构造线绘制一条垂直线段；并将其偏移 450，如图 6-3 所示。

Step 03 执行"修剪"命令（TR），绘制出剖面衣柜的基本轮廓，其效果如图 6-4 所示。

技巧：步骤讲解

> 由于图形的水平线条比较多，在指定构造线通过点时，可以捕捉左边标注的尺寸原点（1800 两端、350 下端、80 下端），这样是不是更加方便呢？

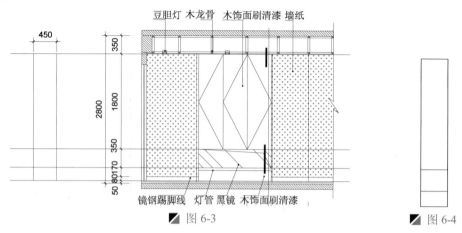

豆胆灯 木龙骨 木饰面刷清漆 墙纸

镜钢踢脚线 灯管 黑镜 木饰面刷清漆

☑ 图 6-3

☑ 图 6-4

Step 04　执行"偏移"命令（O）和"修剪"命令（TR），将图形相应边向内进行偏移，然后将多余线段修剪，效果如图 6-5 所示。

Step 05　同样执行"偏移"命令（O）和"修剪"命令（TR），绘制如图 6-6 所示图形。

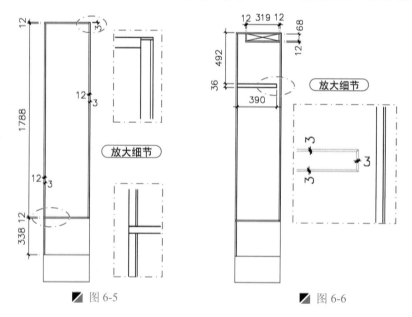

☑ 图 6-5

☑ 图 6-6

Step 06　执行"偏移"命令（O），将下侧相应线段按照尺寸偏移，如图 6-7 所示。

Step 07　执行"修剪"命令（TR），将上步偏移后的图形多余线段删除，如图 6-8 所示。

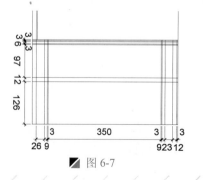

☑ 图 6-7

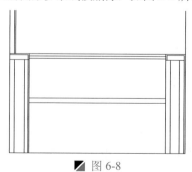

☑ 图 6-8

Step 08 执行"偏移"命令（O）、"直线"命令（L）、"修剪"命令（TR）和"倒角"命令（CHA），绘制出宽为 3mm 的边，如图 6-9 所示。

Step 09 执行"矩形"命令（REC），在如图 6-10 所示位置绘制相应的矩形。

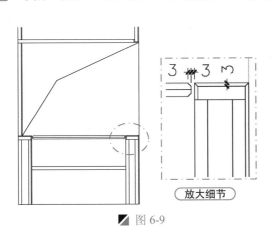

图 6-9

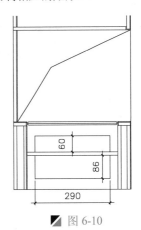

图 6-10

Step 10 再执行"矩形"命令（REC），捕捉上步矩形的角点延长线，在相应位置内绘制矩形，如图 6-11 所示。

Step 11 执行"直线"命令（L），在矩形内分别绘制对角线段以表示木龙骨，如图 6-12 所示。

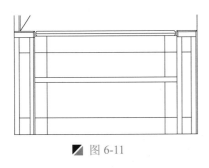

图 6-11

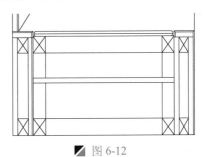

图 6-12

Step 12 执行"插入块"命令（I），将"案例\06"文件夹下面的"剖面灯管"插入图中的指定位置，并通过执行"移动"命令（M）和"复制"命令（CO），将图块放置到合适的位置，效果如图 6-13 所示。

提示：步骤讲解

为了使读者更清楚的看到图形内部情况，以下三个图形为旋转 90°效果。

图 6-13

Step 13 执行"图案填充"命令（H），选择"预定义"项，图案名称为"CORK"，对剖面图衣柜轮廓进行填充，其效果如图 6-14 所示。

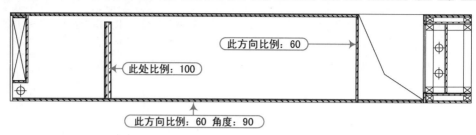

此方向比例：60

此处比例：100

此方向比例：60 角度：90

图 6-14

Step 14 执行"圆"命令（C），在图内相应位置绘制半径分别为"10"、"30"的同心圆，其效果如图 6-15 所示。

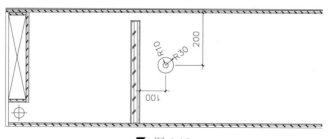

图 6-15

Step 15 将"BZ-标注"图层置为当前图层，执行"线性标注"命令（DLI）和"连续标注"命令（DCO）等，对衣柜剖面图对象进行标注，其效果如图 6-16 所示。

Step 16 将"WZ-文字"图层置为当前图层，执行"多重引线"命令（MLD），选择字体为"宋体"，大小为"80"，对剖面图进行文字注释，其效果如图 6-17 所示。

Step 17 执行"单行文字"命令（DT），设置字体为"黑体"，字高为"120"，对剖面图进行图名标注；然后执行"删除"命令（E），将除剖面图以外的图形删除掉，效果如图 6-18 所示。

Step 18 执行"圆"命令（C），在图形相应位置绘制两个圆，且将线型设置成虚线"DASH"，如图 6-19 所示。

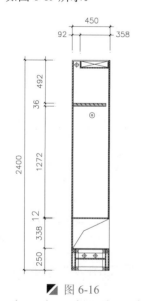

图 6-16

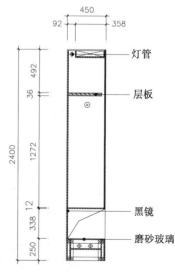

图 6-17

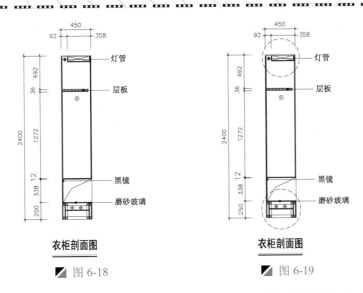

衣柜剖面图

图 6-18

衣柜剖面图

图 6-19

Step 19 执行"插入块"命令（I），将"案例\02"文件夹下面的"详图索引符号"按照 1:25 的比例，插入图形中如图 6-20 所示位置；然后通过"分解"、"删除"和"直线"等命令，对符号进行相应的调整操作，再复制得到两份，修改编号文字内容，以形成本张图纸编号"2"和"3"，如图 6-21 所示。

图 6-20

标准图册编号

图 6-21

Step 20 再通过"移动"命令（M）和"直线"命令（L），将索引符号分别放置到虚线圆位置，并用线连接起来，然后将大样图符号放置到合适的位置，其最终效果如图 6-1 所示。

Step 21 至此，剖面图已经绘制完成，按【Ctrl+S】组合键进行保存。

6.2 大样图的绘制

大样图是指针对某一特定区域进行特殊性放大标注，较详细地表示出来。某些形状特殊、开孔或连接较复杂的零件或节点，在整体图中不便表达清楚时，可移出另画大样图。严格讲，"大样图"一词多用于施工现场，对于局部构件放样。建筑设计施工图中的局部放大图称为"详图"，如楼梯详图、卫生间详图、墙身详图等。

在室内设计中，常常在需要表现立面图和剖面图细节的时候，采用绘制大样图的方法。将立面图和剖面图的局部进行放大，然后绘制详细的细节。

6.2.1 衣柜大样图的绘制

| 案例 | 衣柜大样图.dwg | 视频 | 衣柜大样图的绘制.avi | 时长 | 14'44" |

根据前面剖面图中索引的位置来绘制它的节点大样图，首先复制衣柜剖面图，然后使用修剪、缩放、标注等命令绘制大样图，其完成的效果如图 6-22 所示，具体操作步骤如下。

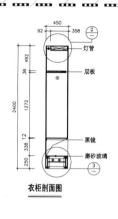

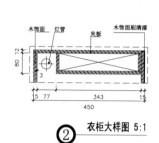

衣柜大样图 5:1

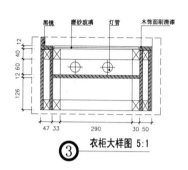

衣柜大样图 5:1

■ 图 6-22

Step 01 启动 AutoCAD 2015 应用程序，选择"文件 | 打开"菜单命令，打开"案例\06\衣柜剖面图.dwg"文件，再执行"文件 | 另存为"菜单命令，将其另存为"案例\06\衣柜大样图.dwg"文件。

Step 02 执行"复制"命令（CO），将衣柜剖面图对象复制出一个。

Step 03 执行"修剪"命令（TR），对虚线圆以外的对象进行修剪操作，然后使用"矩形"命令将虚线圆换成虚线矩形以框住图形；再执行"缩放"命令（SC），根据命令行提示，选择整个框内的对象，并按空格键确定，然后指定基点，输入缩放比例为 5，再按空格键确定，即可将对象放大 5 倍，其效果如图 6-23 所示。

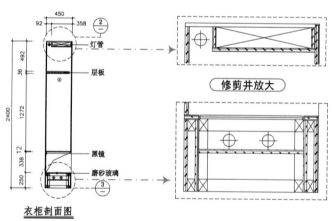

■ 图 6-23

Step 04 将"BZ-标注"图层置为当前图层，执行"线性标注"命令（DLI），对放大的图（大样图）对象进行线型标注，标注出衣柜内部结构的主要尺寸；执行"修改"命令（ED），分别拾取标注的数字，然后弹出文本框，将刚刚进行的线型标注的数字对象都除以 5，其效果如图 6-24 所示。

提示：大样图的尺寸问题

　　大样图为局部放大的图，是为了让施工人员更精确地观看其内部细节及作法的图，是施工制作的依据所在，放大多少倍，标注的长度也跟着放大多少倍长。大样图作为施工的依据，对尺寸的要求也是比较严格的，因此需要将大样图调整到原始图尺寸，即图形被放大了多少倍，就以大样图标注的尺寸数字除以放大的倍数。

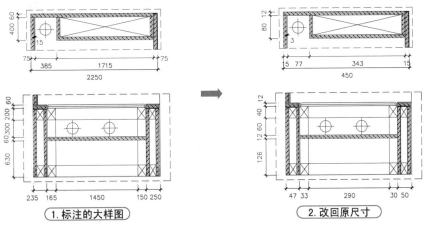

■ 图 6-24

Step 05　将"WZ-文字"图层置为当前图层，执行"多重引线"命令（MLD），选择字体为"宋体"，大小为"80"，对大样图进行文字注释，如图 6-25 所示。

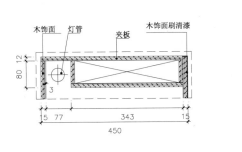
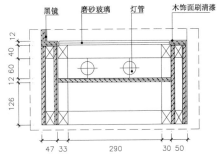

■ 图 6-25

Step 06　执行"插入块"命令（I），将"案例\02\详图符号.dwg"文件按照 1:25 的比例插入图形中；并通过"复制"、"直线"和"单行文字"命令，在圆圈右侧绘制水平线，并在水平线上输入相应文字内容，其字体为"黑体"，字高为"150"，效果如图 6-26 所示。

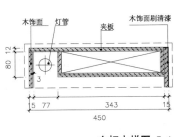

衣柜大样图 5:1

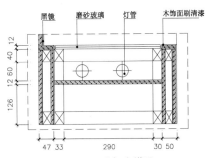

衣柜大样图 5:1

■ 图 6-26

提示：大样图的比例问题

比例即是图纸尺寸与实物尺寸之比，也就是说图上看到是图纸尺寸，如果和实际相同就是 1:1，如果图纸上的比实际尺寸大，就是放大，2:1（例如：图上看到是 2 厘米，实际只有 1 厘米）

如果看到的比实际尺寸小，就是缩小，1:2（例如：图上看到是 1 厘米，实际是 0.5 厘米）。

在这里，图纸上放大了 5 倍，则放大比例为 5:1。

Step 07 至此，图形已经绘制完成，按【Ctrl+S】组合键进行保存。

6.2.2 公卫洗手台大样图的绘制

案例	洗手台大样图.dwg	视频	公卫洗手台大样图的绘制.avi	时长	13'02"

在绘制如图 6-27 所示的洗手台大样图之前，首先打开并复制"公卫立面图"，然后使用修剪、缩放、标注等命令来绘制大样图，具体操作步骤如下。

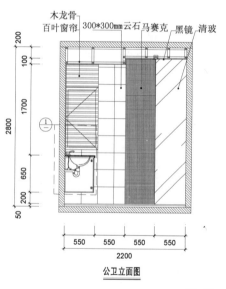

公卫立面图

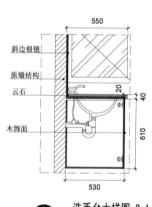

② 洗手台大样图 2:1

■ 图 6-27

Step 01 启动 AutoCAD 2015 应用程序，选择"文件 | 打开"菜单命令，打开"案例\05\其他立面图.dwg"文件，再执行"文件 | 另存为"菜单命令，将其另存为"案例\06\洗手台大样图.dwg"文件。

Step 02 执行"矩形"命令（REC），在图形相应位置绘制一个虚线框；再执行"插入块"命令（I），将"案例\02\详图符号.dwg"文件按照 1:25 的比例插入图形中，并对符号进行相应的调整。

Step 03 执行"复制"命令（CO），将公卫立面图对象复制出一个；再执行"修剪"命令（TR），对虚线框以外的对象进行修剪操作；再执行"缩放"命令（SC），根据命令行提示，选择整个框内的对象，并按空格键确定，然后指定基点，输入缩放比例为 2，再按空格键确定，即可将对象放大 2 倍，其效果如图 6-28 所示。

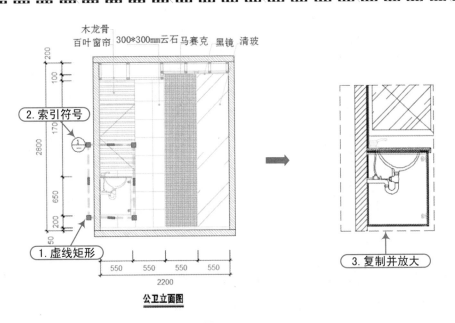

图 6-28

(Step 04) 将 "BZ-标注" 图层置为当前图层，执行 "线性标注" 命令（DLI），对大样图对象进行
线型标注，标注出洗手台内部结构的主要尺寸；执行 "修改" 命令（ED），将刚可进行
的线型标注的数字对象各除以 2，修改效果如图 6-29 所示。

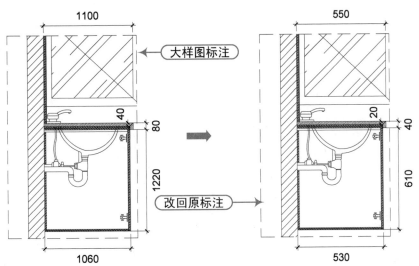

图 6-29

(Step 05) 将 "WZ-文字" 图层置为当前图层，执行 "多重引线" 命令（MLD），选择字体为 "宋
体"，大小为 80，对大样图进行文字注释，如图 6-30 所示。

(Step 06) 执行 "插入块" 命令（I），将 "案例\02\详图符号.dwg" 文件按照 1:25 的比例插入图形
中；并通过 "复制"、"直线" 和 "单行文字" 命令，在圆圈右侧绘制水平线，并在水
平线上输入相应文字内容，其字体为 "黑体"，字高为 150，效果如图 6-31 所示。

(Step 07) 至此，大样图已经绘制完成，按【Ctrl+S】组合键进行保存。

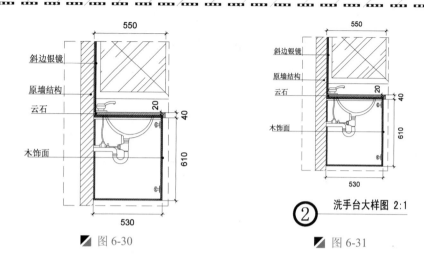

图 6-30

② 洗手台大样图 2:1

图 6-31

6.3 其他大样图与剖面图效果

其余大样图与剖面图这里就不再详细介绍，凡有造型的墙面都需要绘制出大样图与剖面图，这里一一绘制，只给出绘制结果，读者可自行练习，其效果如图 6-32 所示。

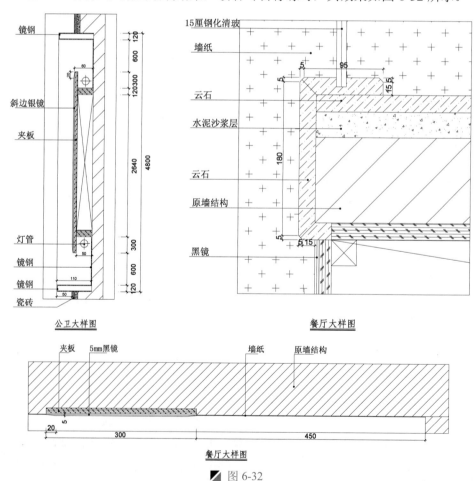

图 6-32

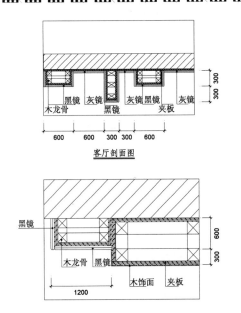

客厅剖面图

客厅剖面图

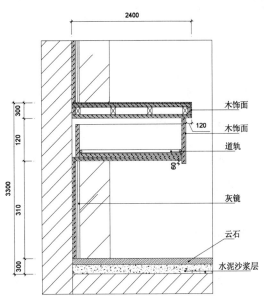

客厅剖面图

图 6-32（续）

7

家装工程图水电图的绘制

本章导读

　　家装水电施工图中的给排水工程，由给水工程和排水工程两部分组成。

　　家装水电施工图中的电路图是根据家庭居住的实际要求、家庭用电的总功率、总开关和各分开关的容量、各用电器的使用位置而定，从而达到施工图设计的最终目的。

本章内容

■ 家装开关插座布置图的绘制
■ 家装灯具布置图的绘制
■ 家装灯具开关线路图的绘制
■ 家装给排水布置图的绘制

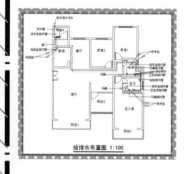

给排水布置图 1:100

灯具开关线路图 1:100

灯具布置图 1:100

7.1 家装开关插座布置图的绘制

在绘制室内开关与插座布置图时，应在原有顶棚布置图和平面布置图的基础上进行绘制，将准备好的开关插座符号复制到原图中，然后将不同的符号复制到相应的位置，最后进行文字说明即可，开关与插座布置图效果如图 7-1 所示。

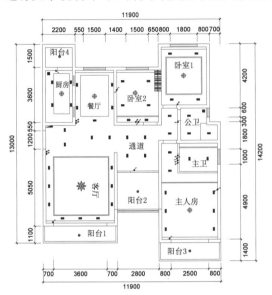

开关布置图 1:100   插座布置图 1:100

▨ 图 7-1

7.1.1 家装开关布置图的绘制

案例	家装开关布置图.dwg	视频	家装开关布置图的绘制.avi	时长	11'39"

在绘制家装开关布置图时，应当在顶棚布置图的基础上进行绘制，具体操作步骤如下。

Step 01 启动 AutoCAD 2015 应用程序，选择"文件 | 打开"菜单命令，打开前面绘制好的"案例\04\家装顶棚布置图.dwg"文件，再执行"文件 | 另存为"菜单命令，将其另存为"案例\07\开关布置图.dwg"文件。

Step 02 选择"工具 | 快速选择"菜单命令，将打开图形内部的标注、文字和填充图案进行删除，并修改图名为"开关布置图"，其效果如图 7-2 所示。

技巧："快速选择"功能介绍

> 在 AutoCAD 中，提供了快速选择功能，当需要选择一些共同特性的对象时，可以利用打开"快速选择"对话框创建选择集来启动"快速选择"命令。
>
> 执行"快速选择"命令后，将弹出"快速选择"对话框，在对话框中设置相应的特性值即可将图形中附和该特性的对象选中。如在"特性"选项中，选择"图层"，然后在"值"选项下选择"标注"，然后单击"确定"按钮，则图形中的所有属于"标注图层"的对象被选中，如图 7-3 所示。使用"快速选择"功能可以加快绘图速度。

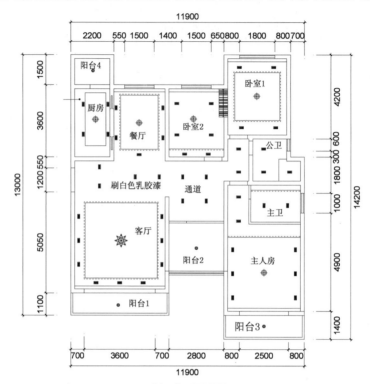

开关布置图 1:100

图 7-2

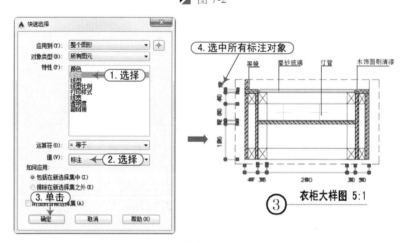

图 7-3

Step 03 执行"插入块"命令（I），将"案例\07"文件夹下面的"开关符号"插入图中，其效果如图 7-4 所示。

图 例	图例名称	安装高度	图 例	图例名称	安装高度	图 例	图例名称
	单联双控开关	1.4m		双联单控开关	1.4m		排风扇
	单联单控开关	1.4m		三联单控开关	1.4m		配电箱

图 7-4

Step 04 执行"分解"命令（X），对插入的开关符号图块进行分解，并将插入的开关符号置换到"FH-符号"图层。

Step 05 执行"编组"命令（G），分别对指定的电器符号进行编组，使之一个符号中的多个对象组成为一个对象。

技巧：对象的编组

在 AutoCAD 中，可以将图形对象进行编组以创建一种选择集，一旦组中任何一个对象被选中，那么组中的全部对象都会被选中，从而使编辑对象操作变得更为效率。

编组后的图形为一个整体，显示一个夹点，且图形周围出现一个矩形边框，如图 7-5 所示为执行编组命令前和执行编组命令后所选择对象的区别。

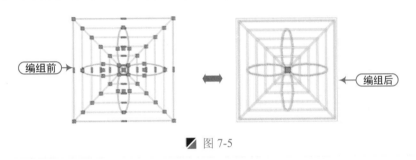

图 7-5

Step 06 通过"复制"命令（CO）、"旋转"命令（RO）、"移动"命令（M）和"镜像"命令（MI）等命令，将如图 7-6 所示控件摆放到图形下半部相应位置。

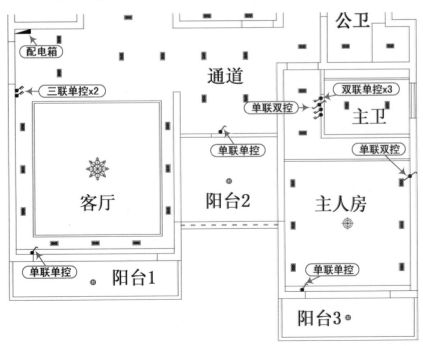

图 7-6

Step 07 用同样的方法，将相应控件再摆放到图形上半部相应位置，布置效果如图 7-7 所示。

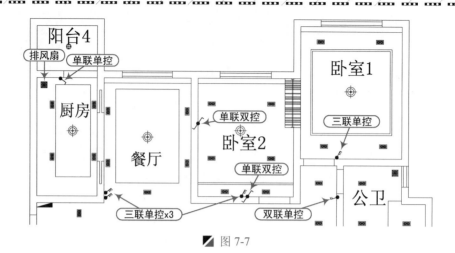

阳台4

排风扇　单联单控

厨房

卧室1

单联双控

三联单控

餐厅

卧室2

单联双控

三联单控x3　　双联单控

公卫

图 7-7

Step 08 至此开关布置图已经绘制完成，按【Ctrl+S】组合键进行保存。

提示：开关的分类

开关有双控和单控的区别，双控每个单元比单控多一个接线柱。一个灯在房里可以控制，在房外也可以控制称作双控，双控开关可以当单控用，但单控开关不可以作双控。如图 7-8 所示为按钮开关，开关的分类如下。

（1）按开关的启动方式来分：拉线开关、旋转开关、倒板开关、按钮开关、跷板开关、触摸开关等。

（2）按开关的连接方式来分：单控开关、双控开关、双极(双路)双控开关等。

图 7-8

（3）按规格尺寸标准型分：86 型（86mm×86mm）、118 型（118mm×74mm）、120 型（120mm×74mm）。

（4）按功能分类：一开单（双）控、两开单（双）控、三开单（双）控、四开单（双）控、声光控延时开关、触摸延时开关、门铃开关、调速(调光)开关、插卡取电开关。

7.1.2　插座布置图的绘制

案例	插座布置图.dwg	视频	插座布置图的绘制.avi	时长	15'53"

在绘制室内插座布置图时，应当在平面布置图的基础上进行绘制，具体操作步骤如下。

Step 01 启动 AutoCAD 2015 应用程序，选择"文件｜打开"菜单命令，打开前面绘制好的"案例\04\家装平面布置图.dwg"文件，再执行"文件｜另存为"菜单命令，将其另存为"案例\07\插座布置图.dwg"文件。

Step 02 执行"删除"命令（E），将打开图形的多重引线进行删除，并修改图名为"插座布置图"，如图 7-9 所示。

Step 03 将"FH-符号"图层置为当前图层，执行"插入块"命令（I），将"案例\07"文件夹下面的"插座符号"插入图中，如图 7-10 所示。

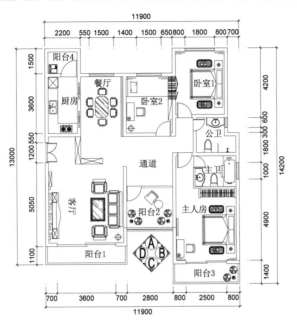

插座布置图 1:100

图 7-9

图 例	图例名称	图 例	图例名称
⊡	电视插座	⌽	二、三插座
⚠	电话插座	⍾	防水插座
⚠	网络插座	●	地面插座

图 7-10

提示：插座的分类

　　墙壁开关狭义是指开关，实际上是指墙壁开关、墙壁插座这一个大区域。有机械的，有智能的，有平板的，有跷板的，如图 7-11 所示为插座实物图片。插座按使用功能可分类如下。

　　（1）电脑插座又称网络插座、网线插座、、宽带插座、网络面板。网络一种从电话中分离，所以就有了电话电脑一体插座；网络另一种从有线电视分离，所以有了电视电脑一体插座。

　　（2）电视插座又称 TV 插座、电视面板、有线插座。

图 7-11

　　（3）空调插座，又称 16A 插座，因为一般的插座都是 10A 电流，空调插座是 16A 电流。

　　（4）电话插座。

　　插座的形状，118 插座是横向长方形，120 插座是纵向长方形，86 插座是正方形。118 插座一般分一位、二位、三位、四位插座。86 插座一般是五孔插座，或多五孔插座或一开带五孔插座。

Step 04 执行"分解"命令（X），对插入的插座符号图块进行分解，并将插入的插座符号置换到"FH-符号"图层。

Step 05 执行"编组"命令（G），分别对指定的插座符号进行编组，使之一个符号中的多个对象组成为一个对象。

Step 06 执行"复制"命令（CO）、"移动"命令（M）、"旋转"命令（RO）和"镜像"命令（MI），将插入的插座符号复制和移动到客厅和阳台 2 相应位置，如图 7-12 所示。

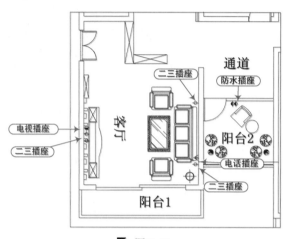

图 7-12

Step 07 用同样的方法，执行"复制"命令（CO）、"移动"命令（M）、"旋转"命令（RO）和"镜像"命令（MI），将插入的插座符号复制和移动到其余空间，完成如图 7-13 所示的图形。

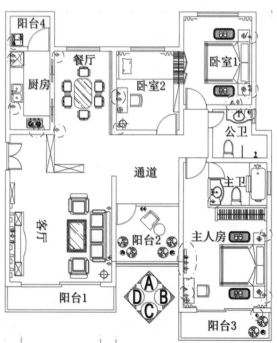

图 7-13

提示：步骤讲解

> 由于图形范围比较大,截取的图形可能看得不大清楚,用户可将最终案例文件"案例\07\家装插座布置图.dwg"打开,根据最终效果来布置相应插座的位置。

Step 08 将"WZ-文字"图层置为当前图层,执行"多行文字"命令(MT),设置文字为"宋体",文字大小为"350",在图中右下角输入注明内容,效果如图 7-14 所示。

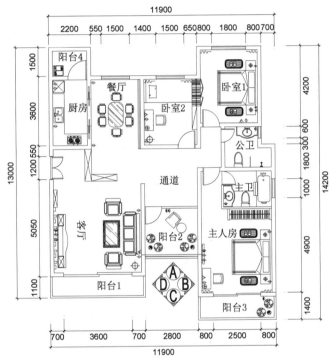

插座布置图 1:100   注:若立面没有特别说明的,
插座安装高度均为300MM

■ 图 7-14

Step 09 至此,图形已经绘制完成,按【Ctrl+S】组合键进行保存。

7.2 家装灯具布置图的绘制

案例	家装灯具布置图.dwg	视频	灯具布置图的绘制.avi	时长	02'38"

在进行家装灯具布置图的绘制时,应在原有顶棚布置图的基础上进行绘制,效果如图 7-15 所示,具体操作步骤如下。

Step 01 启动 AutoCAD 2015 应用程序,选择"文件|打开"菜单命令,打开前面绘制好的"案例\04\家装顶棚布置图.dwg"文件如图 7-16 所示;再执行"文件|另存为"菜单命令,将其另存为"案例\07\家装灯具布置图.dwg"文件。

Step 02 选择"工具|快速选择"菜单命令,将图形内部的尺寸标注、引线注释、标高注释和填充图案等进行删除,并修改图名为"灯具布置图",效果如图 7-15 所示。

Step 03 至此,图形已经绘制完成,按【Ctrl+S】组合键进行保存。

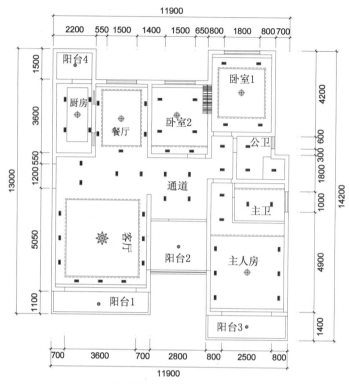

灯具布置图 1:100

图 7-15

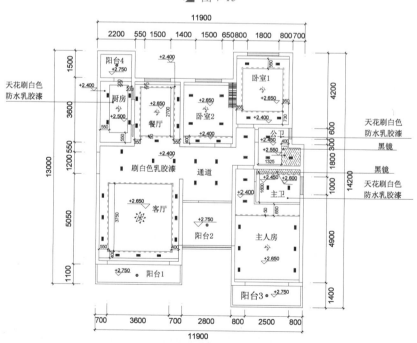

顶棚布置图 1:100

图 7-16

7.3 家装灯具开关线路图的绘制

案例	灯具开关线路图.dwg	视频	灯具形状线路图的绘制.avi	时长	40'31"

在灯具和开关布置好后，就可以将开关布置图打开，在此基础上将灯具和开关连接起来，绘制灯具开关线路图，如图 7-17 所示。

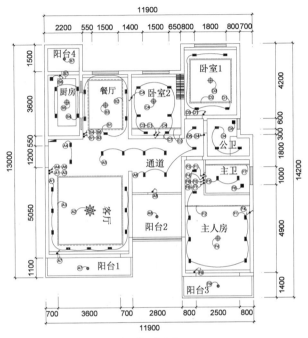

灯具开关线路图 1:100

图 7-17

首先打开家装开关布置图，然后另存为开关与灯具连线图，再使用圆弧、圆、单行文字等命令绘制开关与灯具连线图和编号，最后完成开关与灯具连线图的绘制，具体操作步骤如下。

Step 01 启动 AutoCAD 2015 应用程序，选择"文件 | 打开"菜单命令，打开前面绘制好的"案例\07\家装开关布置图.dwg"文件，再执行"文件 | 另存为"菜单命令，将其另存为"案例\07\开关与灯具连线路图.dwg"文件。

Step 02 执行"图层管理"命令（LA），新建一个"KG-开关线路"图层，并将图层置为当前图层，如图 7-18 所示图形。

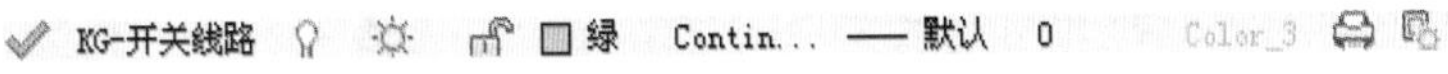

✓ KG-开关线路   ♀ ☼ ☐ ☐绿 Contin... ── 默认 0   Color_3 🖨 🖏

图 7-18

Step 03 执行"圆"命令（C），绘制半径为 150mm 的圆，用于开关与灯具编号图形符号，其效果如图 7-19 所示。

Step 04 执行"单行文字"命令（DT），设置文字大小"150"、字体为"黑体"，在圆内输入文字"A1"，其效果如图 7-20 所示。

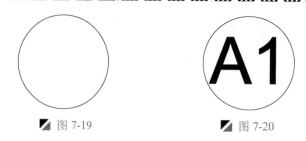

图 7-19   图 7-20

Step 05 执行 "圆弧" 命令（A）和 "复制" 命令（CO），打开 "对象捕捉（F3）" 和 "对象追踪（F11）" 模式，根据要求将客厅、通道和阳台 2 的开关与灯具连接起来，然后再将连线与开关进行编号，其效果如图 7-21 所示。

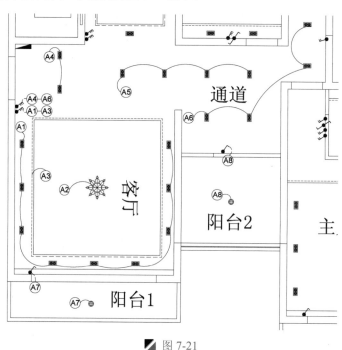

图 7-21

Step 06 执行 "圆弧" 命令（A）和 "复制" 命令（CO），将其余空间的开关与灯具连接起来，然后再将连线与开关进行编号，其效果如图 7-22 所示。

Step 07 至此，图形已经绘制完成，按【Ctrl+S】组合键进行保存。

提示：检查线路

    在开关、灯具和线路连接好以后，还需要进行如下检测。

    （1）检查电路配置：打开所有的灯具开关，看灯具是否都亮，并检查屋内的电气产品、材料是否均为符合现行国家标准；如果条件允许，还应该用万用表检查插座是否有电，用电话机检查电话线路是否有信号，用天线检查电视天线的信号。

    （2）检查配套电器：在管线检查完之后，应该进行最重要的一项工作，即电气安全检查。打开室内的配电箱，看配电箱中的各项配置是否合理，规格是否符合国家规定。配电箱中的分支回路要足够多，其中照明、空调、插座、厨房、浴室要设独立的回路，并且要保证是 16A 的。配电箱中一定要有漏电开关，因为有了漏电开关，一旦发生漏电现象，如电器外壳带电、人身触电等，漏电开关就会自动跳闸。

（3）检查开关插座：看完配电箱后，应当检查墙面的开关和插座。首先，检查插座的数量。插座的数量要足够供各种电器使用，这样就能避免因乱拉电线而带来安全隐患。其次，开关、插座应选择正确的位置，紧贴墙面牢固安装，同一房间内的开关或插座的安装高度应当一致。再次，要检查产品的质量。好的产品一般表面光洁平滑、色彩均匀、富有质感。如梅兰日兰、西门子、朗能等都是消费者比较认可的品牌。

（4）检查屋内布线：检查布线是否规范、安全。如吊顶内不允许有裸露导线；严禁将电线直接埋入抹灰层内；所有的配电导线，包括强电和弱电导线都应该套管敷设，而且强电和弱电绝对不能穿在同一根管子里；配电导线在管内不应有结头和扭结；导线穿完后要用绝缘胶带和防水胶带对电源导线接头进行双层绝缘；三孔电源插座的保护地线应单独敷设，不得与中性线（零线）相混。

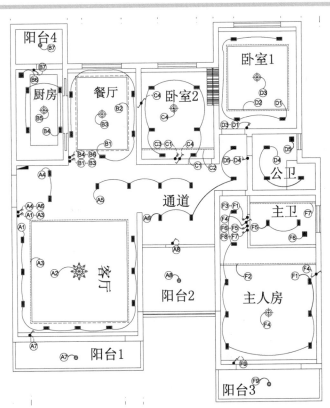

图 7-22

7.4 家装给排水布置图的绘制

在绘制家装给水和排水施工图时，首先调用并修改绘图环境，设置好给水排水图层、然后根据家装施工图的要求绘制给水和排水管道，最后进行文字说明和标注，如图 7-23 所示。

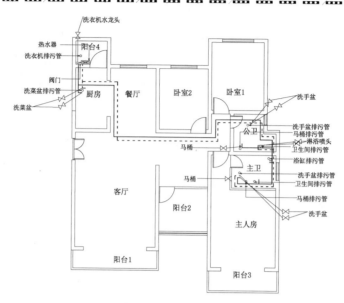

给排水布置图 1:100

图 7-23

7.4.1 调用并修改绘制环境

案例	家装给排水布置图.dwg	视频	调用并修改绘制环境的绘制.avi	时长	05'48"

首先整理家装建筑平面图，然后设置线宽、图层，具体操作步骤如下。

Step 01 启动 AutoCAD 2015 应用程序，选择"文件｜打开"菜单命令，打开前面绘制好的"案例 \04\家装建筑平面图.dwg"文件，如图 7-24 所示，再执行"文件｜另存为"菜单命令，将其另存为"案例\07\家装给排水布置图.dwg"文件。

Step 02 根据绘图的要求，对家装建筑平面图进行整理，删除轴号、尺寸及标高标注，隐藏轴线，再将图名更改为"家装给排水布置图"，整理好的效果如图 7-25 所示。

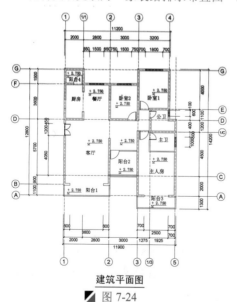

建筑平面图

图 7-24

给排水布置图 1:100

图 7-25

Step 03 执行"图层管理"命令（LA），新建四个图层"水阀"、"给水冷"、"给水热""排水管"图层，并将水阀图层置为当前图层，其效果如图 7-26 所示。

状..	名称	开	冻结	锁..	颜色	线型	线宽	透明度	打印...	打印
◿	0	♀	☼	☐	■白	Continuous	—默认	0	Color_7	⊖
◿	给水冷	♀	☼	☐	■蓝	Continuous	—默认	0	Color_5	⊖
◿	给水热	♀	☼	☐	■红	ACAD_ISO13W100	—默认	0	Color_1	⊖
✓	水阀	♀	☼	☐	■白	Continuous	—默认	0	Color_7	⊖
◿	排水管	♀	☼	☐	■洋红	Continuous	—默认	0	Color_6	⊖

◢ 图 7-26

7.4.2 绘制管道

案例	家装给排水布置图.dwg	视频	管道的绘制.avi	时长	10'37"

首先执行直线命令绘制水阀和热水器，然后再执行直线命令依次绘制给水冷、给水热、排水管道，具体操作步骤如下。

Step 01 执行"矩形"命令（REC）、"直线"命令（L）和"偏移"命令（O），在给水和排水施工图中绘制水阀轮廓和热水器，一般水阀绘制在水管入户处，其效果如图 7-27 所示。

Step 02 将"给水冷"图层置为当前图层，执行"多段线"命令（PL），设置全局宽度为 20，绘制由厨房引出，连接至卫生间的给水冷管道，其效果如图 7-28 所示。

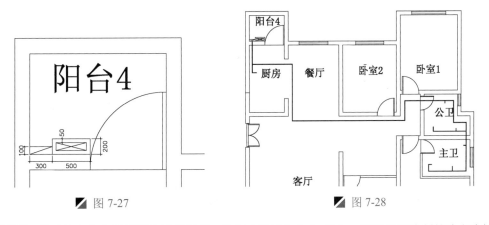

◢ 图 7-27　　　　◢ 图 7-28

Step 03 将"给水热"图层置为当前图层，执行"直线"命令（L），跟随前面绘制的给水冷管道，绘制热水管道线路，其效果如图 7-29 所示。

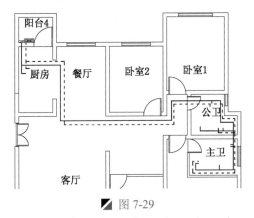

◢ 图 7-29

技巧：多段线宽度的修改

在绘制好多段线以后，若是发现绘制的宽度不适合要求，那么此时可双击该多段线，提示"输入选项 [闭合(C)/合并(J)/宽度(W)/编辑顶点(E)/拟合(F)/样条曲线(S)/非曲线化(D)/线型生成(L)/反转(R)/放弃(U)]"，可选择"宽度（W）"项，然后输入新的宽度即可调整，如图 7-30 所示。同时还可以选择其他的选项来编辑该多段线。

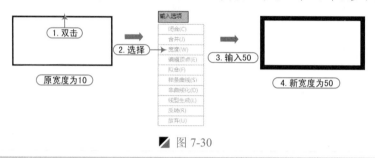

图 7-30

Step 04　将"排污管"图层置为当前图层，执行"圆"命令（C），绘制直径为 110mm 的圆，通过执行"复制"命令（CO），在厨房、卫生间、阳台污水排出的位置上绘制出排污管的效果，如图 7-31 所示。

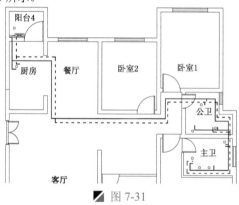

图 7-31

注意：给水、排水管道介绍

水管一般分为两大类，给水管和排水管，给水用 PPR 水管，管外有红线的表示热水管、蓝线的表示冷水管，排水和电线套管用 PVC 水管。排水管道包括排水管、排污管、空气管、地漏。在安装给水管时如果地面上是地板砖的可以不用在地上开槽，由于木地板比较薄所以当管道须从铺木地板的地方经过时就需要在地板上开槽。安装水管水龙头标准尺寸以平面布置图中厨房洗菜盆、卫生间洗水盆、拖地池、平面蹲便器、主卧阳台洗衣机的布置尺寸为标准。

7.4.3　文字标注

| 案例 | 家装给排水布置图.dwg | 视频 | 家装给排水布置图的绘制.avi | 时长 | 16'06" |

首先执行"快速引线"命令（LE），对排水管、水阀、热水器进行注释，然后用闸阀符号对给水管进行注释，具体操作步骤如下。

Step 01 将"WZ-文字"图层置为当前图层,执行"快速引线"命令(LE),选择箭头样式为"30 度角",选择字体为"宋体",大小为"250"对排水管、水阀和热水器进行注释,其效 果如图 7-32 所示。

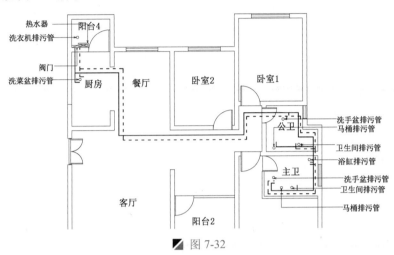

图 7-32

Step 02 执行"插入块"命令(I),将"案例\07\闸阀符号.dwg"插入图形中;通过"直线"命令 (L)和"移动"命令(M),由管道端绘制出引线,并将"闸阀符号"放在引线上,并 进行修剪。

Step 03 执行"单行文字"命令(DT),选择字体为"宋体",大小为"250",对引出线进行文 字注释,注明管道用途,其效果如图 7-33 所示。

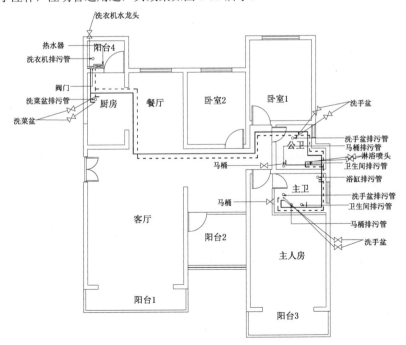

图 7-33

Step 04 至此,图形已经绘制完成,按【Ctrl+S】组合键进行保存。

8

联通 3G 品牌店施工图的绘制

本章导读

本章首先讲解如何绘制室内布置图，然后根椐室内布置图绘制地面布置图、插座布置图和天花布置图，最后讲解立面图的绘制，使读者能轻松掌握中国联通 3G 品牌店施工图的绘制创建方法。

本章内容

- ☑ 品牌店室内布置图的绘制
- ☑ 品牌店地面布置图的绘制
- ☑ 品牌店天花布置图的绘制
- ☑ 品牌店插座布置图的绘制
- ☑ 品牌店 D 立面图的绘制

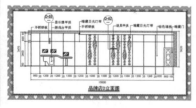

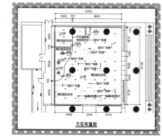

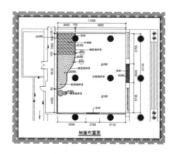

8.1 品牌店室内布置图的绘制

在绘制室内布置图时，将事先准备好的"品牌店建筑平面图.dwg"文件打开，在此基础上进行室内布置图的绘制。首先应将各个区域轮廓绘制好，再分别在各个区域进行室内图块的插入布置，然后对其进行图内说明标注和内视符号，从而完成整个品牌店室内布置图的绘制，如图 8-1 所示。

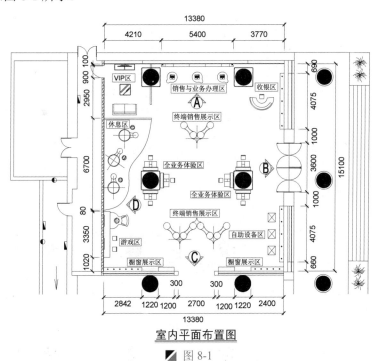

室内平面布置图

图 8-1

提示：**店面的设计**

> 店面是指专卖商店的形象，越来越多的经营者开始重视店面的设计。店面设计的主要目标是吸引各种类型的过往顾客停下脚步，仔细观望，吸引他们进店购物。因此专卖商店的店面应该新颖别致，具有独特风格，并且清新典雅。

8.1.1 绘制室内平面布置图的造型

| 案例 | 品牌店室内平面布置图.dwg | 视频 | 室内平面布置图造型的绘制.avi | 时长 | 22'50" |

首先打开建筑平面图，然后将其另存为室内布置图，再对其图形进行整理，最后依次绘制墙体平面造型，具体操作步骤如下。

Step 01 启动 AutoCAD 2015 应用程序，选择"文件 | 打开"菜单命令，将"案例\08\品牌店建筑结构平面图.dwg"文件打开，如图 8-2 所示。再执行"另存为"操作，将其另存为"案例\08\品牌店室内平面布置图.dwg"。

Step 02 根据绘制平面布置图的要求，执行"删除"命令（E），将图形文件中的"尺寸标注"对象删除，最后修改图名为"室内平面布置图"，其效果如图 8-3 所示。

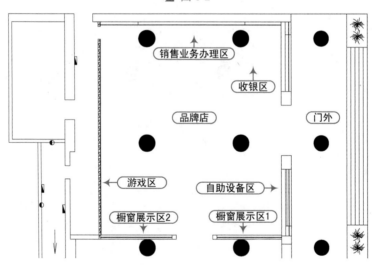

建筑结构平面图

▨ 图 8-2

室内平面布置图

▨ 图 8-3

注意：此处的文字索引

　　由于原建筑平面图中没有文字标注出各区域之间的划分，因此作者在此图中添加了一些文字索引，索引出了各区域位置的划分，在后面对平面图进行布置时将会对照此文字索引图来绘制。

Step 03　执行"圆"命令（C），根据上一步骤的索引图参照，分别以门外三个柱子中心为圆心绘制三个半径为 660mm 的圆，以将柱子包裹起来，效果如图 8-4 所示图形。

Step 04 执行"矩形"命令（REC）、"偏移"命令（O）、"移动"命令（M）和"复制"命令（CO），在品牌店内 4 个柱子处分别绘制圆角半径为 60mm，尺寸为 1347mm×1347mm 的圆角矩形，并将其轮廓向外偏移 30，其效果如图 8-5 所示图形。

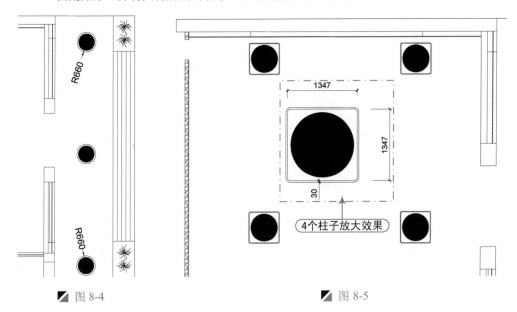

◢ 图 8-4   ◢ 图 8-5

Step 05 执行"矩形"命令（REC），在索引图的橱窗展示区 1 绘制 1200mm×300mm 和 2400mm×300mm 两个矩形造型轮廓，其效果如图 8-6 所示。

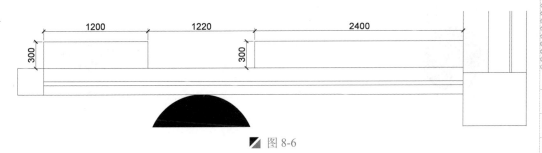

◢ 图 8-6

Step 06 执行"矩形"命令（REC），继续在索引图的自助设备区相应位置绘制 4075mm×300mm 的矩形，其效果如图 8-7 所示。

Step 07 执行"矩形"命令（REC），在上步图形相应位置绘制圆角半径为 20，尺寸为 550mm×650mm 的圆角矩形；然后执行"直线"命令（L），在内绘制连接线段，最后再将其水平复制两个在相应位置，其效果如图 8-8 所示。

Step 08 执行"矩形"命令（REC），在索引图左上侧收银区右侧相应位置绘制 300mm×4075mm 的矩形，其效果如图 8-9 所示图形。

Step 09 执行"矩形"命令（REC），在索引图的销售与业务办理区背景墙上相应位置绘制 5400mm×200mm 的矩形，并将其打散操作，其效果如图 8-10 所示。

Step 10 执行"偏移"命令（O）和"修剪"命令（TR），将打散后的矩形线段根据如图所示尺寸进行偏移，并将多余线段删除，其效果如图 8-11 所示。

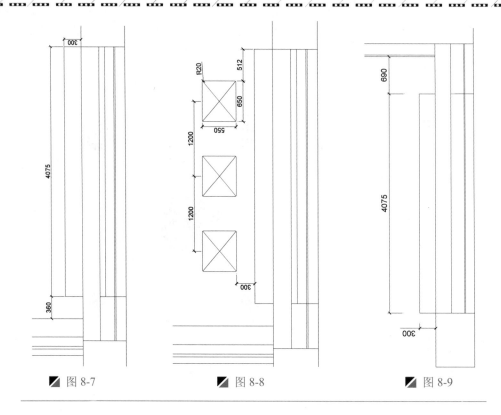

图 8-7   图 8-8   图 8-9

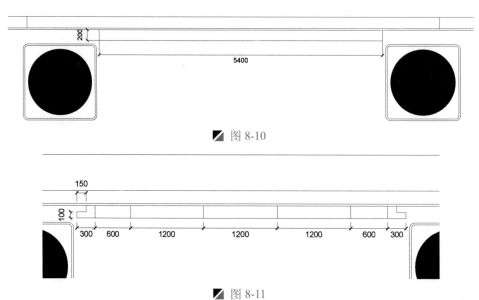

图 8-10

图 8-11

Step 11　同样执行"矩形"命令（REC）和"移动"命令（M），在索引图游戏区和橱窗展示区 2 相应位置绘制如图 8-12 所示图形。

Step 12　执行"插入块"命令（I），将"案例\08"文件夹下面的"大门"、"单开门"、"双开门"、"小射灯"插入图中的指定位置，并通过执行"移动"命令（M）、"复制"命令（CO）和"旋转"命令（RO），将图块放置到合适的位置，其效果如图 8-13 所示。

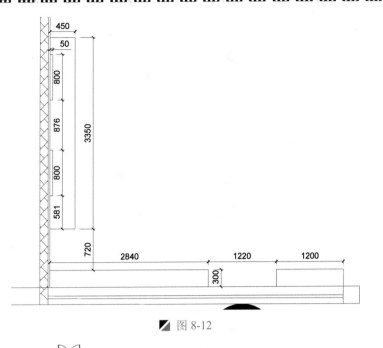

▟ 图 8-12

室内平面布置图

▟ 图 8-13

(Step 13) 执行 "插入块" 命令（I），将 "案例\08" 文件夹下面的 "VIP 台"、"VIP 沙发"、"业务办理台"、"收银台"、"休息台"、"业务体验台"、"游戏区椅"、"终端销售机" 分别插入图中的指定位置，并通过执行 "移动" 命令（M）、"复制" 命令（CO）和 "旋转" 命令（RO），将图块放置到合适的位置，其效果如图 8-14 所示。

(Step 14) 执行 "矩形" 命令（REC），在如图 8-15 所示相应位置绘制 100mm×2950mm 直角矩形作为隔断。

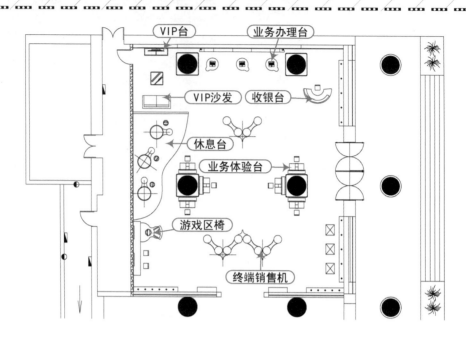

室内平面布置图

▰ 图 8-14

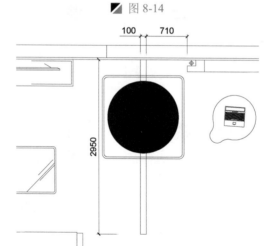

▰ 图 8-15

8.1.2 尺寸、文字标注

案例	品牌店室内平面布置图.dwg	视频	尺寸、文字标注.avi	时长	13'19"

　　首先选择标注样式，然后对图形进行文字说明，最后通过移动、插入、旋转等命令插入索引符号，具体操作步骤如下。

Step 01　　选择标注样式为"ISO-100"，将"BZ-标注"图层置为当前图层，执行"线性标注"命令（DLI）和"连续标注"命令（DCO），对室内平面布置图进行相应的尺寸标注，其效果如图 8-16 所示。

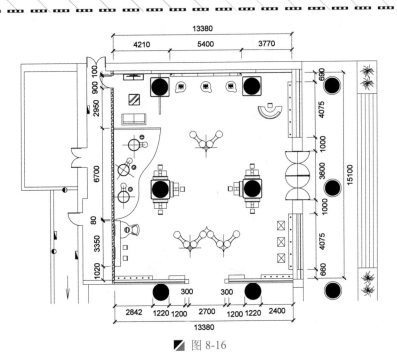

图 8-16

Step 02　将"文字"图层置为当前图层，执行"多行文字"命令（MT）、"矩形"命令（REC），设置字体为"宋体"，大小为"350"，按照绘图要求对室内布置图进行文字说明，其效果如图 8-17 所示。

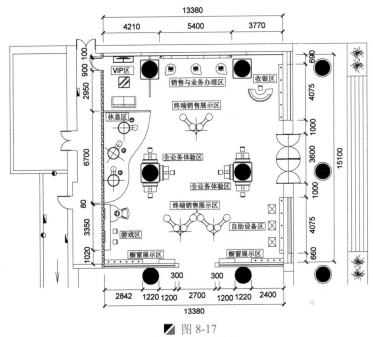

图 8-17

Step 03　执行"插入块"命令（I），将"案例\02"文件夹下面的"立面索引符号"图块插入图中然后并通过"分解"命令（X）和"移动"命令（M），将图块放置到合适的位置，其效果如图 8-18 所示。

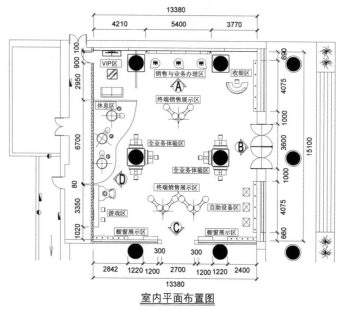

室内平面布置图

图 8-18

Step 04 至此，图形已经绘制完成，按【Ctrl+S】组合键进行保存。

8.2 品牌店地面布置图的绘制

在绘制地面布置图时，借用之前绘制的室内布置图，经过对图形的整理，然后分别对各个区域进行地面材质的轮廓绘制及铺设，最后对图形进行文字注释，从而完成对地面布置图的绘制，如图 8-19 所示。

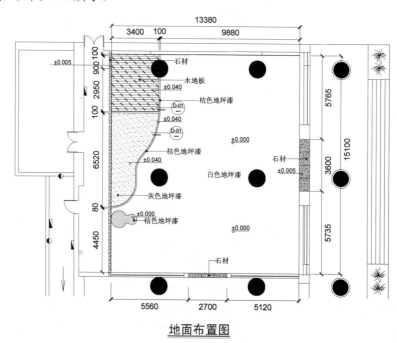

地面布置图

图 8-19

8.2.1 调用并整理文件

案例	品牌店地面布置图.dwg	视频	调用并整理文件.avi	时长	05'43"

首先打开室内布置图，然后另存为地面布置图，最后再对图形进行整理和新建一个图层，具体操作步骤如下。

Step 01 启动 AutoCAD 2015 应用程序，选择"文件 | 打开"菜单命令，将"案例\08\品牌店室内平面布置图.dwg"文件打开；再执行"另存为"操作，将其另存为"品牌店地面布置图.dwg"文件。

Step 02 执行"删除"命令（E），将品牌店内的尺寸标注、门、家具对象、文字对象和索引符号进行删除操作，并修改图名为"地面布置图"，从而整理出绘制地面布置图所需要的效果，如图 8-20 所示。

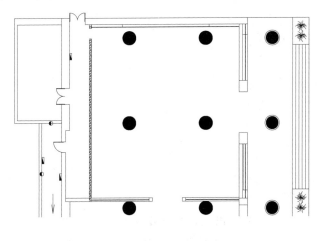

地面布置图

▨ 图 8-20

Step 03 将"DM--地面"图层设置为当前图层，执行"直线"命令(L)，将洞口封闭起来，其效果如图 8-21 所示。

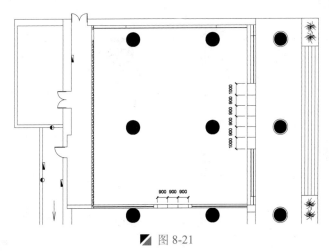

▨ 图 8-21

8.2.2 绘制地面材质

案例	品牌店地面布置图.dwg	视频	地面材质的绘制.avi	时长	09'24"

　　首先将"DM-地面"图层设置为当前图层，然后绘制地面造型轮廓，最后依次进行相应的材质填充，具体操作步骤如下。

Step 01 执行"圆"命令（C），在如图 8-22 所示位置绘制半径分别为 560mm、560mm、234mm、234mm、360mm 的五个圆。

Step 02 执行"修剪"命令（TR），将图形多余线段删除，效果如图 8-23 所示。

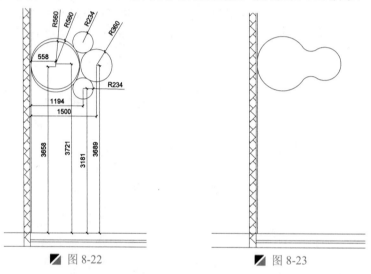

图 8-22　　　　　　　　　　　　　　图 8-23

Step 03 执行"样条曲线"命令（SPL），在如图 8-24 所示范围之内绘制样条曲线。

Step 04 执行"矩形"命令（REC），在如图 8-25 所示位置绘制 3500mm×100mm、100mm×2950mm 的两个矩形。

Step 05 首先执行"直线"命令（L），绘制门洞连接线段；然后执行"偏移"命令（O），将绘制的线段和前面绘制的样条曲线分别向内依次偏移 80、10，效果如图 8-26 所示。

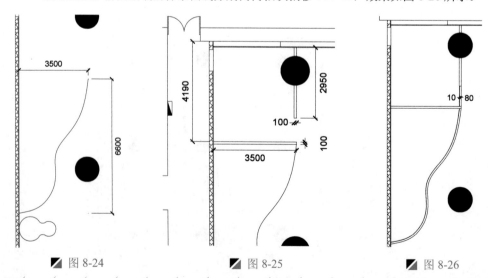

图 8-24　　　　　　　　　　图 8-25　　　　　　　　　　图 8-26

Step 06 执行"图案填充"命令（H），选择填充图案为"AR-CONC"，比例为 0.75，对门槛进行石材填充；再选择填充图案为"CROSS"，比例为 10，进行桔色地坪漆填充，其效果如图 8-27 所示。

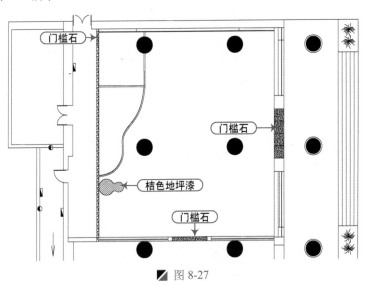

图 8-27

Step 07 执行"图案填充"命令（H），选择填充图案为"AR-SAND"，比例为 5，进行灰色地坪漆填充；再选择填充图案为"CORK"，比例为 50，进行木地板填充，其效果如图 8-28 所示。

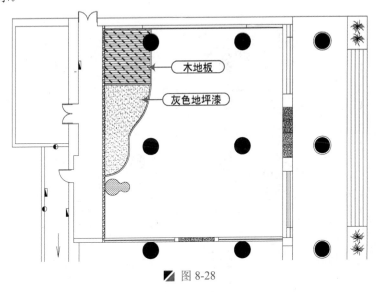

图 8-28

8.2.3　文字注释

| 案例 | 品牌店地面布置图.dwg | 视频 | 文字注释.avi | 时长 | 13'37" |

首先选择标注样式，再对地面布置图进行相应标注，然后依次对地面材质进行文字说明，具体操作步骤如下。

Step 01 选择标注样式为"ISO-100"，将"BZ-标注"图层置为当前图层，执行"线性标注"命令（DLI）和"连续标注"命令（DCO），对地面布置图进行相应的尺寸标注，其效果如图 8-29 所示。

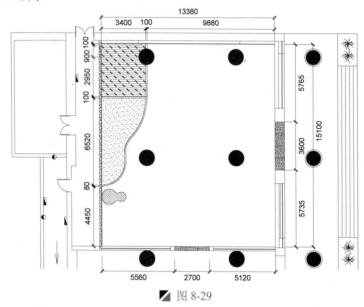

图 8-29

Step 02 执行"快速引线"命令（LE），设置字体为"宋体"，大小为"350"，按照绘图要求对品牌店内地面材质说明，效果如图 8-30 所示。

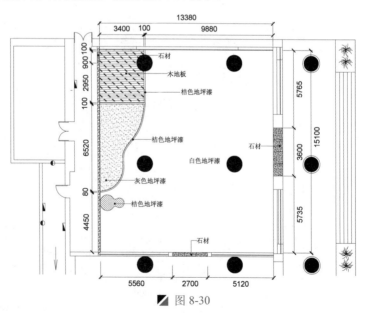

图 8-30

Step 03 将"FH-符号"图层置为当前图层，执行"插入块"命令（I），将"案例\02"文件夹下面的"标高符号"、"剖切符号"图块插入图中，并通过"复制"命令（CO）、"移动"命令（M）等命令对地面布置图添加标高符号和剖面符号，再修改不同的标高值，效果如图 8-31 所示。

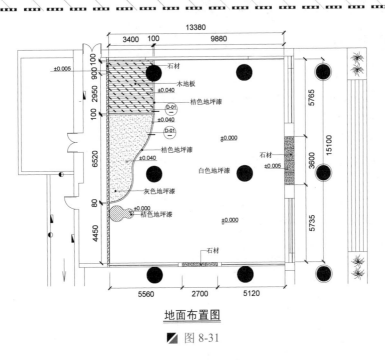

地面布置图

图 8-31

Step 04　至此，图形已经绘制完成，按【Ctrl+S】组合键进行保存。

8.3　品牌店天花布置图的绘制

在绘制天花布置图时，借用之前绘制的地面布置图，经过对图形进行整理，将多余对象进行删除，然后绘制吊顶造型轮廓，最后将各种灯具插入图中并布置到合理的位置从而完成品牌店天花布置图的绘制，如图 8-32 所示。

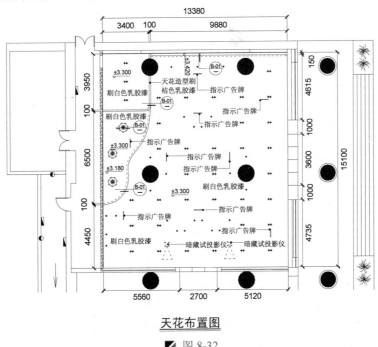

天花布置图

图 8-32

8.3.1 调用并整理文件

案例	品牌店天花布置图.dwg	视频	调用并整理文件.avi	时长	02'14"

首先打开品牌店地面布置图，然后将其内的填充对象、文字说明等全部进行删除，具体操作步骤如下。

Step 01 启动 AutoCAD 2015 应用程序，选择"文件丨打开"菜单命令，将"案例\08\品牌店地面布置图.dwg"文件打开；执行"另存为"操作，将其另存为"品牌店天花布置图.dwg"文件。

Step 02 执行"删除"命令（E），将地面布置图中的填充对象、文字、标注等全部进行删除，修改图名为"天花布置图"，效果如图 8-33 所示。

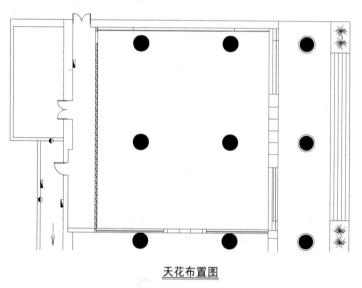

天花布置图

图 8-33

8.3.2 绘制吊顶轮廓

案例	品牌店天花布置图.dwg	视频	吊顶轮廓的绘制.avi	时长	09'44"

首先新建三个图层，然后使用偏移等命令绘制吊顶轮廓，具体操作步骤如下。

Step 01 执行"图层管理"命令（LA），新建三个图层，并将"DD-吊顶"图层置为当前图层，将门洞线置换到"DD-吊顶"图层，效果如图 8-34 所示。

✔	DD-吊顶	♀	☼	🔓	■ 162	Contin...	—— 默认	0	Colo...	🖨 🖳
◿	DD-灯带	♀	☼	🔓	□ 黄	Contin...	—— 默认	0	Color_2	🖨 🖳
◿	DJ-灯具	♀	☼	🔓	□ 40	Contin...	—— 默认	0	Color_1	🖨 🖳

图 8-34

Step 02 执行"偏移"命令（O），将如图 8-35 所示相应位置墙体线按如下尺寸偏移，并将偏移出来的线段置为"DD-吊顶"图层。

Step 03 执行"圆角"命令（F），将上步偏移出来的两条线段倒圆角半径为 300；再执行"偏移"命令（O），将倒圆角后的图形向外偏移 100，效果如图 8-36 所示。

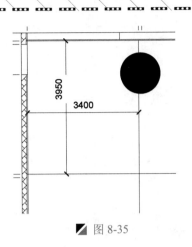

图 8-35

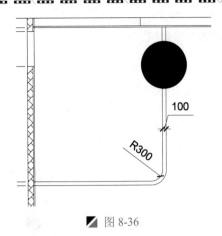

图 8-36

Step 04　执行"样条曲线"命令（SPL），在上步图形下方位置绘制样条曲线，并将绘制的样条曲线向内偏移 100，然后把偏移出来的样条曲线置换到"DD-灯带"图层，效果如图 8-37 所示。

Step 05　执行"圆"命令（C），绘如图 8-38 所示 7 个同心圆，并把半径为 350mm 的圆置换到"DD-灯带"图层，效果如图 8-38 所示。

Step 06　执行"移动"命令（M）和"复制"命令（CO），将上步绘制的同心圆移动并复制两个到图形中相应位置，效果如图 8-39 所示。

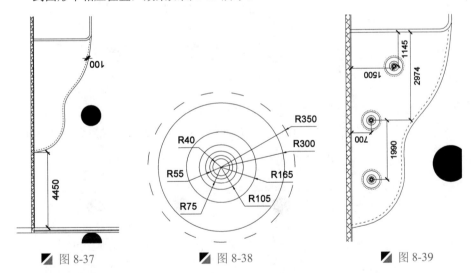

图 8-37　　　　　　　　　图 8-38　　　　　　　　　图 8-39

Step 07　执行"偏移"命令（O），将下图天花布置图内墙体线向内依次偏移 150、80，并把偏移出来 150 的线段置换到"DD-吊顶"图层，80 的线段置换到"DD-灯带"图层，效果如图 8-40 所示。

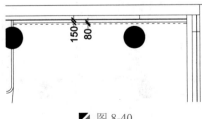

图 8-40

8.3.3 布置天花灯具

案例	品牌店天花布置图.dwg	视频	天花灯具的绘制.avi	时长	08'18"

首先插入灯具符号，然后对插入的灯具符号使用复制、移动等命令，将灯具符号放置在图内相应位置，具体操作步骤如下。

Step 01 将"DJ-灯具"图层置为当前图层，执行"插入块"命令（I），将"案例\08"文件夹下面的"筒灯"、"卤照灯"图块插入吊顶中，并通过执行"复制"命令（CO）、"移动"命令（M）等，将这些图块布置到如图 8-41 所示的位置。

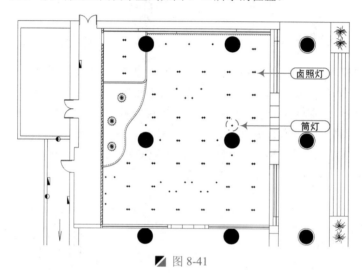

图 8-41

Step 02 用同样的方法，执行"插入块"命令（I），将"案例\08"文件夹下面的"指示广告牌"、"暗藏式投影仪"图块插入吊顶中，并通过镜像、复制和旋转命令调整出如图 8-42 所示效果。

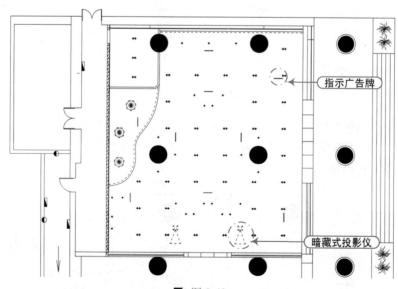

图 8-42

8.3.4 文字标注与标高说明

案例	品牌店天花布置图.dwg	视频	文字标注与标高说明.avi	时长	14'29"

　　首先设置文字大小，然后依次对图内天花吊顶进行文字说明，最后使用修改、复制等命令插入标高符号，具体操作步骤如下。

Step 01 选择标注样式为"ISO-100"，将"BZ-标注"图层置为当前图层，执行"线性标注"命令（DLI）和"连续标注"命令（DCO），对天花布置图进行相应的尺寸标注，其效果如图 8-43 所示。

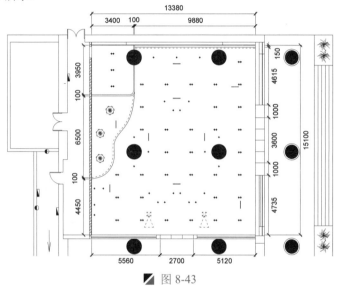

图 8-43

Step 02 将"WZ-文字"图层置为当前图层，执行"多行文字"命令（MT）和"引线"命令（LE），设置字体为"宋体"、文字大小为"350"，对天花布置图进行文字说明，如图 8-44 所示。

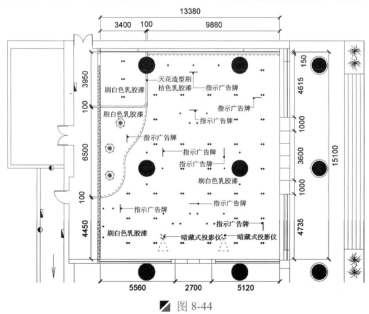

图 8-44

Step 03 将"FH-符号"图层置为当前图层，执行"插入块"命令（I），将"案例\02"文件夹下面的"标高符号"、"剖切符号"图块插入图中，并通过"复制"命令（CO）、"移动"命令（M）等命令对天花布置图进行添加标高符号和剖面符号，再修改不同的标高值，效果如图 8-45 所示。

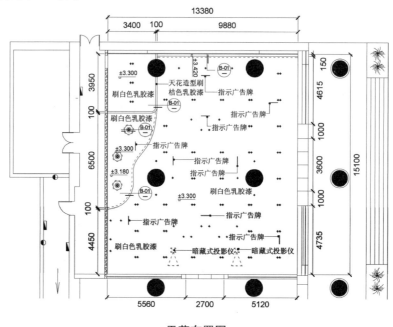

天花布置图

◤ 图 8-45

Step 04 至此，图形已经绘制完成，按【Ctrl+S】组合键进行保存。

提示：橱窗设计

　　橱窗是专卖商店的"眼睛"，店面这张脸是否迷人，这只"眼睛"具有举足轻重的作用。

　　橱窗是一种艺术的表现，是吸引顾客的重要手段。走在任何一个商业之都的商业街，都有无数的人在橱窗前观望、欣赏，他们拥挤着、议论着，像是在欣赏一幅传世名画。在巴黎香榭丽舍大道上，欣赏各家专卖商店的橱窗，还是一项非常受欢迎的旅游项目呢！

　　因此，专卖商店不可没有橱窗，不可轻视橱窗的布置与陈列。事实证明，某些专卖商店将橱窗出租给个人摆摊是极为愚蠢的事。

　　专卖商店橱窗设计要遵守三个原则：一是以别出心裁的设计吸引顾客，切忌平面化，努力追求动感和文化艺术色彩；二是可通过一些生活化场景使顾客感到亲切自然，进而产生共鸣；三是努力给顾客留下深刻的印象，通过本店所经营的橱窗巧妙的展示，使顾客过目不忘，印入脑海。当然，店面设计是一个系统工程，包括设计店面招牌、路口小招牌、橱窗、遮阳篷、大门、灯光照明、墙面的材料与颜色等许多方面。各个方面要互相协调，统一筹划，才能实现整体风格。

8.4 品牌店插座布置图

在绘制插座布置图时，借用之前绘制的室内平面布置图，经过对图形进行整理，将多余对象进行删除，然后将各种插座插入图中并布置到合理的位置，从而完成品牌店插座布置图的绘制，如图 8-46 所示。

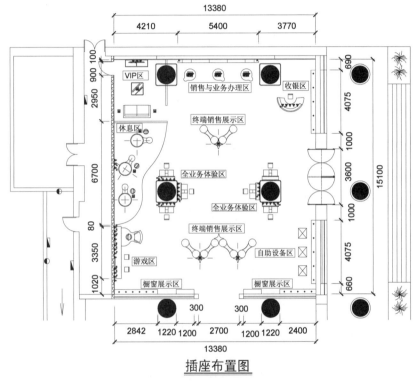

插座布置图

图 8-46

注意：步骤讲解

> 由于图形的范围比较大，布置的插座可能看不清楚，读者可打开"案例\08\插座布置图.dwg"文件来进行参照。

8.4.1 调用并整理文件

案例	品牌店插座布置图.dwg	视频	调用并整理文件.avi	时长	01'32"

首先打开室内平面布置图，然后另存为插座布置图，最后执行删除命令删除索引符号，具体操作步骤如下。

- **Step 01** 启动 AutoCAD 2015 应用程序，选择"文件 | 打开"菜单命令，打开前面绘制好的"案例\08\品牌店室内布置图.dwg"文件，再执行"文件 | 另存为"菜单命令，将其另存为"案例\08\品牌店插座布置图.dwg"文件。

- **Step 02** 执行"删除"命令（E），将品牌店内的索引符号进行删除操作，并修改图名为为"插座布置图"，从而整理出绘制插座布置图所需要的效果，如图 8-47 所示。

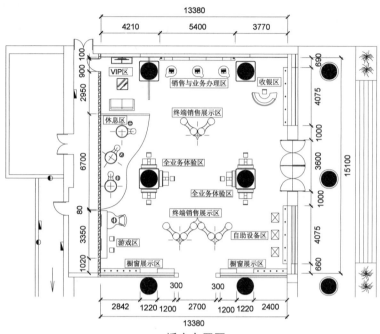

插座布置图

图 8-47

8.4.2 布置插座

| 案例 | 品牌店插座布置图.dwg | 视频 | 布置插座.avi | 时长 | 09'11" |

首先插入插座符号，然后依次对插座符号进行编缉，最后执行移动命令、复制、旋转等命令将插座符号插入图内相应位置，具体操作步骤如下。

Step 01　执行"插入块"命令（I），将"案例\08"文件夹下面的"插座符号"插入图中，如图 8-48 所示。

图 例	图例名称	图 例	图例名称
+TV	电视插座	♣	二、三插座
+IP	电话插座	▦	地面插座
+CP	网络插座		

图 8-48

Step 02　执行"分解"命令（X），对插入的插座符号图块进行分解，并将插入的插座符号置换到"FH-符号"图层。

Step 03　执行"编组"命令（G），分别对指定的插座符号进行编组，使之一个符号中的多个对象组成为一个对象。

Step 04　执行"复制"命令（CO）、"移动"命令（M）和"旋转"命令（RO）将插入的"电视插座"、"二、三插座"、"电话插座"符号复制和移动到收银区，并通过旋转命令调整出如图 8-49 所示的图形。

Step 05　再执行"复制"命令（CO）、"移动"命令（M）和"旋转"命令（RO）将插入的"地面插座"、"网络插座"符号复制和移动到销售与业务办理区，并通过旋转命令调整出如图 8-50 所示的图形。

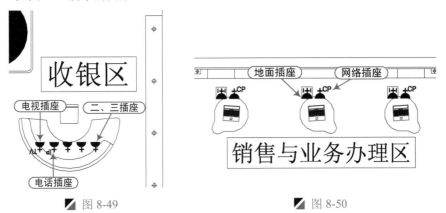

图 8-49　　　　　　　　　　　　　　　图 8-50

Step 06　用同样的方法，执行"复制"命令（CO）、"移动"命令（M）、"旋转"命令（RO）和"镜像"命令（MI），将插入的插座符号分别放置到其余区域，完成最终效果如图 8-46 所示。

Step 07　至此图形已经绘制完成，按【Ctrl+S】组合键进行保存。

8.5　品牌店 D 立面图的绘制

由于平面图纸不能很完善的表现出空间的具体造型和关系，所以进行室内设计施工图的绘制时，还应该绘制出各立面图的具体效果，这样才能更直观的感受到设计效果，本节主要讲解品牌店 D 立面图的绘制方法，效果如图 8-51 所示。

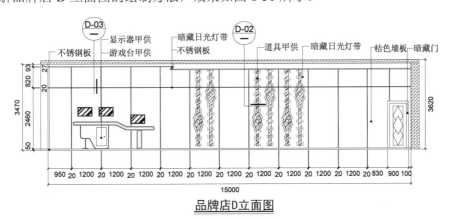

品牌店D立面图

图 8-51

8.5.1　调用并整理文件

案例	品牌店 D 立面图.dwg	视频	调用并整理文件.avi	时长	03'27"

首先打开品牌店室内平面布置图，然后使用矩形、删除等命令整理出需绘制立面图的平面部分，具体操作步骤如下。

Step 01 启动 AutoCAD 2015 应用程序，选择"文件 | 打开"菜单命令，打开前面绘制好的"案例\08\品牌店室内平面布置图.dwg"文件；再执行"文件 | 另存为"菜单命令，将其另存为"案例\08\品牌店 D 立面图.dwg"文件。

Step 02 根据绘制立面图的要求，将"LM-立面"图层置为当前图层，执行"矩形"命令（REC），选择需要进行绘制立面图的 D 向平面图部分来绘制一个矩形，如图 8-52 所示。

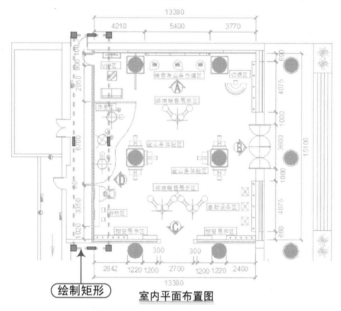

室内平面布置图

图 8-52

Step 03 然后通过"修剪"命令（TR）、"删除"命令（E）和"旋转"命令（RO）等命令，修剪掉矩形外的图形部分，并将保留图形旋转–90°，效果如图 8-53 所示。

图 8-53

8.5.2 绘制立面轮廓

案例	品牌店 D 立面图.dwg	视频	立面轮廓的绘制.avi	时长	22'25"

首先使用构造线、删除、修剪、偏移等命令绘制出立面图轮廓，然后使用插入命令插入立面图块，最后对图形进行材质填充，具体操作步骤如下。

Step 01 执行"构造线"命令（XL），根据命令行提示，过平面图的轮廓绘制 5 条垂直的构造线，效果如图 8-54 所示。

Step 02 再执行"构造线"命令（XL），绘制一条水平构造线，并执行"偏移"命令（O），将水平构造线向下偏移 3620 的距离，然后执行"修剪"命令（TR），将多余的构造线进行修剪，从而形成立面图的轮廓，效果如图 8-55 所示。

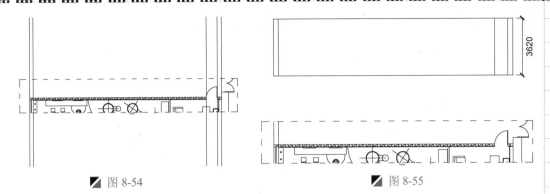

图 8-54   图 8-55

Step 03 执行"偏移"命令（O），将立面图轮廓外围线段根据如图 8-56 所示尺寸进行偏移。

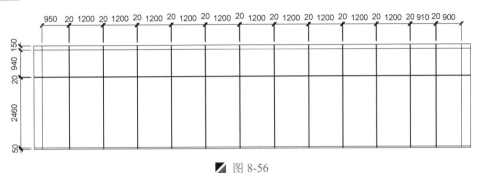

图 8-56

Step 04 执行"修剪"命令（TR），将上步偏移后的图形多余线段修剪，其效果如图 8-57 所示。

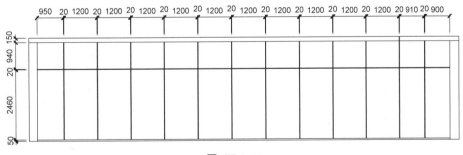

图 8-57

Step 05 执行"偏移"命令（O）和"修剪"命令（TR），绘制出如图 8-58 所示轮廓。

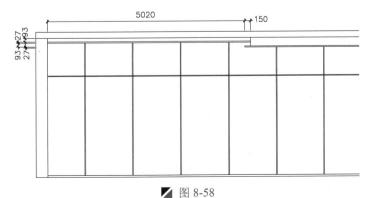

图 8-58

Step 06　然后执行"直线"命令（L）和"修剪"命令（TR），在中间绘制出如图8-59所示的灯槽。

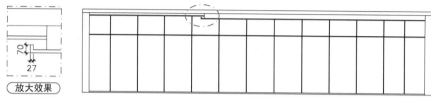

图 8-59

Step 07　执行"矩形"命令（REC），绘制866mm×3080mm的矩形并将其打散操作，其效果如图8-60所示。

Step 08　执行"偏移"命令（O），将上步打散后的矩形按照如下尺寸进行依次偏移，其效果如图8-61所示。

Step 09　执行"圆"命令（C），在偏移线段的相应交点位置分别绘制半径为373mm的四个圆和半径为339mm的两个圆，其效果如图8-62所示。

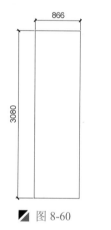

图 8-60

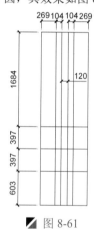

图 8-61

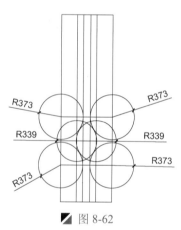

图 8-62

Step 10　执行"修剪"命令（TR），将上步绘制圆后的图形多余线段删除，然后再将修剪后的图形调整出如图8-63所示图形。

Step 11　执行"椭圆"命令（EL），在如图所示位置绘制长轴为137，短轴为111的椭圆，如图8-64所示。

Step 12　执行"偏移"命令（O），将弧形轮廓线段分别向外各偏移60，再将偏移出来的线段置换为"DD-灯带"图层，其效果如图8-65所示。

图 8-63　　　　　　　图 8-64　　　　　　　图 8-65

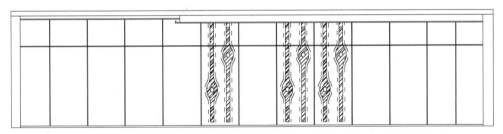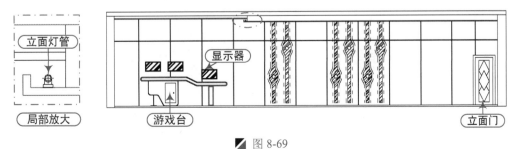

Step 13　将"TC-填充"图层置为当前图层，执行"图案填充"命令（H），设置填充图案为"AR-RROOF"，填充比例为"5"，角度为"45"，对立面墙造形进行白色亚克力板效果的填充，其效果如图 8-66 所示。

Step 14　首先执行"镜像"命令（MI），将上步填充后的图形垂直镜像一个，然后再执行"移动"命令（M），将镜像后的图形移动到如图 8-67 所示位置。

图 8-66　　　　　　　图 8-67

Step 15　执行"移动"命令（M）和"复制"命令（CO），将上步绘制的图形移动到立面图中相应位置，然后再复制两个到如图 8-68 所示位置。

图 8-68

Step 16　将"JJ-家具"图层置为当前图层，执行"插入块"命令（I），将"案例\08"文件夹下面的"立面门"、"显示器"、"游戏台"、"立面灯管"插入立面图轮廓中，并通过"移动"命令（M）、"复制"命令（CO）等命令放置到相应位置，如图 8-69 所示。

图 8-69

Step 17　将"TC-填充"图层，置为当前图层，执行"图案填充"命令（H），设置填充图案为"ZIGZAG"，填充比例为"20"，对原建筑结构墙进行填充，其效果如图 8-70 所示。

图 8-70

8.5.3 文字、尺寸和图名标注

案例	品牌店 D 立面图.dwg	视频	文字、尺寸和图名的标注.avi	时长	17'44"

　　首先对立面图进行尺寸标注，然后进行文字说明和图名标注，最后插入详图符号，具体操作步骤如下。

Step 01　将"BZ-标注"图层置为当前图层，执行"线性标注"命令（DLI）和"连续标注"命令（DCO）等命令，对立面图进行标注，如图 8-71 所示。

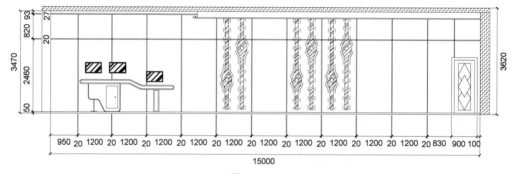

图 8-71

Step 02　将"WZ-文字"图层置为当前图层，执行"快速引线"命令（LE），设置文字大小为"150"样式为"宋体"，对背景墙进行文字注释，效果如图 8-72 所示。

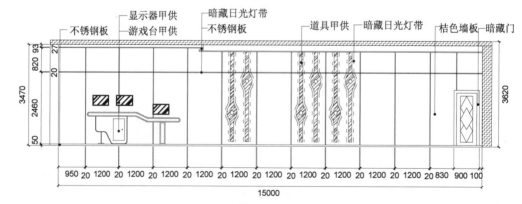

图 8-72

Step 03　执行"多行文字"命令（MT），设置文字为"黑体"，文字大小为"350"，对立面图

进行图名标注；然后执行"多段线"命令（PL）和"偏移"命令（O），在图名下方绘制适当长度和宽度的两条水平多段线，效果如图 8-73 所示。

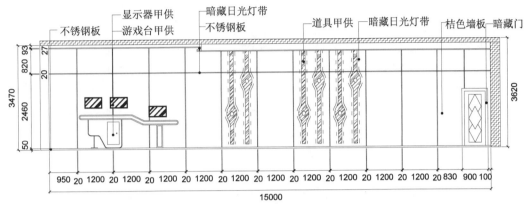

品牌店D立面图

图 8-73

Step 04 执行"插入块"命令（I），将"案例\02"文件夹下面的"剖切符号"插入立面图中；并通过"缩放"命令（SC）、"移动"命令（M）、"复制"命令（CO）等命令，绘制出图 8-74 所示图形。

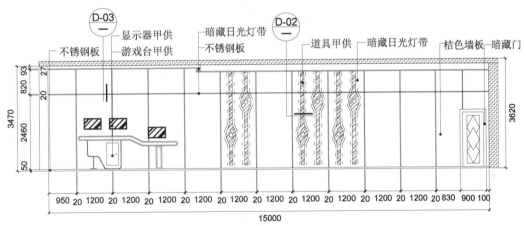

品牌店D立面图

图 8-74

Step 05 至此，图形已经绘制完成，按【Ctrl+S】组合键进行保存。

8.5.4 其他立面图

案例	其它立面图.dwg	视频	无	时长	17'28"

在室内设计施工图的绘制中，除了以上绘制的 D 立面图，其余有造型的墙面都需要绘制出立面图，由于本书篇幅有限，这里不一一绘制，给出其余立面图效果，读者可自行练习，如图 8-75 所示。

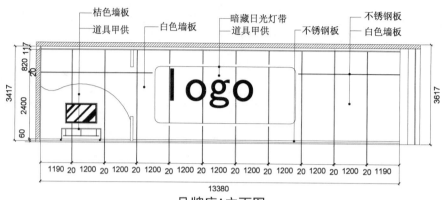

品牌店A立面图

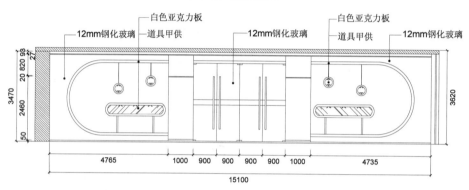

品牌店B立面图

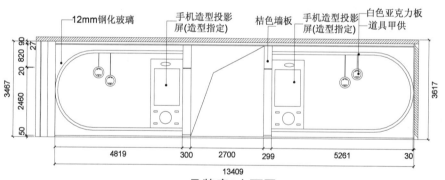

品牌店C立面图

图 8-75

9

酒店室内装潢施工图的绘制

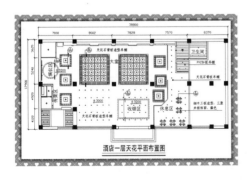

酒店一层天花平面布置图

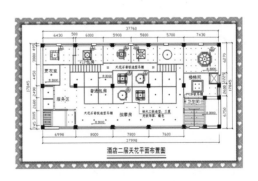

酒店二层天花平面布置图

9.1 酒店一层平面布置图的绘制

在绘制平面布置图时，首先将"酒店一层建筑平面图.dwg"文件打开，然后对各个区域轮廓绘制好，再分别在各个区域进行平面图块的插入布置，然后对其进行图内说明标注和内视符号，从而完成整个酒店一层平面布置图的绘制，如图 9-1 所示。

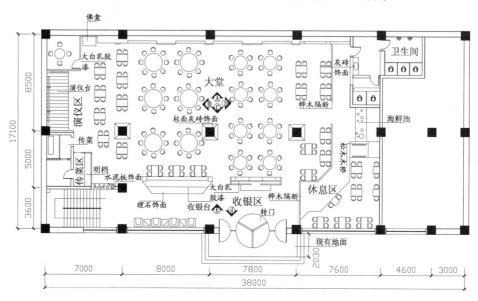

酒店一层平面布置图

■ 图 9-1

9.1.1 调用并整理文件

案例	酒店一层平面布置图.dwg	视频	调用并整理文件.avi	时长	04'23"

首先打开建筑平面图，然后将其另存为酒店一层平面布置图，最后对其图形进行整理，具体操作步骤如下。

- **Step 01** 启动 AutoCAD 2015 应用程序，选择"文件 | 打开"菜单命令，将"案例\09\酒店一层建筑平面图.dwg"文件打开，如图 9-2 所示。再执行"文件 | 另存为"操作，将其另存为"案例\09\酒店一层平面布置图.dwg"。

- **Step 02** 根据绘制平面布置图的要求，将图形文件内部的"尺寸标注"对象删除，最后修改图名为"酒店一层平面布置图"，其效果如图 9-3 所示。

- **Step 03** 将"WZ-文字"图层置为当前图层，执行"多行文字"命令（MT），设置文字为"宋体"，文字大小为"650"，对打开的建筑平面图空间进行文字说明，其效果如图 9-4 所示。

注意：文字说明

> 在这里提前进行文字注释，主要是因为设计的区域比较大，为了让读者更清楚掌握酒店一层平面布置图的绘制步骤，所以采用分区布置的方式进行讲解。

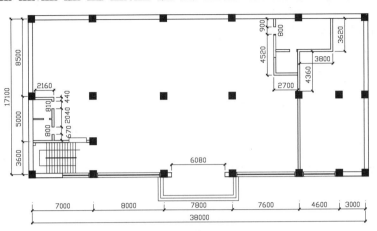

酒店一层建筑平面图

图 9-2

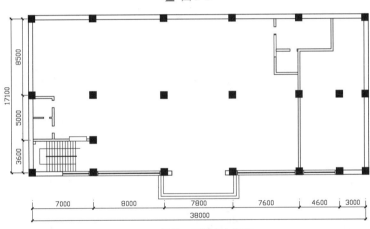

酒店一层平面布置图

图 9-3

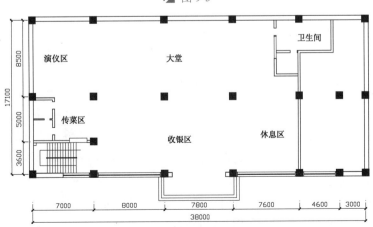

酒店一层平面布置图

图 9-4

9.1.2 布置收银区

| 案例 | 酒店一层平面布置图.dwg | 视频 | 收银区的绘制.avi | 时长 | 06'00" |

　　首先使用矩形、偏移、修剪等命令绘制收银台，然后再执行矩形、偏移、修剪等命令绘制酒店形象墙，具体操作步骤如下。

Step 01 将"QT-墙体"图层置为当前图层，执行"矩形"命令（REC），绘制 6400mm×1500mm 的矩形，并将其打散操作，其效果如图 9-5 所示。

Step 02 执行"偏移"命令（O），将打散后的矩形线段根据如图所示尺寸进行偏移，其效果如图 9-6 所示。

◢ 图 9-5

◢ 图 9-6

Step 03 执行"矩形"命令（REC），在如图 9-7 所示位置绘制两个 400mm×400mm 的直角矩形。

Step 04 执行"直线"命令（L），在如图 9-8 所示位置绘制两条连接线段。

◢ 图 9-7

◢ 图 9-8

Step 05 执行"修剪"命令（TR），将上步绘制的图形多余线段修剪删除，从而完成收银台的绘制，其效果如图 9-9 所示。

Step 06 执行"矩形"命令（REC），在外侧绘制一个 4600mm×1200mm 的矩形，并将其打散操作，其效果如图 9-10 所示。

◢ 图 9-9

◢ 图 9-10

Step 07 执行"偏移"命令（O），将打散后的矩形线段根据如图所示尺寸进行偏移，其效果如图 9-11 所示。

Step 08 执行"修剪"命令（TR），将上步偏移后的图形多余线段修剪删除，从而完成酒店形象墙平面图的绘制，其效果如图 9-12 所示。

Step 09 执行"移动"命令（M），将绘制好的收银台和形象墙移动到收银区相应的位置，其效果如图 9-13 所示。

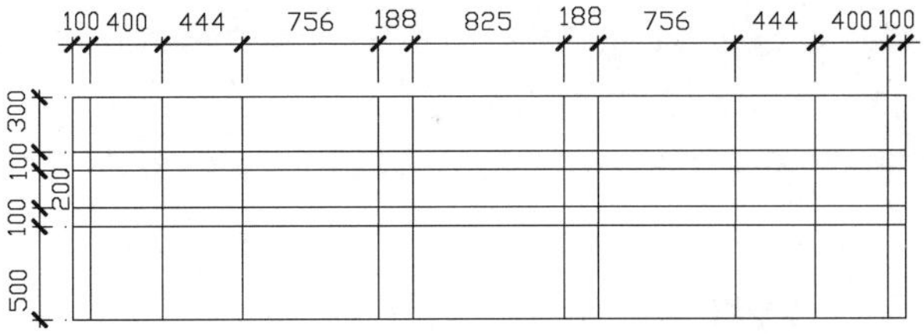

图 9-11

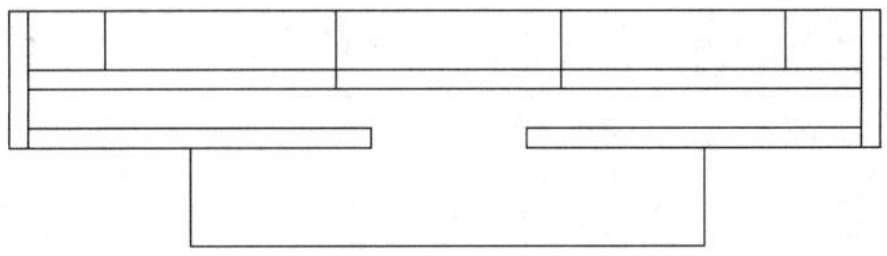

图 9-12

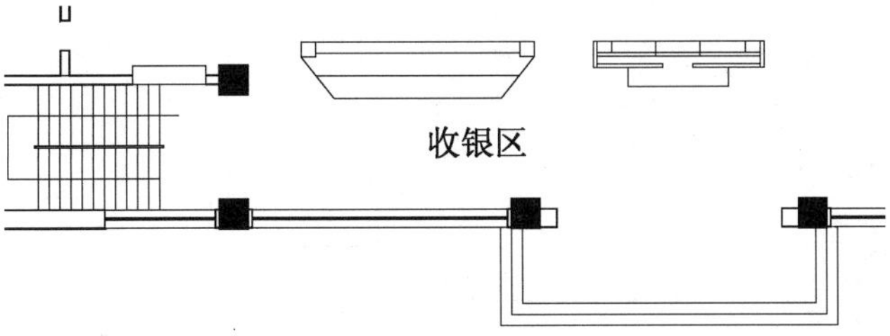

收银区

图 9-13

提示：总服务台的设计

酒店的总服务台均采用岛式，而非传统的龛式。将服务台推出的好处是使之更加亲切、体贴。大型酒店的规模大致在 400 间客房左右。总服务台的长度总和大都在15m 左右。将机票、留言、简单商务等功能结合在一起，方便旅客使用。

9.1.3 布置传菜区

案例	酒店一层平面布置图.dwg	视频	传菜区的绘制.avi	时长	07'37"

使用矩形、偏移、填充、插入等命令布置传菜区，具体操作步骤如下。

Step 01 执行"矩形"命令（REC），在传菜区如图 9-14 所示位置绘制 460mm×1620mm 的矩形，其效果如图 9-14 所示。

Step 02 执行"分解"命令（X），将传菜区墙体线打散操作，再执行"偏移"命令（O），将打散后的墙体线向内依次偏移 1120、80，其效果如图 9-15 所示。

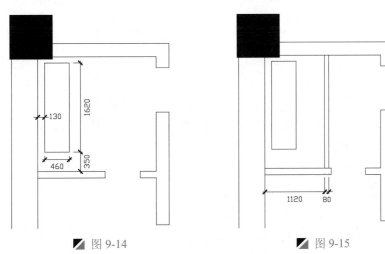

图 9-14

图 9-15

Step 03 同样执行"分解"命令（X），将传菜区墙体线打散操作，再执行"偏移"命令（O），将打散后的墙体线按照尺寸进行偏移，效果如图 9-16 所示。

Step 04 执行"修剪"命令（TR），将偏移后的图形多余线段删除，其效果如图 9-17 所示。

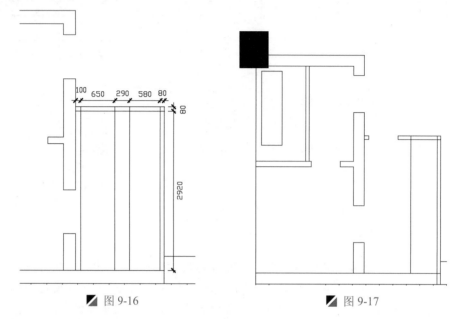

图 9-16   图 9-17

Step 05 执行"直线"命令（L），在相应位置绘制三条连接门洞的线段，其效果如图 9-18 所示。

Step 06 将"TC-填充"图层置为当前图层，执行"图案填充"命令（H），选择填充图案为"HEX"，比例为 30，对图 9-19 所示位置进行鹅卵石效果填充，再执行"插入块"命令（I），将"案例\09"文件夹下面的"单开门"插入图中的指定位置，并通过执行"移动"命令（M），将图块放置到合适的位置，其效果如图 9-19 所示。

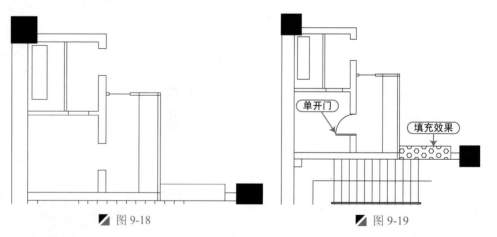

图 9-18   图 9-19

9.1.4 布置演仪区

案例	酒店一层平面布置图.dwg	视频	演仪区的绘制.avi	时长	08'48"

使用偏移、修剪、矩形、复制等命令布置演仪区，具体操作步骤如下。

Step 01 首先执行"分解"命令（X），将演仪区的墙体线打散操作，再执行"偏移"命令（O），将打散后的墙体线根据尺寸进行偏移，如图 9-20 所示图形。

Step 02 执行"修剪"命令（TR），修剪掉多余的线条；再将"QT-墙体"图层置为当前图层，执行"矩形"命令（REC），在上侧位置绘制三个尺寸的矩形如图 9-21 所示。

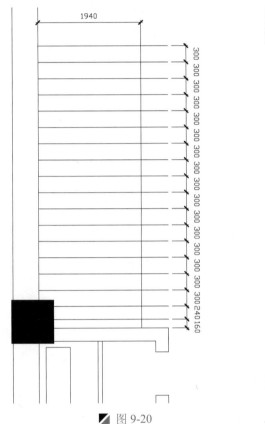

▨ 图 9-20

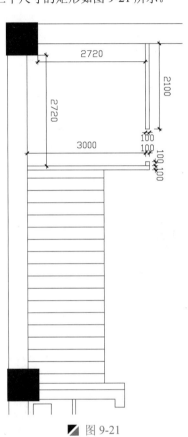

▨ 图 9-21

Step 03 执行"矩形"命令（REC），绘制 4000mm×100mm 的矩形，其效果如图 9-22 所示图形。

Step 04 同样再执行"矩形"命令（REC）和"复制"命令（CO），在上步绘制的矩形上相应位置绘制两个尺寸为 80mm×300mm 的矩形，其效果如图 9-23 所示图形。

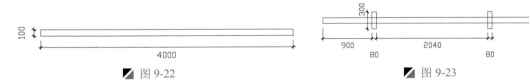

▨ 图 9-22   ▨ 图 9-23

Step 05 执行"旋转"命令（RO），将上步图形旋转 90 度；再执行"移动"命令（M），将图形移动到演仪台上相应位置，并将多余线段修剪删除，其效果如图 9-24 所示。

Step 06 首先执行"插入块"命令（I），将"案例\09"文件夹下面的"四位圆桌"、"单开门"插入图中的指定位置，并通过执行"移动"命令（M），将图块放置到合适的位置，再执行"矩形"命令（REC），在演仪台上绘制一个 12mm×1700mm 的矩形，其效果如图 9-25 所示。

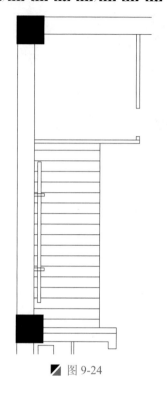

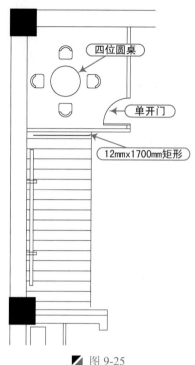

四位圆桌

单开门

12mm×1700mm矩形

 图 9-24　　　　　　　　　　　　　 图 9-25

9.1.5　布置大堂区

| 案例 | 酒店一层平面布置图.dwg | 视频 | 大堂区的绘制.avi | 时长 | 12'56" |

　　首先使用矩形、偏移、修剪等命令绘制大堂平面造型轮廓，再执行插入、复制等命令布置大堂，具体操作步骤如下。

Step 01　执行"矩形"命令（REC），在大堂背景墙左侧绘制两个矩形尺寸分别为 1500mm×100mm、1200mm×800mm，其效果如图 9-26 所示。

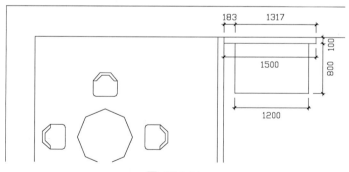

图 9-26

Step 02　执行"分解"命令（X），将大堂墙体线打散打操作；再执行"偏移"命令（O），根据如下尺寸对墙体线进行偏移，其效果如图 9-27 所示。

Step 03　执行"修剪"命令（TR），将上步偏移后的线段多余线段删除，从而完成大堂背景墙平面造型的绘制，其效果如图 9-28 所示。

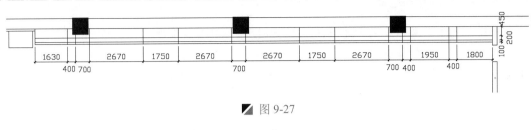

图 9-27

图 9-28

Step 04 执行"矩形"命令（REC），在大堂内其中一个柱子处绘制一样大的矩形，再将其打散操作，然后执行"偏移"命令（O），将偏移后的线段向外分别偏移 300，其效果如图 9-29 所示。

Step 05 执行"圆角"命令（F），设置圆角半径为"0"，对上步偏移出的的四线段进行圆角，其效果如图 9-30 所示。

Step 06 执行"直线"命令（L），绘制四条连接线段，其效果如图 9-31 所示。

图 9-29   图 9-30   图 9-31

Step 07 根据同样的方法，或者执行"复制"命令（CO），绘制另外两个柱子平面造型，以将大堂的三个柱子包裹起来，其效果如图 9-32 所示。

图 9-32

Step 08 执行"插入块"命令（I），将"案例\09"文件夹下面的"八人桌"、"六人桌"、"四位方桌"、"洽谈单位沙发"、"转门"插入图中的指定位置，并通过执行"移动"命令（M）、"复制"命令（CO）和"旋转"命令（RO），将图块放置到合适的位置，其效果如图 9-33 所示。

提示：大堂设计

酒店大堂应该比其他地方更能给人第一（通常也是最难忘的）印象，因此可以说大堂决定一个酒店的基调。室内设计方面要能使进入大堂的客人感受到如家般的舒适感和安全感。流线设计方面要做到能够使客人很方便的看到总服务台和电梯厅。大堂的尺度主要取决于酒店的客房数和其他相关公共空间组织。

现代大型商务酒店的大堂通常采用将门厅、休息厅及公共交通空间相结合的设计方式。这种方法在面积分配上很灵活。能够使这三个非盈利部分的面积比例有适当的弹性，同时有利于营造宏大的空间。这种设计手法能够强化和塑造酒店灯火辉煌的、热烈的商务氛围。

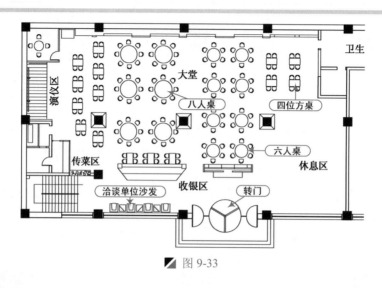

图 9-33

9.1.6 布置休息区

| 案例 | 酒店一层平面布置图.dwg | 视频 | 休息区的绘制.avi | 时长 | 10'47" |

首先使用直线和偏移等命令绘制休息区域，再执行插入、复制等命令布置休息区，具体操作步骤如下。

Step 01 执行"直线"命令（L），根据图 9-34 所示尺寸绘制大堂与休闲区的隔断轮廓，其效果如图 9-34 所示。

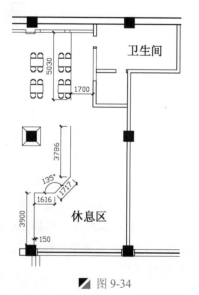

图 9-34

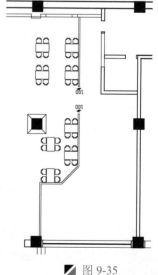

图 9-35

Step 02　执行"偏移"命令（O），将上步绘制的线段分别向右偏移 100，再绘制直线封闭端口；再通过执行"复制"命令（CO）和"旋转"命令（RO），将上侧的"四位方桌"复制到下侧隔断外侧相应位置，其效果如图 9-35 所示。

Step 03　执行"直线"命令（L），同样根据图 9-36 所示尺寸在休息区绘制休闲台的平面轮廓，其效果如图 9-36 所示。

Step 04　首先将休息区墙体线打散操作，然后分别执行"偏移"命令（O）和"修剪"命令（TR），将相应墙体线和线段根据尺寸进行偏移，并将多余线段修剪，从而形成"松木木桥"和"海鲜池"的基本轮廓，其效果如图 9-37 所示。

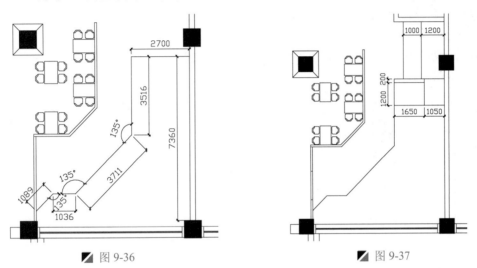

图 9-36　　　　　　　　　　　　　　　　图 9-37

Step 05　执行"矩形"命令（REC），在休息区松木木桥上相应位置绘制两个大小为 1200mm×80mm 的矩形。

Step 06　将"TC-填充"图层置为当前图层，执行"图案填充"命令（H），选择填充图案为"Q103.PAT"，比例为 900，对海鲜池进行填充，其效果如图 9-38 所示。

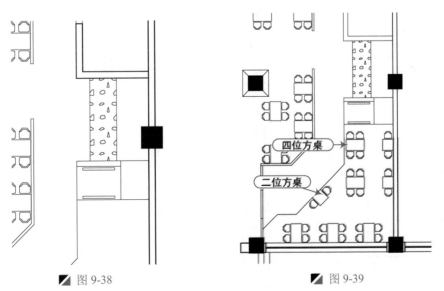

图 9-38　　　　　　　　　　　　　　　　图 9-39

Step 07 执行"插入块"命令（I），将"案例\09"文件夹下面的"四位方桌"、"二位方桌"插入图中的指定位置，并通过执行"移动"命令（M）、"复制"命令（CO）和"旋转"命令（RO），将图块放置到合适的位置，其效果如图 9-39 所示。

9.1.7 布置卫生间

案例	酒店一层平面布置图.dwg	视频	卫生间的绘制.avi	时长	10'01"

首先用偏移、修剪等命令绘制卫生间的隔断，再使用插入、移动等命令布置卫生间，具体操作步骤如下。

Step 01 首先将卫生间内墙体线全部打散操作，然后执行"偏移"命令（O），将打散后的相应墙体线根据尺寸进行偏移，其效果如图 9-40 所示。

Step 02 执行"修剪"命令（TR），将多余线段删除完成男卫生间平面隔断造型轮廓，其效果如图 9-41 所示。

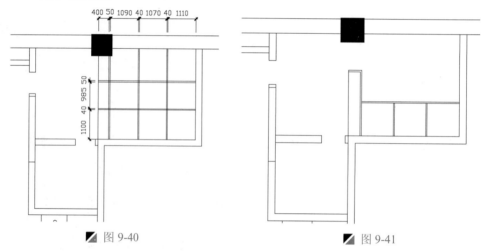

图 9-40   图 9-41

Step 03 执行"矩形"命令（REC），在男卫生间门口处绘制 100mm×100mm 和 300mm×100mm 的两个矩形，其效果如图 9-42 所示。

Step 04 执行"偏移"命令（O），将女卫生间的墙体线根据尺寸进行偏移，其效果如图 9-43 所示。

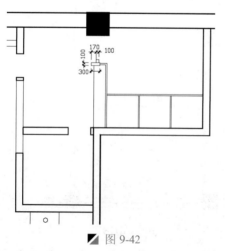

图 9-42

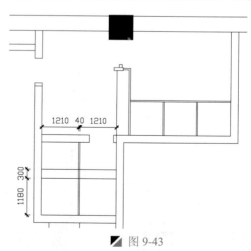

图 9-43

Step 05 执行"圆角"命令（F），设置圆角半径为 290，对线段进行圆角处理；然后将多余线段修剪删除，其效果如图 9-44 所示。

Step 06 执行"矩形"命令（REC），在卫生间内相应位置绘制 500mm×1580mm 的矩形作为卫生间洗手台平面轮廓，其效果如图 9-45 所示。

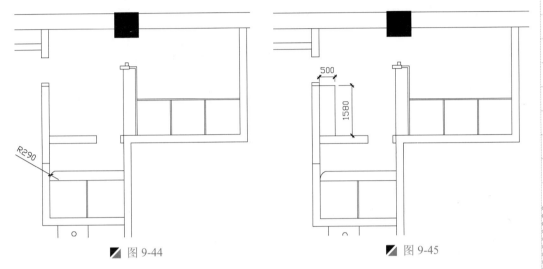

图 9-44　　　　　　　　　　图 9-45

Step 07 执行"椭圆"命令（EL），绘制短轴长度为 400mm、长轴长度为 700mm 的椭圆，其效果如图 9-46 所示。

Step 08 执行"插入块"命令（I），将"案例\09"文件夹下面的"单开门"、"水龙头"、"大便池"、"小便池"插入图中的指定位置，并通过执行"移动"命令（M）、"复制"命令（CO）和"旋转"命令（RO），将图块放置到合适的位置，其效果如图 9-47 所示。

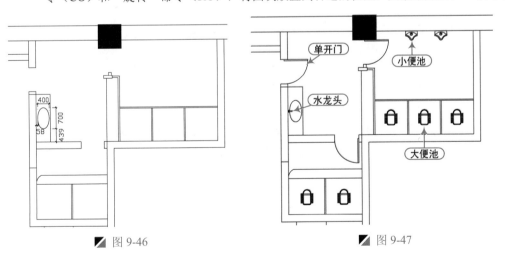

图 9-46　　　　　　　　　　图 9-47

9.1.8　尺寸、文字标注

案例	酒店一层平面布置图.dwg	视频	尺寸、文字标注.avi	时长	13'24"

　　首先对平面布置图进行标注，然后对图形进行文字说明，最后通过移动、插入、旋转等命令插入索引符号，具体操作步骤如下。

Step 01 选择标注样式为"1-100",将"BZ-标注"图层置为当前图层,执行"线性标注"命令(DLI)和"连续标注"命令(DCO),对酒店一层平面布置图进行相应的尺寸标注,其效果如图 9-48 所示。

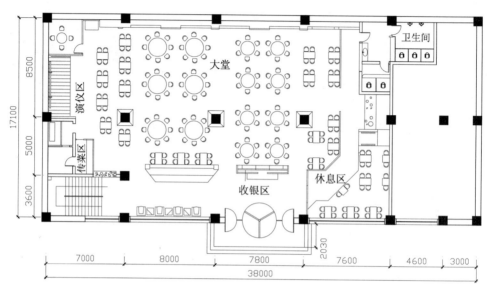

酒店一层平面布置图

图 9-48

Step 02 将"WZ-文字"图层置为当前图层,执行"多行文字"命令(MT),设置字体为"宋体",大小为"500",按照绘图要求对室内布置图进行文字说明,其效果如图 9-49 所示。

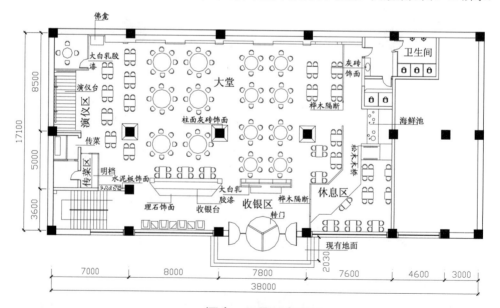

酒店一层平面布置图

图 9-49

Step 03 执行"插入块"命令（I），将"案例\02"文件夹下面的"立面索引符号"图块插入图中
然后并通过执行"移动"命令（M）、"旋转"命令（RO）、"复制"命令（CO），将
图块放置到合适的位置，其效果如图9-50所示

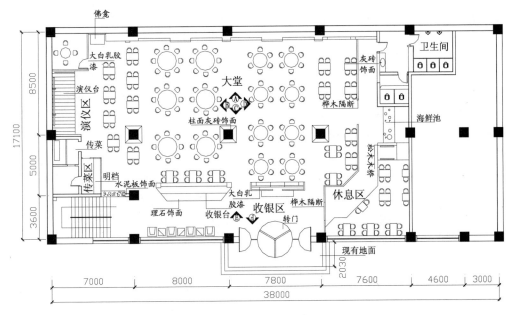

酒店一层平面布置图

◢ 图 9-50

Step 04 至此，图形已经绘制完成，按【Ctrl+S】组合键进行保存。

提示：家具的选择与设计

餐厅家具重点是椅子和柜台（酒柜、菜柜、银柜），其次是餐桌。

（1）椅子要根据餐厅特殊氛围设计，特别是风味餐馆或餐厅的椅子，其造型和色彩一定要有特色，并符合特定的文化气质。

（2）柜台要结合室内空间尺度和所在位置进行设计，并配以灯光，整洁是其设计的原则。

（3）餐桌的大小依照座席数而定。如盖有台布则不必选择好的台面，酒吧间、咖啡厅、大众饮食店和快餐厅的餐桌不宜过大，应结合椅子统一设计。

- 餐桌的就餐人数应多样化，如2人桌、4人桌。6人桌、8人桌…，餐桌和通道的布置数据如下。

服务走道：900mm；桌子最小宽：700mm；四人用方桌最小为900*900mm；四人用长方桌为1200*750mm；六人用长方桌为1500*750、1800*750；八人用长方桌为2400*750。

- 宴会用桌椅：椅子靠背宽度在1650-1930mm之间变化，桌宽600mm，长1140-1220mm之间变化。圆桌最小直径：1人桌为750mm，2人桌为850mm，4人桌为1050mm，6人桌为1200mm，8人桌为1500mm。

餐桌高 720mm，桌下净空为 600mm；餐椅高 440-450mm；酒吧固定凳高 750mm；吧台高 1050mm；搁脚板高 250mm。

座席包括桌子和椅子，排列原则是错落有致，少互扰。并结合柱子、隔断、吊顶和地面等空间限定因素进行布置。

9.2 酒店一层天花布置图的绘制

用户在绘制酒店天花布置图时，借用之前绘制的平面布置图，经过对图形进行整理，将多余对象进行删除，然后绘制吊顶造型轮廓，最后将各种灯具插入图中并布置到合理的位置从而完成酒店天花布置图的绘制，如图 9-51 所示。

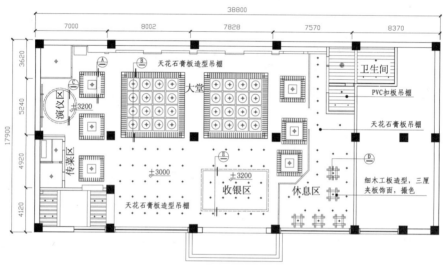

酒店一层天花平面布置图

图 9-51

9.2.1 调用并整理文件

案例	酒店一层天花平面布置图.dwg	视频	调用并整理文件的绘制.avi	时长	09'19"

首先打开酒店平面布置图，然后将其内相应对象、文字说明等全部进行删除，具体操作步骤如下。

Step 01　启动 AutoCAD 2015 应用程序，选择"文件 | 打开"菜单命令，将"案例\09\酒店一层平面布置图.dwg"文件打开；再执行"文件 | 另存为"操作，将其另存为"酒店一层天花平面布置图.dwg"文件。

Step 02　执行"图层管理"命令（LA），新建三个图层，并将"DD-吊顶"图层置为当前图层，效果如图 9-52 所示。

图 9-52

Step 03 执行"删除"命令（E），将酒店一层平面布置图中的填充对象、相应文字说明、标注、门、家具等进行删除，再执行"直线"命令（L），将酒店所有的门洞进行封闭操作，并修改图名为"酒店一层天花平面布置图"，效果如图 9-53 所示。

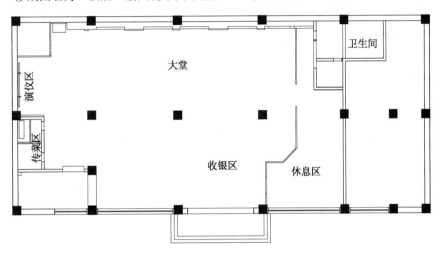

酒店一层天花平面布置图

■ 图 9-53

9.2.2 大堂、收银区天花布置图

| 案例 | 酒店一层天花平面布置图.dwg | 视频 | 大堂、收银区天花布置.avi | 时长 | 22'11" |

首先使用矩形、偏移、圆、镜像、复制等命令绘制吊顶轮廓，然后使用插入、复制布置灯具，具体操作步骤如下。

Step 01 执行"矩形"命令（REC），在收银区绘制 6100mm×3600mm 的矩形，如图 9-54 所示。

Step 02 执行"偏移"命令（O），将上步绘制的矩形向外偏移 150，并将偏移出来的矩形置换到"DD-灯带"图层，其效果如图 9-55 所示。

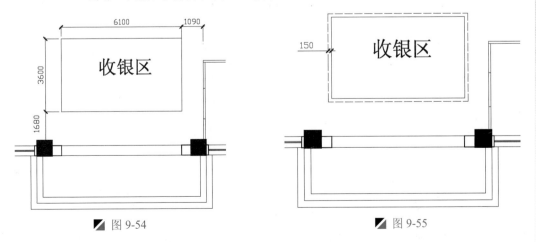

■ 图 9-54   ■ 图 9-55

Step 03 执行"矩形"命令（REC），绘制 6100mm×6100mm 的直角矩形，其效果如图 9-56 所示。

Step 04 执行"偏移"命令（O），将上步绘制的矩形向内偏移 20，其效果如图 9-57 所示。

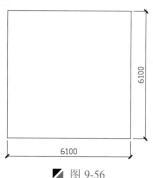

图 9-56 图 9-57

Step 05 执行"矩形"命令（REC），再上步偏移后的图形相应位置绘制 46mm×524mm 的矩形，效果如图 9-58 所示。

Step 06 执行"复制"命令（CO），将上步绘制的 46mm×524mm 的矩形全部按照"185mm"的距离水平复制 29 个，其效果如图 9-59 所示。

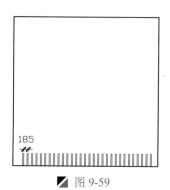

图 9-58 图 9-59

Step 07 同样执行"复制"命令（CO）、"镜像"命令（MI），对 46mm×524mm 的矩形进行复制和镜像，绘制出如图 9-60 所示图形。

Step 08 执行"圆"命令（C），在下图所示相应位置绘制半径分别为 92mm、393mm 的同心圆，效果如图 9-61 所示。

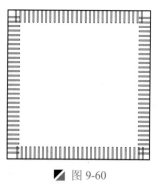
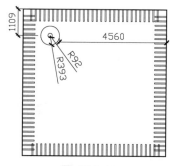

图 9-60 图 9-61

Step 09 执行"矩形"命令（REC），以同心圆为中心绘制 1155mm×1155mm 的矩形，再执行"直线"命令（L），以同心圆为基点绘制两条相交的线段，其效果如图 9-62 所示。

Step 10 执行"阵列"命令（AR），根据如下命令提示，将图形进行矩形阵列，如图 9-63 所示。

```
命令:_arrayrect                                              \\ 执行矩形"阵列"命令
选择对象: 指定对角点: 找到 5 个                               \\ 选择须要阵列的对象
类型 = 矩形  关联 = 是
选择夹点以编辑阵列或 [关联(AS)/基点(B)/计数(COU)/间距(S)/列数(COL)/行数(R)/层数(L)/退
出(X)] <退出>: b                                             \\ 选择"基点（B）"选项
指定基点或 [关键点(K)] <质心>:                                \\ 选择阵列对象中心点为基点
选择夹点以编辑阵列或 [关联(AS)/基点(B)/计数(COU)/间距(S)/列数(COL)/行数(R)/层数(L)/退
出(X)] <退出>: col                                           \\ 选择"列数（COL）"选项
输入列数数或 [表达式(E)] <4>:4                                \\ 输入列数为 4
指定 列数 之间的距离或 [总计(T)/表达式(E)] <1732.9545>: 1248   \\ 输入列数之间距离为 1248
选择夹点以编辑阵列或 [关联(AS)/基点(B)/计数(COU)/间距(S)/列数(COL)/行数(R)/层数(L)/退
出(X)] <退出>: r                                             \\ 选择"行数（R）"选项
输入行数数或 [表达式(E)] <3>: 4                               \\ 输入行数为 4
指定 行数 之间的距离或 [总计(T)/表达式(E)] <1732.9545>: 1248   \\ 输入行数之间距离为 1248
指定 行数 之间的标高增量或 [表达式(E)] <0>:                   \\ 按 Enter 键结束操作
```

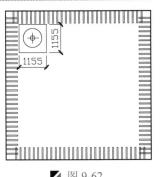

图 9-62

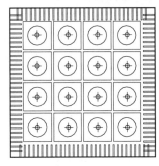

图 9-63

Step 11 执行"复制"命令（CO）和"移动"命令（M），将上步阵列后的图形移动、复制到大
堂合适的位置，其效果如图 9-64 所示。

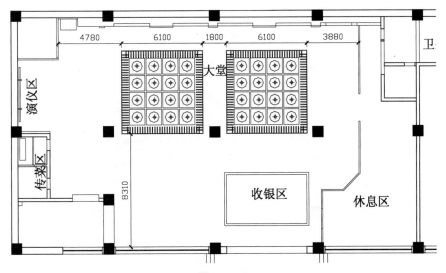

图 9-64

Step 12 执行"矩形"命令（REC），绘制 2400mm×2400mm 的矩形，其效果如图 9-65 所示。

Step 13 执行"偏移"命令（O），将上步绘制的矩形根据尺寸向内依次偏移 300、100、400，其效果如图 9-66 所示。

Step 14 执行"圆"命令（C），以矩形中心点为圆心绘制半径为 120mm 的圆，再执行"直线"命令（L），以圆心为基点绘制两条相互垂直的线段，其效果如图 9-67 所示。

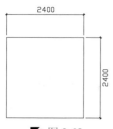

▌图 9-65

▌图 9-66

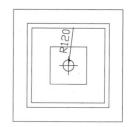

▌图 9-67

Step 15 执行"矩形"命令（REC），在图 9-68 所示位置绘制 50mm×350mm 的矩形，其效果如图 9-68 所示。

Step 16 执行"复制"命令（CO），将上步绘制的 50mm×350mm 的矩形全部按照"200mm"的距离水平复制 10 个，其效果如图 9-69 所示。

Step 17 同样执行"复制"命令（CO）和"镜像"命令（MI），对 50mm×350mm 的矩形进行复制和镜像，最终绘制出如图 9-70 所示图形。

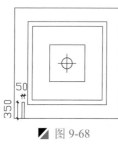

▌图 9-68

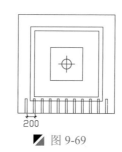

▌图 9-69

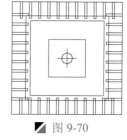

▌图 9-70

Step 18 执行"复制"命令（CO）和"移动"命令（M），将上步绘制完成后的图形移动、复制到大堂合适的位置，其效果如图 9-71 所示。

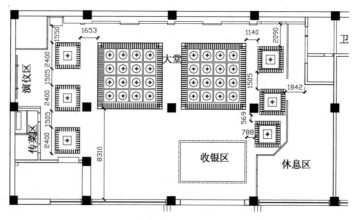

▌图 9-71

Step 19 执行"插入块"命令（I），将"案例\09"文件夹下面的"筒灯"插入图中的指定位置，并通过执行"移动"命令（M）和"复制"命令（CO），将图块放置到合适的位置，效果如图 9-72 所示。

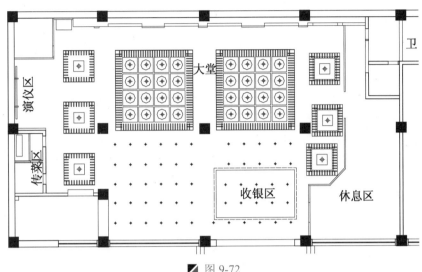

◢ 图 9-72

9.2.3　传菜区、演仪区天花布置图

案例	酒店一层天花平面布置图.dwg	视频	传菜区、演仪区天花布置图的绘制.avi	时长	07'58"

首先执行圆、偏移命令绘制演仪区天花吊顶造型轮廓，然后执行插入、移动、复制等命令布置灯具，具体操作步骤如下。

Step 01 执行"圆"命令（C），在演仪区相应位置绘制半径为 1500mm 的圆，效果如图 9-73 所示。

Step 02 执行"偏移"命令（O），将上步绘制的圆向外偏移 150，并将偏移出来的圆置换到"DD-灯带"图层，效果如图 9-74 所示。

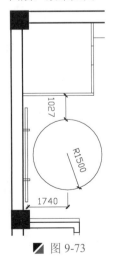

◢ 图 9-73

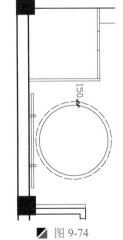

◢ 图 9-74

Step 03 执行"偏移"命令（O）和"分解"命令（X），将传菜区左侧墙体线打散后按如下尺寸偏移，效果如图 9-75 所示。

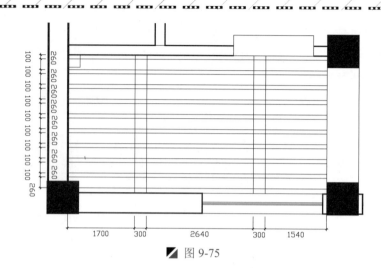

图 9-75

Step 04　执行"修剪"命令（TR），将上步偏移后的图形多余线段删除，从而完成楼梯天花吊顶造型，效果如图 9-76 所示。

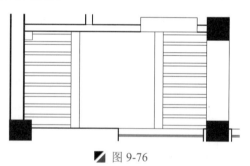

图 9-76

Step 05　执行"插入块"命令（I），将"案例\09"文件夹下面的"筒灯"、"小射灯"插入图中的指定位置，并通过执行"移动"命令（M）和"复制"命令（CO），将图块放置到合适的位置，效果如图 9-77 所示。

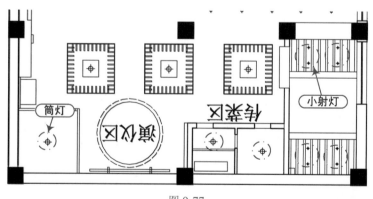

图 9-77

注意：

　　由于页面篇幅原因，此图为旋转 90 度的效果。

9.2.4 休息区、卫生间天花布置图

案例	酒店一层天花平面布置图.dwg	视频	休息区天花布置图的绘制.avi	时长	08'47"

首先使用矩形、偏移、修剪、移动、复制、插入命令绘制休息区天花布置图，然后执行填充、插入、复制等命令绘制卫生间天花布置图，具体操作步骤如下。

Step 01 执行"矩形"命令（REC），绘制 1200mm×1200mm 的矩形，并将其打散操作，其效果如图 9-78 所示。

Step 02 执行"偏移"命令（O），将上步打散后的矩形线段按照如下尺寸进行偏移，其效果如图 9-79 所示。

Step 03 执行"修剪"命令（TR），将上步偏移后的图形多余线段删除，其效果如图 9-80 所示。

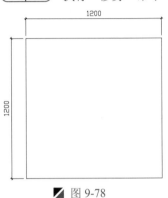

▨ 图 9-78

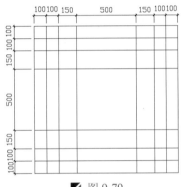

▨ 图 9-79

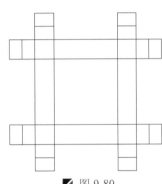

▨ 图 9-80

Step 04 执行"复制"命令（CO）和"移动"命令（M），将绘制好的图形移动、复制到休息区合适的位置，其效果如图 9-81 所示。

Step 05 执行"插入块"命令（I），将"案例\09"文件夹下面的"筒灯"插入图中的指定位置，并通过执行"移动"命令（M）和"复制"命令（CO），将图块放置到合适的位置，效果如图 9-82 所示。

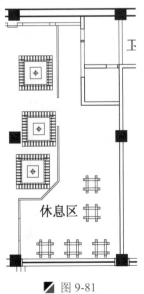

▨ 图 9-81

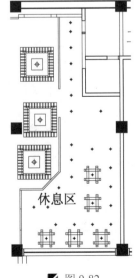

▨ 图 9-82

读书破万卷

Step 06 将"TC-填充"图层置为当前图层，执行"图案填充"命令（H），选择类型"预定义"填充图案为"LINE"，比例为100，对卫生间进行PVC板效果填充，如图9-83所示。

Step 07 执行"插入块"命令（I），将"案例\09"文件夹下面的"吸顶灯"、"筒灯"、"小射灯"插入图中的指定位置，并通过执行"移动"命令（M）和"复制"命令（CO），将图块放置到合适的位置，效果如图9-84所示。

图 9-83

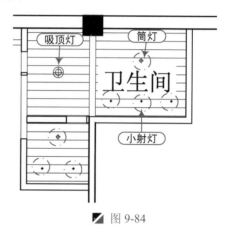

图 9-84

9.2.5 文字标注与标高说明

案例	酒店一层天花平面布置图.dwg	视频	文字标注与标高说明.avi	时长	17'45"

首先对天花平面布置图进行尺寸标注，然后设置文字大小，依次对图内天花吊顶进行文字说明，最后使用修改、复制等命令插入标高符号和剖而符号，具体操作步骤如下。

Step 01 选择标注样式为"1-100"，将"BZ-标注"图层置为当前图层，执行"线性标注"命令（DLI）和"连续标注"命令（DCO），对天花平面布置进行相应的尺寸标注，其效果如图9-85所示。

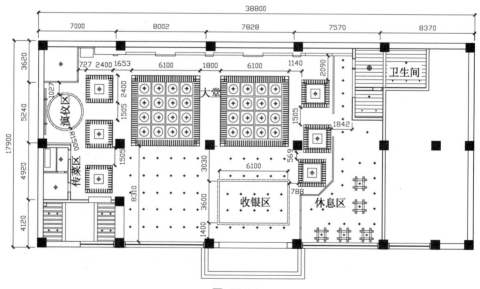

图 9-85

Step 02 将"WZ-文字"图层置为当前图层，执行"多行文字"命令（MT），设置文字样式为"宋体"、文字大小为500，对天花平面布置图进行文字说明，其效果如图9-86所示。

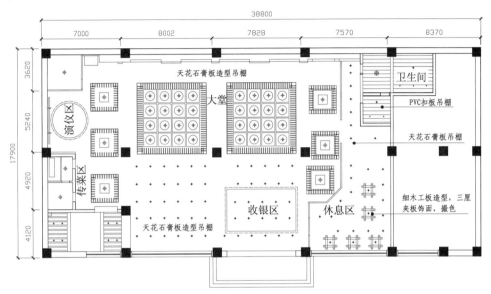

图 9-86

Step 03 将"FH-符号"图层置为当前图层，执行"插入块"命令（I），将"案例\02"文件夹下面的"标高符号"图块插入图中，并通过"复制"命令（CO）、"移动"命令（M）等命令对天花布置图进行添加标高符号，再修改不同的标高值，效果如图9-87所示。

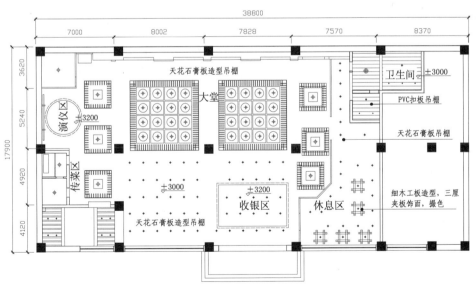

图 9-87

Step 04 执行"插入块"命令（I），将"案例\02"文件夹下面的"剖切符号"图块插入图中，并通过"复制"命令（CO）、"移动"命令（M）等命令对天花布置图进行添加剖切符号，再修改不同的剖切编号，效果如图9-88所示。

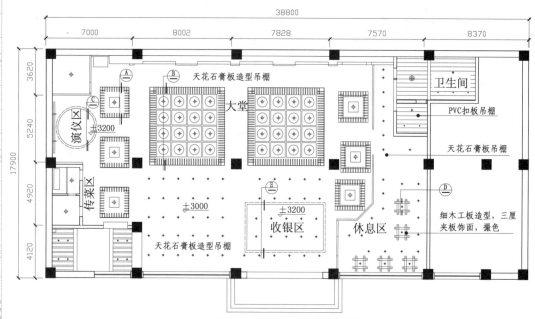

酒店一层天花平面布置图

◤ 图 9-88

Step 05 至此图形已经绘制完成，按【Ctrl+S】组合键进行保存。

提示：光、色彩环境设计

（1）大众化的饮食店、快餐厅和咖啡厅的光线，宜明亮简捷，条件许可时应尽可能采用自然光，白天一般不作照明。夜间照明可采用日光灯和白炽灯相结合，可产生明快的视觉效果，只在柜台和景点等处设置白炽射灯或壁灯。

（2）酒吧间、风味餐厅的光线宜暖暗合适，一般不用自然光，以便光线控制，多采用暖色的白炽吊灯或壁灯，有的在餐桌上辅以烛光，以渲染环境气氛。

（3）宴会厅的光线，宜温暖明亮，白天可采用天然采光和人工照明相结合的布置方法，多采用暖色的白炽吊灯、吸顶灯，或装有滤色片的日光灯。

大众化的饮食店和快餐厅，宜采用明快的冷色调。风味餐厅、咖啡厅和宴会厅宜采用典雅的暖色调。

9.3　酒店二层平面布置图的绘制

在绘制酒店二层平面布置图时与前面绘制的酒店一层平面布置图方法基本一致，首先将 "酒店二层建筑平面图.dwg" 文件打开，在此基础上进行平面布置图的绘制。然后对各个区域轮廓绘制好，再分别在各个区域进行平面图块的插入布置，然后对其进行图内说明标注和内视符号，从而完成整个酒店二层平面布置图的绘制，效果如图 9-89 所示。

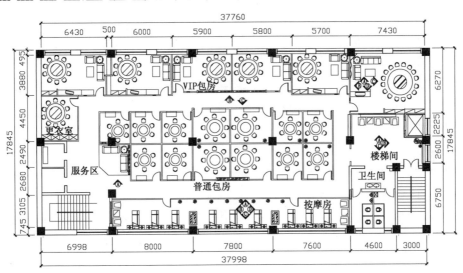

酒店二层平面布置图

图 9-89

9.3.1 调用并整理文件

案例	酒店二层平面布置图.dwg	视频	调用并整理文件.avi	时长	03'31"

首先打开建筑平面图，然后将其另存为酒店二层平面布置图，最后对其图形进行整理，具体操作步骤如下。

Step 01 启动 AutoCAD 2015 应用程序，选择"文件|打开"菜单命令，将"案例\09\酒店二层建筑平面图.dwg"文件打开，如图 9-90 所示。再执行"另存为"操作，将其另存为"案例\09\酒店二层平面布置图.dwg"文件。

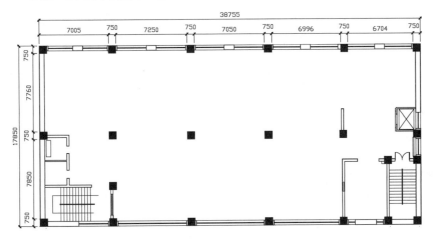

酒店二层建筑平面图

图 9-90

Step 02 根据绘制平面布置图的要求，将图形文件内的"尺寸标注"对象删除，并修改图名为"酒店二层平面布置图"；再将"WZ-文字"图层置为当前图层，执行"多行文字"命令（MT），设置文字为"宋体"，文字大小为 650，对打开的建筑平面图空间进行文字说明，其效果如图 9-91 所示。

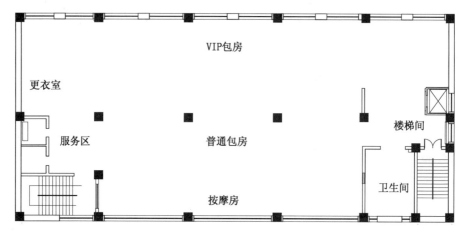

酒店二层平面布置图

图 9-91

9.3.2 布置普通包房

案例	酒店二层平面布置图.dwg	视频	普通包房的布置.avi	时长	18'01"

首先使用构造线、矩形、修剪和偏移等命令绘制普通包房平面基本轮廓，然后使用插入、填充等命令布置普通包房，具体操作步骤如下。

Step 01 选择"ZX-轴线"图层，使之成为当前图层，执行"构造线"命令（XL），根据命令行提示，分别选择"水平(H)"选项和"垂直(V)"选项，以普通包房内柱子中心点为基点绘制两条相互垂直的构造线，如图 9-92 所示。

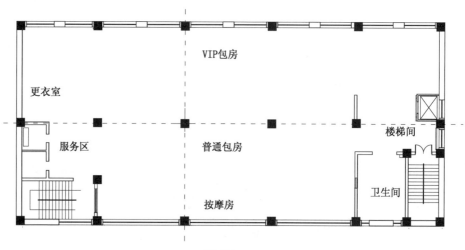

图 9-92

Step 02 执行"偏移"命令（O），将上一步所绘制的两条构造线依次根据如下尺寸进行偏移，如图 9-93 所示。

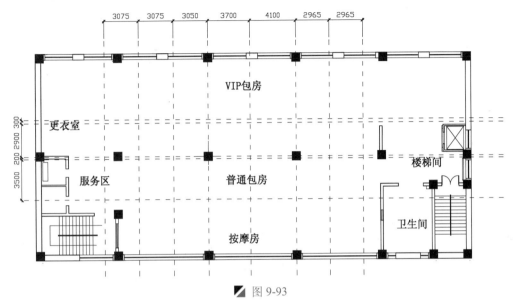

图 9-93

Step 03 将"QT-墙体"图层置为当前图层，选择"格式│多线样式"菜单命令，弹出"多段样式"对话框，单击"新建"按钮，弹出"创建新的多线样式"对话框，输入名称为"100"，然后单击"继续"按钮，在弹出的"新建多线样式：100"对话框中输入图元的偏移为 50 和-50，然后单击"确定"按钮，从而创建"100"多线样式，如图 9-94 所示。

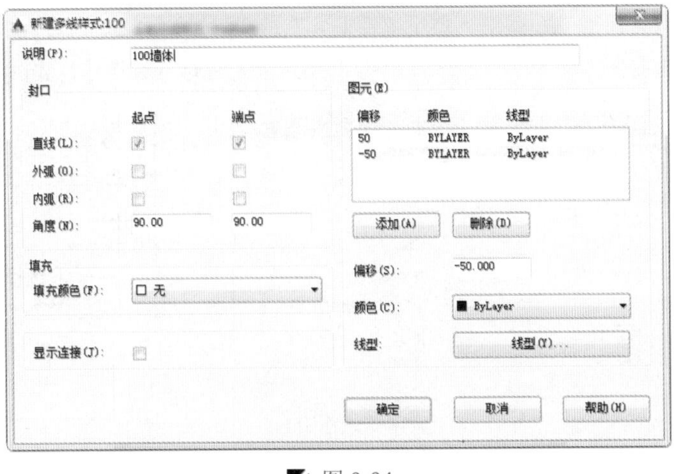

图 9-94

Step 04 执行"多线"命令（ML），根据命令行提示，选择"对正（J）"选项，再选择"无（Z）"选项；选择"比例（S）"选项，输入比例为 1，选择"样式（ST）"选项，输入当前样式为"100"，然后捕捉相应的轴线交点来绘制出一段多线样式为"100"的墙体，如图 9-95 所示。

Step 05 继续执行"多线"命令（ML），在内部捕捉相应轴线来绘制多线样式为"100"的墙体。

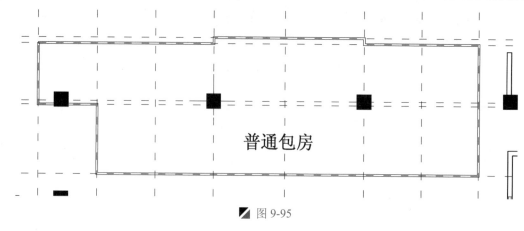

图 9-95

Step 06 在"图层下拉列表中"，单击"ZX-轴线"图层前面的亮色 💡 按钮，将该图层关闭，如图 9-96 所示。

图 9-96

Step 07 双击任意多段线，则弹出"多线编辑工具"对话框，单击"T 形打开"按钮，然后根据提示依次选择第一条和第二条多线以将 T 形结合处进行打开操作，如图 9-97 所示。

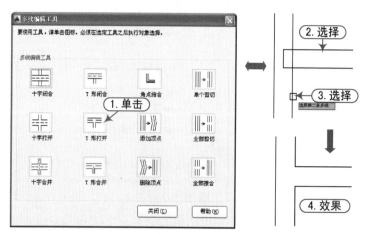

图 9-97

Step 08 根据这样的方法，对其他的多线进行相应的编辑，最终效果如图 9-98 所示。

Step 09 执行"直线"命令（L）、"偏移"命令（O）、"修剪"命令（TR）等命令，分别对指定的墙体进行门洞口的开启，其门垛为 100mm，门洞宽 800，效果如图 9-99 所示。

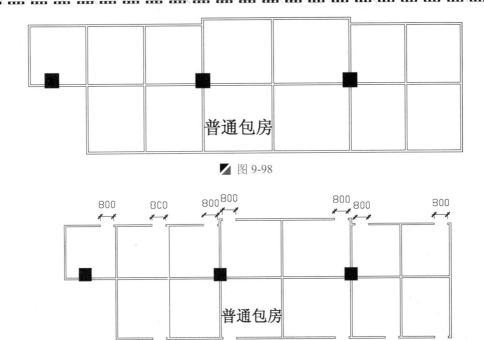

图 9-98

图 9-99

Step 10 执行"矩形"命令（REC），在普通包房内相应位置分别绘制 1000mm×500mm、1500mm×400mm、1200mm×400mm 的矩形，其效果如图 9-100 所示。

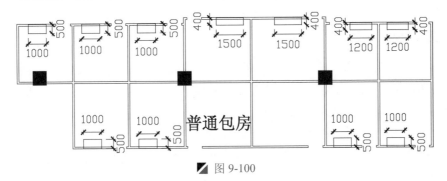

图 9-100

Step 11 执行"矩形"命令（REC），在普通包房 T 形墙体位置绘制 3200mm×312mm 的矩形，并修剪掉矩形内的线段，其效果如图 9-101 所示。

Step 12 执行"分解"命令（X）和"偏移"命令（O），将上步矩形打散操作；再按照如下尺寸进行偏移，其效果如图 9-102 所示。

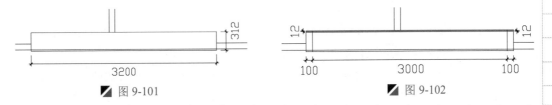

图 9-101　　　　　　　　　　　　　　　图 9-102

Step 13 执行"修剪"命令（TR），将上步偏移后的图形多余线段删除，如图 9-103 所示。

Step 14 将"TC-填充"图层置为当前图层，执行"图案填充"命令（H），设置填充图案为"HOUND"，填充比例为"40"，对普通包房墙体造型效果的填充，如图 9-104 所示。

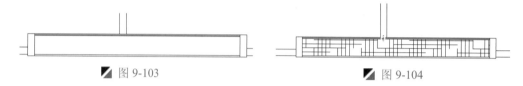

图 9-103　　　　　　　　　　　　　　　　图 9-104

Step 15 执行"插入块"命令（I），将"案例\09"文件夹下面的"平面装饰柜"、"六位餐桌"、"八位餐桌"、"平面植物"、"单开门"插入图中的指定位置，并通过执行"移动"命令（M）和"复制"命令（CO），将图块放置到合适的位置，效果如图 9-105 所示。

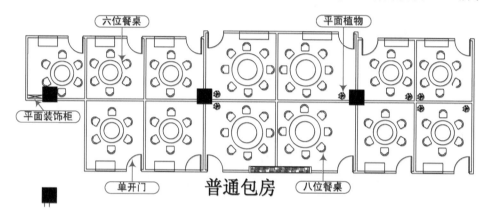

图 9-105

9.3.3 布置按摩房、服务区、更衣室

案例	酒店二层平面布置图.dwg	视频	布置按摩房、服务区、更衣室.avi	时长	15'22"

　　首先使用偏移、修剪、插入等命令布置按摩房，然后使用直线、偏移、插入等命令布置服务区和更衣室，具体操作步骤如下。

Step 01 首先执行"分解"命令（X），将按摩房墙体线打散操作，再执行"偏移"命令（O）将打散后的相应墙体线按照如下尺寸进行偏移，效果如图 9-106 所示。

图 9-106

Step 02 执行"修剪"命令（TR），将偏移后的线段多余线段删除，其效果如图 9-107 所示。

Step 03 执行"插入块"命令（I），将"案例\09"文件夹下面的"平面玻璃柜"、"按摩床"、"单位洽谈沙发"、"平面植物"、"单开门"插入图中的指定位置，并通过执行"移动"命令（M）和"复制"命令（CO），将图块放置到合适的位置，效果如图 9-108 所示。

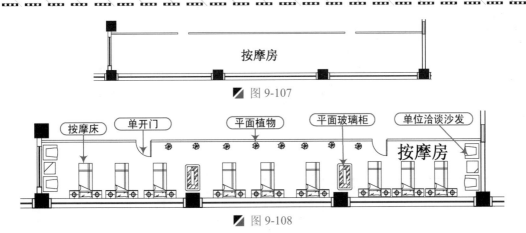

图 9-107

图 9-108

Step 04　执行"直线"命令（L），在服务区左上侧普通包房墙体处根据尺寸进行绘制线段，效果如图 9-109 所示。

Step 05　将"TC-填充"图层置为当前图层，执行"图案填充"命令（H），设置填充图案为"HOUND"，填充比例为"40"，对服务区墙体造型效果的填充，如图 9-110 所示。

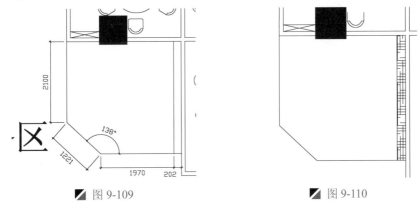

图 9-109　　　　　　　　　　　　图 9-110

Step 06　执行"分解"命令（X），将更衣室墙体线打散操作，再执行"偏移"命令（O）将打散后的相应墙体线按照尺寸进行偏移，并将多余线段删除，效果如图 9-111 所示。

Step 07　执行"直线"命令（L）、"偏移"命令（O）、"修剪"命令（TR）等命令，对更衣室的墙体进行门洞口的开启，效果如图 9-112 所示。

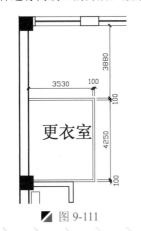

图 9-111

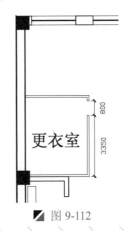

图 9-112

Step 08　执行"插入块"命令（I），将"案例\09"文件夹下面的"十位玻璃转盘桌"、"储物柜"、"小茶几"、"平面沙发"、"单开门"插入图中的指定位置，并通过执行"移动"命令（M）和"复制"命令（CO），将图块放置到合适的位置，效果如图9-113所示。

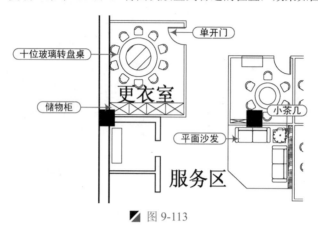

图 9-113

9.3.4　布置 VIP 包房

| 案例 | 酒店二层平面布置图.dwg | 视频 | 布置 VIP 包房.avi | 时长 | 27'17" |

　　首先使用偏移、修剪、插入等命令布置一侧 VIP 包房，然后同样使用偏移、修剪、插入等命令布置另一侧 VIP 包房，具体操作步骤如下。

Step 01　执行"分解"命令（X），将 VIP 包房墙体线打散操作，再执行"偏移"命令（O）将打散后的相应墙体线按照如下尺寸进行偏移，并将多余线段删除，效果如图 9-114 所示。

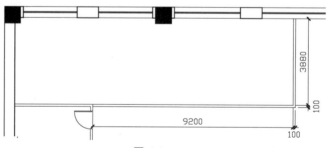

图 9-114

Step 02　执行"直线"命令（L）、"偏移"命令（O）、"修剪"命令（TR）等命令，对 VIP 包房的墙体进行门窗洞口的开启，效果如图 9-115 所示。

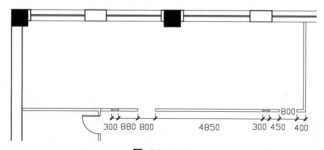

图 9-115

Step 03 执行"矩形"命令（REC），在相应位置绘制两个矩形，尺寸分别为 400mm×3750mm、800mm×100mm，其效果如图 9-116 所示。

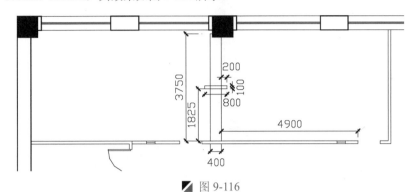

图 9-116

Step 04 执行"偏移"命令（O），将垂直线段向外偏移 100，并将多余线段删除，其效果如图 9-117 所示。

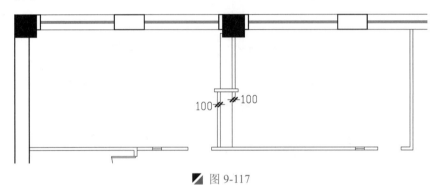

图 9-117

Step 05 执行"插入块"命令（I），将"案例\09"文件夹下面的"十位玻璃转盘桌"、"短装饰柜"、"小茶几"、"平面沙发"、"单开门"、"电视柜"插入图中的指定位置，并通过执行"移动"命令（M）和"复制"命令（CO），将图块放置到合适的位置，效果如图 9-118 所示。

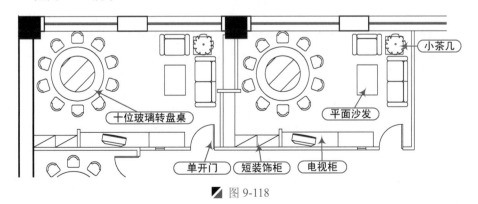

图 9-118

Step 06 执行"偏移"命令（O），继续在右侧将 VIP 包房相应墙体线按照如下尺寸进行偏移，其效果如图 9-119 所示。

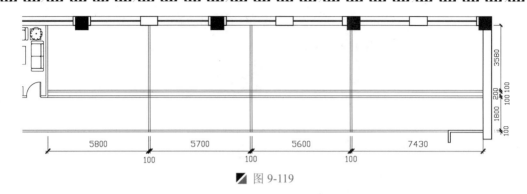

图 9-119

Step 07 执行"修剪"命令（TR），将多余的线条进行修剪以形成墙体效果，其效果如图 9-120 所示。

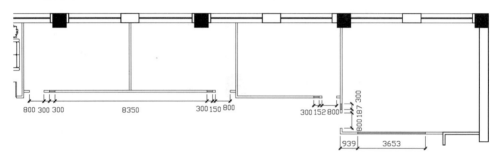

图 9-120

Step 08 执行"矩形"命令（REC）、"移动"命令（M）和"复制"命令（CO），在上图中的 T 字型墙体位置绘制如图 9-121 所示的图形。

图 9-121

Step 09 执行"偏移"命令（O），将 T 字型墙体上水平线向上偏移 54；下水平线向下依次偏移 8、12，向上偏移 4，然后执行"修剪"命令（TR），修剪出如图 9-122 所示效果。

图 9-122

Step 10 执行"填充"命令（H），选择样例为"HOUND"，设置比例为40，对图形进行填充，其效果如图9-123所示。

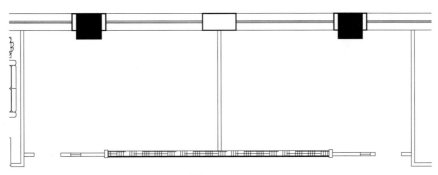

图 9-123

Step 11 执行"插入块"命令（I），将"案例\09"文件夹下面的"十位玻璃转盘桌"、"短装饰柜"、"小茶几"、"平面沙发"、"单开门"、"电视柜"、"十六位玻璃转盘桌"插入图中的指定位置，并通过执行"移动"命令（M）和"复制"命令（CO），将图块放置到合适的位置，效果如图9-124所示。

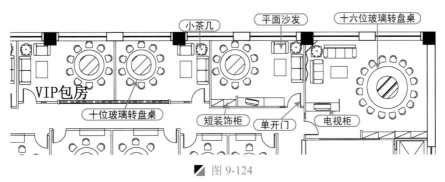

图 9-124

9.3.5 布置楼梯间、卫生间

案例	酒店二层平面布置图.dwg	视频	布置楼梯间、卫生间.avi	时长	14'25"

首先使用矩形、偏移、修剪、椭圆等命令绘制楼梯间和卫生间基本轮廓，再使用插入、移动等命令布置楼梯间和卫生间，具体操作步骤如下。

Step 01 执行"矩形"命令（REC）和"偏移"命令（O），在楼梯间绘制平面造型轮廓，其效果如图9-125所示。

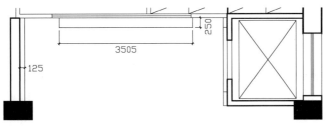

图 9-125

Step 02 同样在执行"矩形"命令（REC），在左侧门洞处绘制如图 9-126 所示图形以表示门垛。

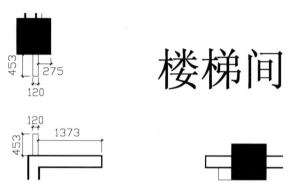

楼梯间

图 9-126

Step 03 执行"分解"命令（X），首先将卫生间内墙体线打散操作，然后执行"偏移"命令（O），将相应墙体线根据如下尺寸进行偏移，如图 9-127 所示。

Step 04 执行"修剪"命令（TR），将偏移后的图形多余线段删除，从而完成卫生间的平面隔断基本轮廓的绘制，如图 9-128 所示。

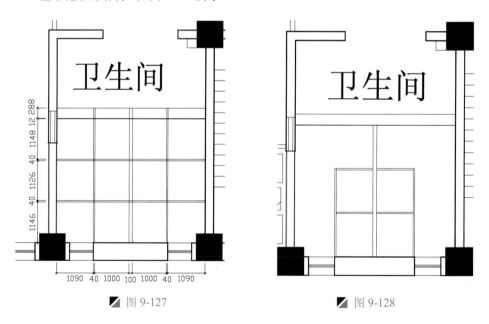

图 9-127   图 9-128

Step 05 执行"偏移"命令（O）和"修剪"命令（TR），绘制如图 9-129 所示图形。

Step 06 执行"矩形"命令（REC）和"椭圆"命令（EL），在图 9-130 所示位置绘制 1500mm×550mm 的矩形和长轴为 560mm、短轴为 320mm 的两个椭圆，如图 9-130 所示。

Step 07 执行"插入块"命令（I），将"案例\09"文件夹下面的"单位洽谈沙发"、"水龙头"、"垃圾桶"、"小便器"、"大便器"、"双开门"、"植物"插入图中的指定位置，并通过执行"移动"命令（M）和"复制"命令（CO），将图块放置到合适的位置，效果如图 9-131 所示。

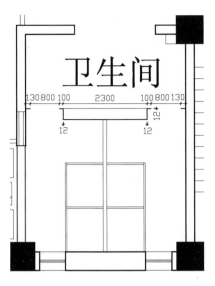

图 9-129

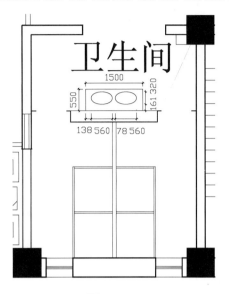

图 9-130

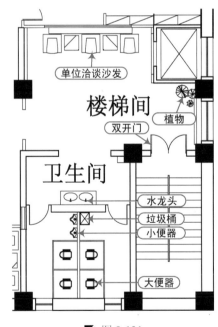

图 9-131

9.3.6　尺寸、文字标注

案例	酒店二层平面布置图.dwg	视频	尺寸、文字标注.avi	时长	06'50"

　　首先设置标注样式，然后对图形进行相应标注，最后通过移动、插入、旋转等命令插入索引符号，具体操作步骤如下。

Step 01　选择标注样式为"1-100"，将"BZ-标注"图层置为当前图层，执行"线性标注"命令（DLI）和"连续标注"命令（DCO），对酒店二层平面布置图进行相应的尺寸标注，其效果如图 9-132 所示。

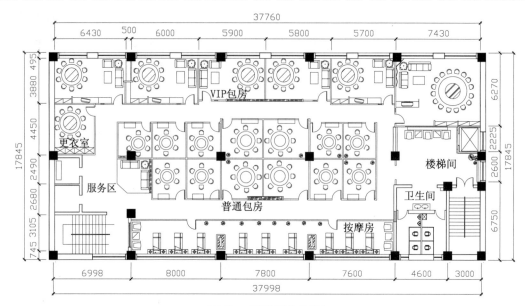

酒店二层平面布置图

图 9-132

(Step 02) 执行"插入块"命令（I），将"案例\02"文件夹下面的"立面索引符号"图块插入图中
然后通过执行"移动"命令（M）、"旋转"命令（RO）和"复制"命令（CO），将图
块放置到合适的位置，其效果如图 9-133 所示。

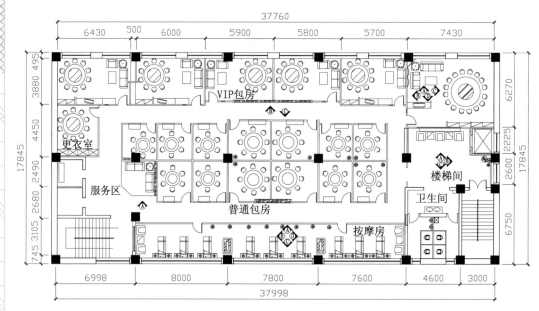

酒店二层平面布置图

图 9-133

(Step 03) 至此，图形已经绘制完成，按【Ctrl+S】组合键进行保存。

9.4 酒店二层天花布置图的绘制

用户在绘制二层酒店天花布置图时，同一层酒店天花布置图方法基本一样，首先借用之前绘制的平面布置图，经过对图形进行整理，将多余对象删除，然后绘制吊顶造型轮廓，最后将各种灯具插入图中，并布置到合理的位置，从而完成酒店二层天花平面布置图的绘制，如图 9-134 所示。

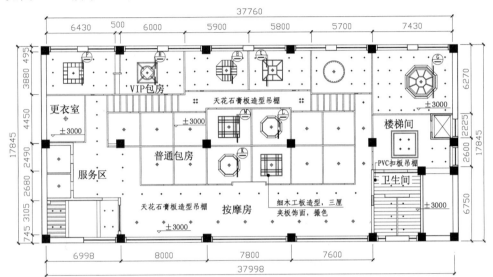

酒店二层天花平面布置图

图 9-134

9.4.1 调用并整理文件

| 案例 | 酒店二层天花平面布置图.dwg | 视频 | 调用并整理文件.avi | 时长 | 10'47" |

首先打开酒店平面布置图，然后将其内相应对象、文字说明等全部删除，具体操作步骤如下。

Step 01 启动 AutoCAD 2015 应用程序，选择"文件｜打开"菜单命令，将"案例\09\酒店二层平面布置图.dwg"文件打开；执行"另存为"操作，将其另存为"酒店二层天花平面布置图.dwg"文件。

Step 02 执行"图层管理"命令（LA），新建三个图层，并将"DD-吊顶"图层置为当前图层，效果如图 9-135 所示。

✓ DD-吊顶	💡 ☀ 🔓 ■蓝	CONTINUOUS	— 默认	0
◿ DJ-灯具	💡 ☀ 🔓 ■洋红	CONTINUOUS	— 默认	0
◿ DD-灯带	💡 ☀ 🔓 □黄	ACAD_ISO02W100	— 默认	0

图 9-135

Step 03 执行"删除"命令（E），将酒店二层平面布置图中的填充对象、标注、设备、门等全部进行删除，再执行"直线"命令（L），将酒店所有的门洞、楼梯进行封闭操作，并修改图名为"酒店二层天花平面布置图"，效果如图 9-136 所示。

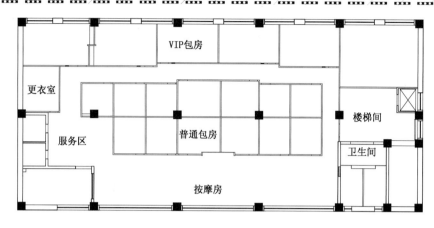

酒店二层天花平面布置图

▰ 图 9-136

9.4.2 普通包房天花布置图

| 案例 | 酒店二层天花平面布置图.dwg | 视频 | 普通包房天花布置图的绘制.avi | 时长 | 11'12" |

　　首先执行多边形、偏移、直线、矩形等命令绘制天花吊顶造型平面图形，然后执行移动、插入、复制等命令布置普通包房天花吊顶，具体操作步骤如下。

Step 01 执行"多边形"命令（POL），打开正交输入侧面数为 8、选择边"E"选项绘制边长为 828mm 的多边形，效果如图 9-137 所示。

Step 02 执行"偏移"命令（O），将上步绘制的多边形向内依次偏移 150、50，效果如图 9-138 所示。

Step 03 执行"直线"命令（L），捕捉相应角点绘制 8 条连接线段，其效果如图 9-139 所示。

▰ 图 9-137

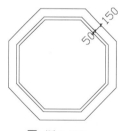

▰ 图 9-138

▰ 图 9-139

Step 04 执行"插入块"命令（I），将"案例\09"文件夹下面的"筒灯"插入图中的合适位置，如图 9-140 所示。

Step 05 执行"矩形"命令（REC），绘制 2000mm×1975mm 的矩形，其效果如图 9-141 所示。

Step 06 执行"偏移"命令（O），将上步绘制的矩形向内偏移 50，并将偏移出来的矩形打散操作，效果如图 9-142 所示。

Step 07 执行"偏移"命令（O），将打散后的矩形线段根据图 9-143 所示尺寸进行偏移，效果如图 9-143 所示。

Step 08 执行"插入块"命令（I），将"案例\09"文件夹下面的"筒灯"插入图中的合适位置，效果如图 9-144 所示。

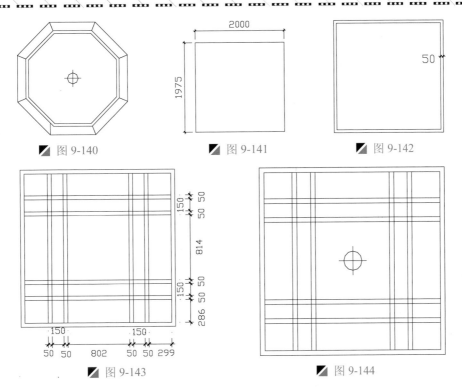

图 9-140　　　　　　　　图 9-141　　　　　　　　图 9-142

图 9-143　　　　　　　　　　图 9-144

Step 09　执行"移动"命令（M）和"复制"命令（CO），将前面绘制好的两个吊顶造型平面图
　　　　　形移动、复制到普通包房内相应房间内如图 9-145 所示位置。

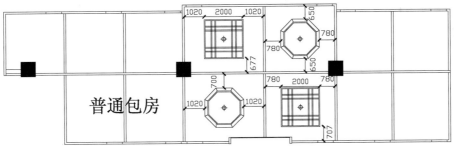

普通包房

图 9-145

Step 10　执行"插入块"命令（I），将"案例\09"文件夹下面的"筒灯"插入图中的指定位置，
　　　　　并通过执行"移动"命令（M）和"复制"命令（CO），将图块放置到合适的位置，效
　　　　　果如图 9-146 所示。

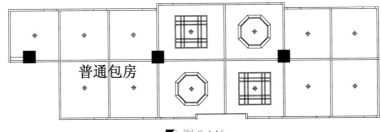

普通包房

图 9-146

9.4.3 VIP 包房天花布置图

案例	酒店二层天花平面布置图.dwg	视频	VIP 包房天花的布置.avi	时长	27'56"

首先执行矩形、多边形、偏移、直线、圆等命令绘制天花吊顶造型平面图形，然后执行移动、插入、复制等命令布置 VIP 包房天花吊顶，具体操作步骤如下。

Step 01 执行"矩形"命令（REC），绘制 1900mm×1900mm 的矩形，效果如图 9-147 所示。

Step 02 执行"偏移"命令（O），将上步绘制的矩形向内偏移 29，并将偏移出来的矩形打散操作，其效果如图 9-148 所示。

Step 03 执行"偏移"命令（O），将打散后的矩形线段根据如下尺寸进行偏移，其效果如图 9-149 所示。

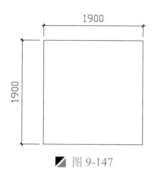

图 9-147　　　　　图 9-148　　　　　图 9-149

Step 04 首先执行"修剪"命令（TR），将上步偏移后的图形多余线段删除，再执行"插入块"命令（I），将"案例\09"文件夹下面的"筒灯"插入图中的合适位置，效果如图 9-150 所示。

Step 05 执行"矩形"命令（REC），绘制的 1900mm×1900mm 的矩形，其效果如图 9-151 所示。

Step 06 执行"偏移"命令（O），将上步绘制的矩形向内偏移 73，其效果如图 9-152 所示。

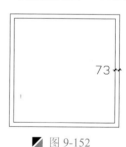

图 9-150　　　　　图 9-151　　　　　图 9-152

Step 07 执行"圆"命令（C），以矩形中心点为圆心分别绘制半径为 570mm、643mm 的同心圆，效果如图 9-153 所示。

Step 08 执行"多边形"命令（POL），输入侧面数为 4，选择边"E"选项在圆内绘制边长为 806mm 的多边形，其效果如图 9-154 所示。

Step 09 执行"直线"命令（L），绘制矩形角点与多边形边中点的连接线段，再执行"偏移"命令（O），将绘制的连接线段分别向外各偏移 37，其效果如图 9-155 所示。

Step 10 执行"直线"命令（L），在偏移出来的两条线段图 9-156 所示位置绘制连接线段，最后再将多余线段删除，效果如图 9-156 所示。

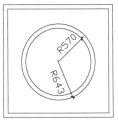

图 9-153

图 9-154

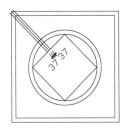

图 9-155

Step 11 执行"阵列"命令（AR），选择上步绘制的图形对象，指定圆心为阵列中心，进行项目数为 4 的极轴阵列，其效果如图 9-157 所示。

Step 12 执行"插入块"命令（I），将"案例\09"文件夹下面的"筒灯"插入图中的合适位置，其效果如图 9-158 所示。

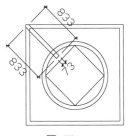

图 9-156

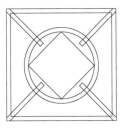

图 9-157

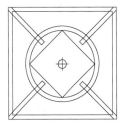

图 9-158

Step 13 执行"多边形"命令（POL），打开正交输入侧面数为 8、选择边"E"选项绘制边长为 787mm 的多边形，效果如图 9-159 所示。

Step 14 执行"直线"命令（L），在多边形内绘制如图 9-160 所示四条连接线段。

Step 15 执行"偏移"命令（O），将上步绘制的四条连接线段根据如下尺寸进行依次偏移，其效果如图 9-161 所示。

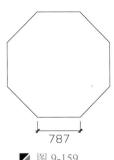

图 9-159

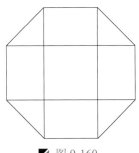

图 9-160

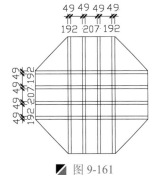

图 9-161

Step 16 首先执行"修剪"命令（TR），将上步绘制的图形多余线段删除，再执行"插入块"命令（I），将"案例\09"文件夹下面的"筒灯"插入图中的合适位置，其效果如图 9-162 所示。

Step 17 执行"矩形"命令（REC），绘制 1900mm×1900mm 的矩形，其效果如图 9-163 所示。

Step 18 执行"偏移"命令（O），将上步绘制的矩形向内依次偏移 49、487、49，其效果如图 9-164 所示。

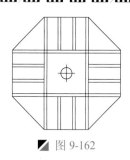

图 9-162

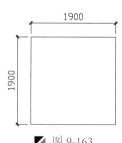

图 9-163

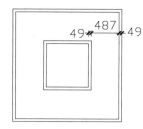

图 9-164

Step 19 首先执行"直线"命令（L），绘制如图 9-165 所示宽度为 49 的两条连接线段，再执行"阵列"命令（AR），将连接线段以矩形中心点为基点进行环形阵列 8 个。

Step 20 执行"修剪"命令（TR），将图形内相应线段延长和删除，再执行"插入块"命令（I），将"案例\09"文件夹下面的"筒灯"插入图中的合适位置，其效果如图 9-166 所示。

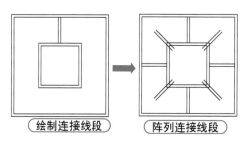

图 9-165

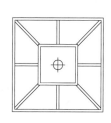

图 9-166

Step 21 执行"圆"命令（C），绘制半径为 1000mm 的圆。

Step 22 执行"直线"命令（L），在圆内相应位置以图 9-167 所示尺寸绘制线段。

Step 23 执行"阵列"命令（AR），将上步绘制的线段以圆心为基点环形阵列 30 个，其效果如图 9-168 所示。

Step 24 执行"插入块"命令（I），将"案例\09"文件夹下面的"筒灯"插入图中的合适位置，其效果如图 9-169 所示。

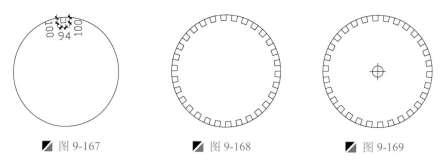

图 9-167

图 9-168

图 9-169

Step 25 执行"多边形"命令（POL），打开正交输入侧面数为 8，选择边"E"选项绘制边长为 1243mm 的多边形，效果如图 9-170 所示。

Step 26 执行"偏移"命令（O），将多边形向内依次偏移 150、50、100、100、600、60，其效果如图 9-171 所示。

Step 27 首先执行"直线"命令（L），将相应多边形角点连接，再执行"偏移"命令（O），将连接线段分别向外各偏移 30，其效果如图 9-172 所示。

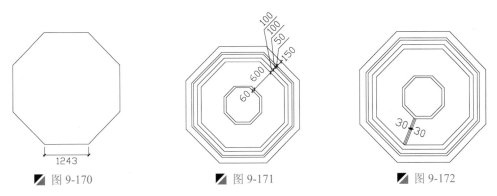

图 9-170　　　　　　　图 9-171　　　　　　　图 9-172

Step 28　首先将图内多余线段删除，再执行"阵列"命令（AR），将两条线段环形阵列 8 份，效果如图 9-173 所示。

Step 29　执行"插入块"命令（I），将"案例\09"文件夹下面的"筒灯"插入图中的合适位置，其效果如图 9-174 所示。

图 9-173　　　　　　　　　　　图 9-174

Step 30　执行"移动"命令（M），将前面绘制好的六个吊顶造型平面图形分别移动到 VIP 包房内相应房间内如图 9-175 所示位置。

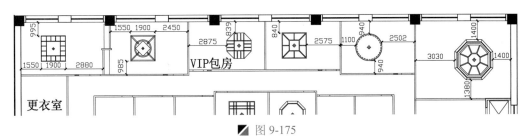

图 9-175

Step 31　执行"插入块"命令（I），将"案例\09"文件夹下面的"小射灯"插入图中的指定位置，并通过执行"移动"命令（M）和"复制"命令（CO），将图块放置到合适的位置，效果如图 9-176 所示。

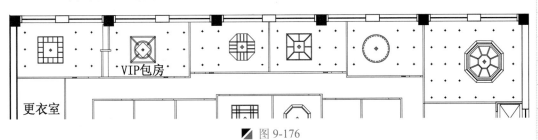

图 9-176

9.4.4 其他空间的天花布置图

| 案例 | 酒店二层天花平面布置图.dwg | 视频 | 其他空间天花的布置.avi | 时长 | 16'14" |

首先执行矩形、偏移、填充、修剪等命令绘制楼梯间、卫生间天花布置图，再执行插入、移动、复制等命令布置灯具，具体操作步骤如下。

Step 01 执行"矩形"命令（REC），在楼梯间相应位置绘制 2500mm×2500mm 矩形，再执行"偏移"命令（O），将矩形向内按照如图 9-177 所示进行偏移以形成楼梯间天花造型。

Step 02 将"TC-填充"图层置为当前图层，执行"图案填充"命令（H），选择填充图案为"LINE"，比例为 100，对卫生间进行 PVC 板效果填充，如图 9-178 所示。

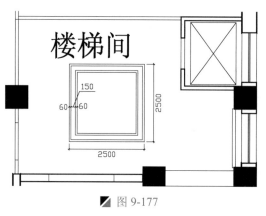

图 9-177

图 9-178

Step 03 执行"分解"命令（X）和"偏移"命令（O），首先将左侧楼梯间墙体线打散操作，再将打散后的相应墙体线根据尺寸进行偏移，然后执行"修剪"命令（TR），将上步偏移后的多余线段删除，效果如图 9-179 所示。

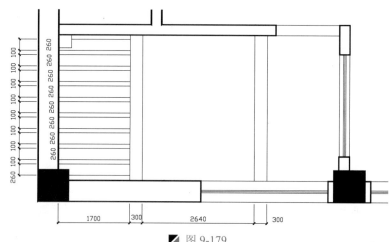

图 9-179

Step 04 执行"直线"命令（L）和"偏移"命令（O），在 VIP 包房与普通包房的通道之间左侧绘制如图 9-180 所示天花平面吊顶造型。

Step 06 同样再执行"直线"命令（L）和"偏移"命令（O），在 VIP 包房与普通包房的通道之间右侧绘制如图 9-181 所示天花平面吊顶造型。

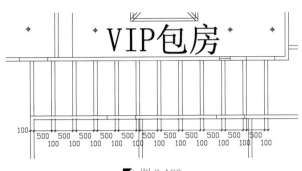

图 9-180

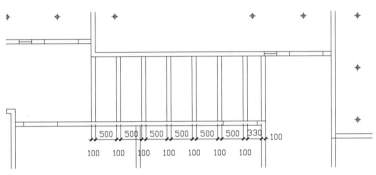

图 9-181

Step 07　执行"插入块"命令（I），将"案例\09"文件夹下面的"筒灯"、"小射灯"插入图中的指定位置，并通过执行"移动"命令（M）和"复制"命令（CO），将图块放置到合适的位置，效果如图 9-182 所示。

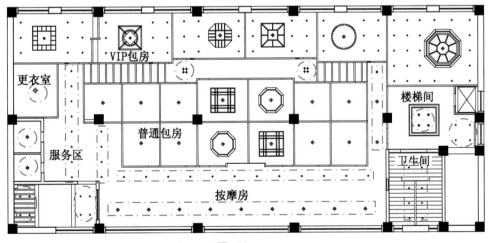

图 9-182

9.4.5　文字、尺寸和图名标注

案例	酒店二层天花平面布置图.dwg	视频	文字、尺寸和图名的标注.avi	时长	17'49"

　　首先对酒店二层天花平面布置图进行尺寸标注，然后进行文字说明，最后插入标高符号和剖面符号，具体操作步骤如下。

Step 01 选择标注样式为"1-100"，将"BZ-标注"图层置为当前图层，执行"线性标注"命令（DLI）和"连续标注"命令（DCO），对天花平面布置进行相应的尺寸标注，其效果如图 9-183 所示。

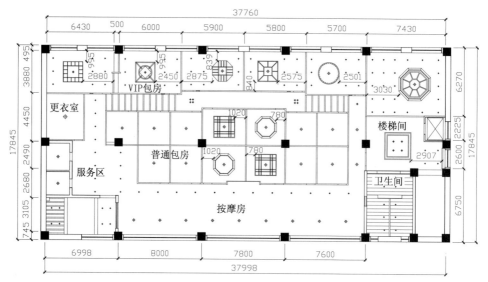

图 9-183

Step 02 将"WZ-文字"图层置为当前图层，执行"多行文字"命令（MT），设置文字样式为"宋体"、文字大小为 500，对天花平面布置图进行文字说明，其效果如图 9-184 所示。

Step 03 将"FH-符号"图层置为当前图层，执行"插入块"命令（I），将"案例\02"文件夹下面的"标高符号"、"剖切符号"图块插入图中，并通过"复制"命令（CO）、"移动"命令（M）等命令对天花布置图进行添加标高符号、剖面符号，再修改不同的标高值和剖面编号，效果如图 9-185 所示。

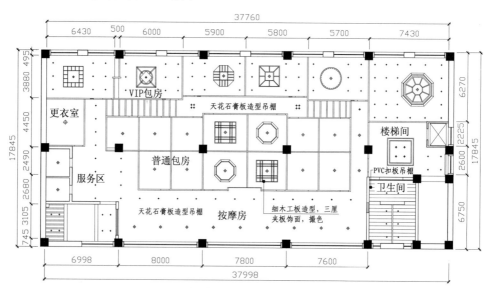

酒店二层天花平面布置图

图 9-184

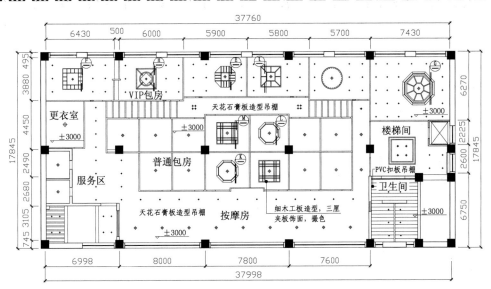

酒店二层天花平面布置图

图 9-185

Step 04 至此，图形已经绘制完成，按【Ctrl+S】组合键进行保存。

10

家具专卖店施工图的绘制

本章导读

　　本章首先讲解如何绘制室内布置图，然后根据室内布置图绘制地面布置图和天花布置图，最后讲解立面图的绘制，使读者能轻松掌握家具专卖店施工图的绘制方法。

本章内容

- ◪ 家具专卖店室内布置图的绘制
- ◪ 家具专卖店地面布置图的绘制
- ◪ 家具专卖店天花布置图的绘制
- ◪ 家具专卖店 A 立面图的绘制
- ◪ 家具专卖店 C 立面图的绘制
- ◪ 家具专卖店 K 立面图的绘制

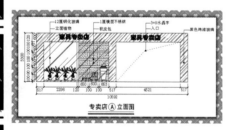

专卖店Ⓐ立面图

家具专卖店天花布置图

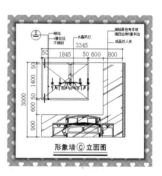

形象墙Ⓒ立面图

10.1 家具专卖店室内布置图的绘制

在绘制家具专卖店室内布置图时，将事先准备好的"家具专卖店建筑平面图.dwg"文件打开，在此基础上进行室内布置图的绘制。首先应将各个区域轮廓绘制好，再分别在各个区域进行室内图块的插入布置，然后对其进行图内说明标注和内视符号，从而完成整个家具专卖店室内布置图的绘制，如图 10-1 所示。

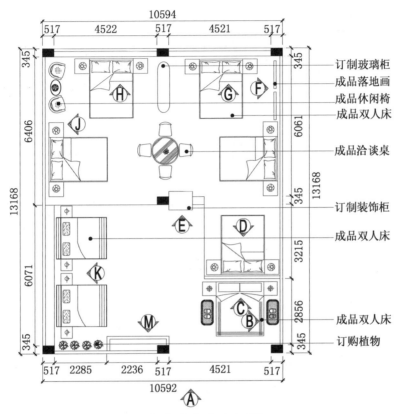

家具专卖店室内布置图

▨ 图 10-1

10.1.1 打开建筑平面图

案例	家具专卖店室内布置图.dwg	视频	整理建筑平面图.avi	时长	00'59"

首先打开建筑平面图，然后将其另存为室内布置图，最后对其图形进行整理，具体操作步骤如下。

Step 01 启动 AutoCAD 2015 应用程序，选择"文件｜打开"菜单命令，将"案例\10\家具专卖店建筑平面图.dwg"文件打开，如图 10-2 所示。再执行"另存为"操作，将其另存为"案例\10\家具专卖店室内布置图.dwg"。

Step 02 选择建筑内部的尺寸标注，执行"删除"命令（E），对其尺寸标注进行删除，并修改下侧的图名为"家具专卖店室内布置图"，其效果如图 6-3 所示。

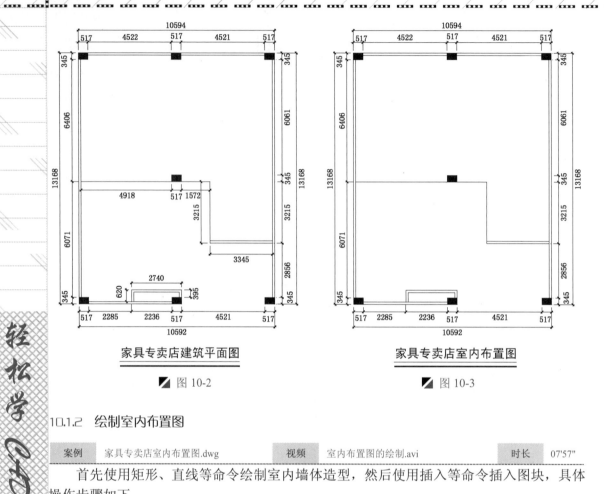

家具专卖店建筑平面图

图 10-2

家具专卖店室内布置图

图 10-3

10.1.2 绘制室内布置图

案例	家具专卖店室内布置图.dwg	视频	室内布置图的绘制.avi	时长	07'57"

首先使用矩形、直线等命令绘制室内墙体造型，然后使用插入等命令插入图块，具体操作步骤如下。

Step 01 执行"矩形"命令（REC）和"直线"命令（L），在室内布置图内绘制墙体造型和装饰柜，其效果如图 10-4 所示。

Step 02 执行"插入块"命令（I），将"案例\10"文件夹下面的"平面床"插入图中的指定位置，并通过执行"移动"命令（M）、"复制"命令（CO）和"旋转"命令（RO），将图块放置到合适的位置，其效果如图 10-5 所示。

Step 03 再执行"插入块"命令（I），将"案例\10"文件夹下面的"玻璃装饰柜"、"落地画"、"休闲椅"、"洽谈桌"、"植物"插入图中的指定位置，并通过执行"移动"命令（M）、"复制"命令（CO）和"旋转"命令（RO），将图块放置到合适位置，其效果如图 10-6 所示。

提示：家具展场空间的设计

家具展场是一种独特的展示形式，除了要能够展示出一个真实的居室空间，还要通过各种商品的组合提供一个好的注意。并且由于家具空间体积较大，系列款式较多。如何在大空间中合理的划分各系列的组合与游览路线，是设计首先要解决的问题。以现在主要的板式家具为例，其款式主要就是生活中最常见的成人套房（含床、床头柜、衣柜、妆台等）、儿童套房（也称单人套房，含单人床、衣柜、书桌等）、书房（书桌和书柜等），还有沙发、餐桌、电视柜和配餐柜、茶水柜、斗柜等系列小件。在设计时除了以上考虑的系列划分和游览路线外，还必须利用这些元素搭配组合，形成一个个生动的群组空间。这些都主要靠设计人员根据相应的规则和经验来控制。

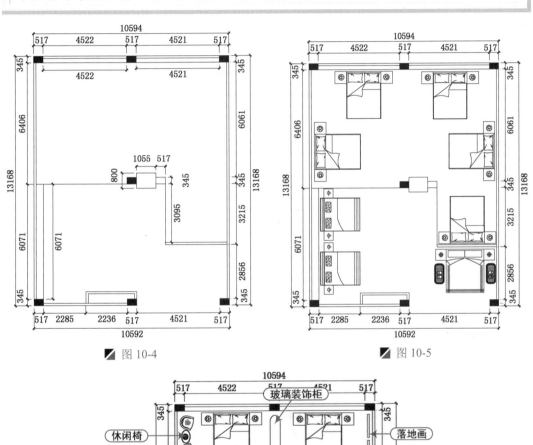

图 10-4   图 10-5

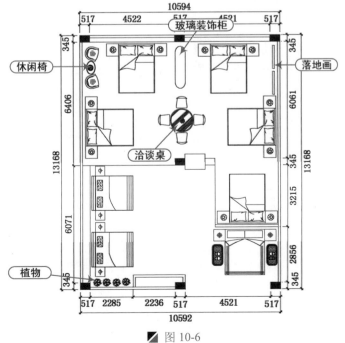

图 10-6

10.1.3 尺寸、文字标注

案例	家具专卖店室内布置图.dwg	视频	尺寸、文字标注.avi	时长	10'00"

　　首先设置标注样式内的箭头大小，然后对图形进行文字说明，最后通过移动、插入、旋转等命令插入索引符号，具体操作步骤如下。

Step 01　将"WZ-文字"图层置为当前图层，执行"快速引线"命令（LE），设置字体为"宋体"，大小为350，按照绘图要求对家具专卖店室内布置图进行文字说明，其效果如图 10-7 所示。

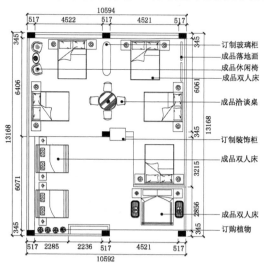

图 10-7

Step 02　执行"插入块"命令（I），将"案例\02"文件夹下面的"立面索引符号"图块插入图中然后并通过执行"移动"命令（M）、"复制"命令（CO）和"旋转"命令（RO），将图块放置到合适的位置，其效果如图 10-8 所示。

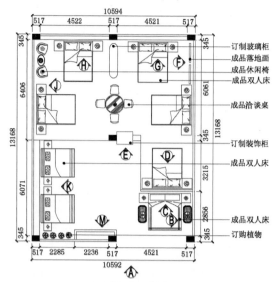

家具专卖店室内布置图

图 10-8

Step 03　至此，图形已经绘制完成，按【Ctrl+S】组合键进行保存。

10.2　家具专卖店地面布置图的绘制

　　在绘制家具专卖店地面布置图时，借用之前绘制的家具专卖店室内布置图，经过对图形的整理，然后分别对各个区域进行地面材质的轮廓绘制及铺设，最后对图形进行文字注释，从而完成对地面材质图的绘制，如图 10-9 所示。

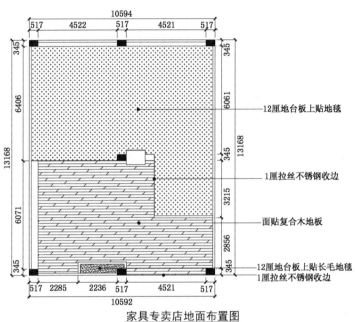

家具专卖店地面布置图

◢ 图 10-9

10.2.1　调用并整理文件

| 案例 | 家具专卖店地面布置图.dwg | 视频 | 调用并整理文件.avi | 时长 | 02'31" |

　　首先打开室内布置图，然后另存为地面布置图，最后再对图形进行整理和新建一个图层，具体操作步骤如下。

Step 01　启动 AutoCAD 2015 应用程序，选择"文件｜打开"菜单命令，将"案例\10\家具专卖店室内布置图.dwg"文件打开；再执行"另存为"操作，将其另存为"家具专卖店地面布置图.dwg"文件。

Step 02　执行"图层管理"命令（LA），新建一个"地面"图层，并将新建图层置为当前图层，效果如图 10-10 所示。

　　DM--地面　　　💡　☀　🔓　■ 252　Contin...　—— 默认　0　　Colo...　🖶 🖽

◢ 图 10-10

Step 03　执行"删除"命令（E），对多余的家具对象、文字对象和索引符号进行删除操作，并修改图名为"家具专卖店地面布置图"，从而整理出绘制地面布置图所需要的效果，如图 10-11 所示。

Step 04 执行"直线"命令(L)，将洞口封闭起来，其效果如图 10-12 所示。

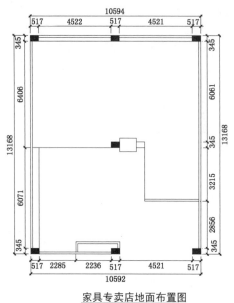

家具专卖店地面布置图

■ 图 10-11

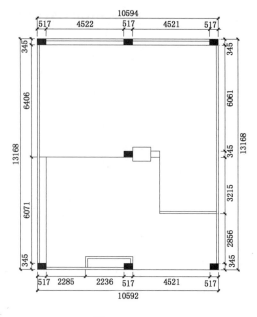

■ 图 10-12

10.2.2 填充地面材质

案例	家具专卖店地面布置图.dwg	视频	填充地面材质.avi	时长	04'23"

首先将"地面"图层置为当前图层，然后依次对家具专卖店填充地毯、复合木地板、长毛地毯效果，具体操作步骤如下。

Step 01 将"DM--地面"图层置为当前图层，执行"偏移"命令（O）和"修剪"命令（TR），将如图 10-13 所示边缘线按照尺寸标注的方向各偏移 10mm，形成 1 厘拉丝不锈钢收边。

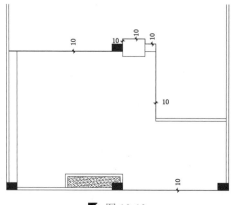

■ 图 10-13

Step 02 将"填充"图层置为当前图层，执行"图案填充"命令（H），选择填充图案为"CROSS"，比例为 20，对地台板进行地毯填充操作，其效果如图 10-14 所示。

Step 03 再执行"图案填充"命令（H），选择填充图案为"DOLMIT"，比例为 25，进行复合木地板填充，再选择填充图案为"AR-SAND"，比例为 2，进行长毛地毯填充，其效果如图 10-15 所示。

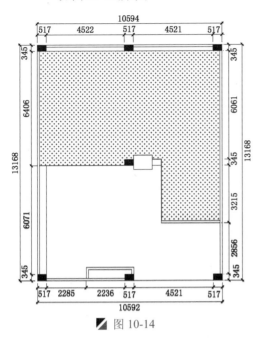

图 10-14

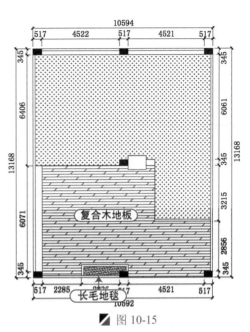

图 10-15

10.2.3 文字注释

案例	家具专卖店地面布置图.dwg	视频	文字注释.avi	时长	03′45″

首先对快速引线字体大小进行设置，然后依次对地面材质进行文字说明，具体操作步骤如下。

Step 01 执行"快速引线"命令（LE），设置字体为"宋体"，大小为 350，按照绘图要求对家具专卖店地面布置图进行文字说明，效果如图 10-9 所示。

Step 02 至此，图形已经绘制完成，按【Ctrl+S】组合键进行保存。

10.3 家具专卖店天花布置图的绘制

在绘制家具专卖店天花布置图时，借用之前绘制的家具专卖店地面布置图，经过对图形进行整理，将多余对象删除，然后绘制吊顶造型轮廓，最后将各种灯具插入图中并布置到合理的位置，从而完成家具专卖店天花布置图的绘制，如图 10-16 所示。

10.3.1 调用并整理文件

案例	家具专卖店天花布置图.dwg	视频	调用并整理文件.avi	时长	01′23″

首先打开专卖店地面布置图，然后将其内填充对象、文字说明等全部进行删除，具体操作步骤如下。

Step 01 启动 AutoCAD 2015 应用程序，选择"文件 | 打开"菜单命令，将"案例\10\家具专卖店地面布置图.dwg"文件打开；执行"另存为"操作，将其另存为"家具专卖店天花布置图.dwg"文件。

Step 02 执行"删除"命令（E），将地面布置图中的填充对象、文字说明等全部进行删除，最后修改图名为"家具专卖店天花布置图"，效果如图 10-17 所示。

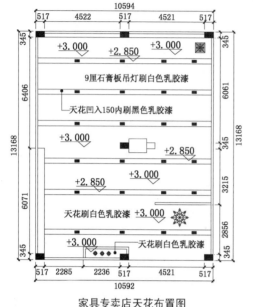

家具专卖店天花布置图

◢ 图 10-16

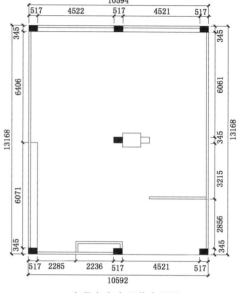

家具专卖店天花布置图

◢ 图 10-17

10.3.2 绘制吊顶轮廓

| 案例 | 家具专卖店天花布置图.dwg | 视频 | 吊顶轮廓的绘制.avi | 时长 | 04'23" |

首先新建三个图层，然后使用偏移等命令绘制吊顶轮廓，具体操作步骤如下。

Step 01 执行"图层管理"命令（LA），如图 10-18 所示新建三个图层，并将"DD-吊顶"图层置为当前图层，将门洞线置换到"DD-吊顶"图层。

✓ DD-吊顶	♀	☼	🔓	■ 蓝	CONTINUOUS	—— 默认	0
▱ DJ-灯具	♀	☼	🔓	■ 洋红	CONTINUOUS	—— 默认	0
▱ DD-灯带	♀	☼	🔓	□ 黄	ACAD_ISO02W100	—— 默认	0

◢ 图 10-18

Step 02 执行"偏移"命令（O），将墙体线按如下尺寸偏移，并将偏移出来的线段置为"DD-吊顶"图层，效果如图 10-19 所示。

10.3.3 布置天花灯具

| 案例 | 家具专卖店天花布置图.dwg | 视频 | 天花灯具的绘制.avi | 时长 | 08'36" |

首先插入灯具符号，然后对插入的灯具符号进行整理，最后使用复制、移动等命令将灯具符号放置在图内相应位置，具体操作步骤如下。

Step 01 将"FH-符号"图层置为当前图层，执行"插入块"命令（I），将"案例\10"文件夹下面的"灯具符号"插入图中，如图 10-20 所示。

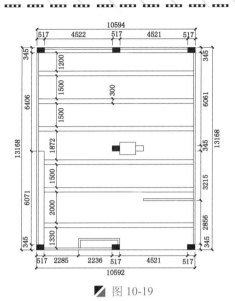

▮ 图 10-19

图 例	图例名称	图 例	图例名称
⊕	吸顶灯	✳	天花吊灯
◆	射灯	▨	排气扇
◉◉	双头豆胆灯	⊠	空调

▮ 图 10-20

Step 02 执行"分解"命令（X），对插入的灯具符号图块进行分解，并将插入的灯具符号置换到"FH-符号"图层。

Step 03 执行"编组"命令（G），分别对指定的灯具符号进行编组，使之一个符号中的多个对象组成为一个对象。

Step 04 执行"复制"命令（CO）、"移动"命令（M）将排风扇、吊灯、射灯复制和移动到专卖店内，调整出如图 10-21 所示图形。

Step 05 用同样的方法，执行"复制"命令（CO）、"移动"命令（M）、"旋转"命令（RO）和"镜像"命令（MI），将插入的双头豆胆灯复制和移动到其余空间，并通过镜像和旋转命令调整出如图 10-22 所示图形。

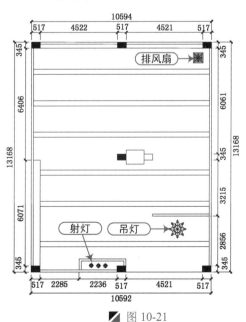

▮ 图 10-21

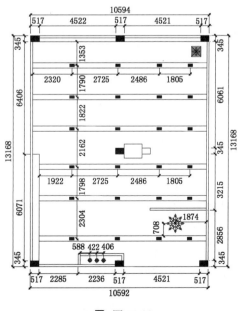

▮ 图 10-22

10.3.4 文字标注与标高说明

案例	家具专卖店天花布置图.dwg	视频	文字标注与标高说明.avi	时长	06'37"

　　首先设置文字大小，然后依次对图内天花吊顶进行文字说明，最后使用修改、复制等命令插入标高符号，具体操作步骤如下。

Step 01 将"WZ-文字"图层置为当前图层，执行"多行文字"命令（MT）和"快速引线"命令（LE），设置文字样式为"宋体"、文字大小为350，对天花布置图进行文字说明，其效果如图 10-23 所示。

Step 02 将"FH-符号"图层置为当前图层，执行"插入块"命令（I），将"案例\02"文件夹下面的"标高符号"图块插入图中，并通过"复制"命令（CO）、"移动"命令（M）等命令对天花布置图进行添加标高符号，再修改不同的标高值，其效果如图 10-24 所示。

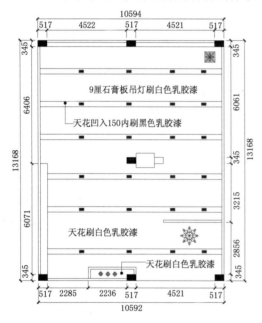

图 10-23

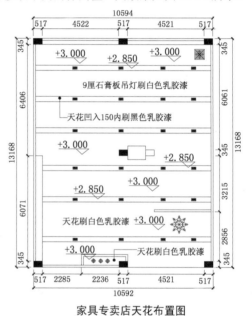

家具专卖店天花布置图

图 10-24

Step 03 至此，图形已经绘制完成，按【Ctrl+S】组合键进行保存。

> **提示：家具卖场展示的手法和方法**
>
> （1）功能展示。
> ① 吸引顾客，反映不同的家居空间及生活状态，展示相应的商品在实际生活中的应用，提供家居解决方案和灵感。
> ② 主要用于展间。
> （2）选择与样式展示。
> ① 清晰的视觉效果。
> ② 展示商品的系列。
> ③ 展示同一功能的全部商品的不同形式，同时展示出不同的价位。

（3）正面向前展示。

① 有效展示出商品的功能、形式、颜色、材料或其他特点。

② 同时以商品最好的一面朝向顾客。

③ 以强烈的视觉效果激发顾客的购买欲。

（4）拼贴组合展示。

① 家族系列或单品的搭配组合。

② 至少用三个或更多商品来展示出商品系列、主题、颜色等。

③ 能够从旁边的商品展示中突出出来。

④ 可以放置在地台或其他材料上以加强效果。

（5）分组展示。

① 通过一定数量的相同商品、组合商品、家族商品或相同特点的商品组合到一起展示。

② 至少使用五个商品以达到强烈效果。

（6）分层展示。

① 展示不同大小的商品或为强调某种商品的层次按由低到高、由小到大、从前到后排列。

② 清晰的视觉效果。

③ 可以使用货架支持。

（7）色彩与材质的展示。

① 展示出商品的颜色、材料等。

② 达到视觉停顿的效果。

③ 注意对比效果。

④ 展示出商品的范围。

（8）单独展示。

① 展示重要商品，突出并区别于其他商品。

② 周围留有空间。

③ 一般赋有背景色的背板衬托。

（9）大量展示。

① 较好质量且有包装的商品展示。

② 使用较多的商品做展示。

③ 强调和突出说明在把握质量的情况下，大规模采购以降低成本，同时零售价得以下降的目的。

④ 摆放整齐。

10.4 家具专卖店 A 立面图的绘制

在绘制立面图时，须在室内布置图的基础上，首先使用矩形、修剪、删除等命令整理出绘制立面图平面部分，再执行构造线、偏移、填充等命令绘制出立面图轮廓，最后对立面图进行标注和文字注释与图名标注，其最终效果如图 10-25 所示。

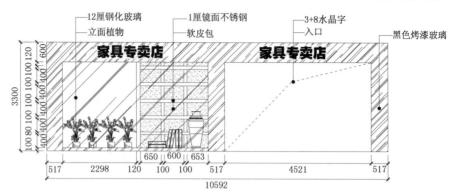

12厘钢化玻璃　　1厘镜面不锈钢　　3+8水晶字

立面植物　　　　软皮包　　　　　入口　　　黑色烤漆玻璃

家具专卖店　　　　　　家具专卖店

650　600　653

517　2298　120　100　100　517　4521　517

10592

专卖店Ⓐ立面图

■ 图 10-25

10.4.1　调用并整理文件

| 案例 | 专卖店 A 立面图.dwg | 视频 | 调用并整理文件.avi | 时长 | 04'01" |

首先打开专卖店室内布置图，然后使用矩形、删除等命令整理出须绘制立面图的平面部分，具体操作步骤如下。

Step 01　启动 AutoCAD 2015 应用程序，选择"文件 | 打开"菜单命令，打开前面绘制好的"案例\10\家具专卖店室内布置图.dwg"文件，再执行"文件 | 另存为"菜单命令，将其另存为"案例\10\专卖店 A 立面图.dwg"文件。

Step 02　根据绘制立面图的要求，将"LM-立面"图层置为当前图层，执行"矩形"命令（REC），选择需要进行绘制立面图的专卖店 A 向平面图部分来绘制一个矩形，然后通过"修剪"命令（TR）和"删除"命令（E）等命令，对平面图进行整理，整理好的效果如图 10-26所示。

■ 图 10-26

10.4.2　绘制立面轮廓

| 案例 | 专卖店 A 立面图.dwg | 视频 | 立面轮廓的绘制.avi | 时长 | 12'41" |

首先使用构造线和偏移、删除等命令绘制立面图基本轮廓，然后使用插入、填充等命令绘制出立面图整体效果，具体操作步骤如下。

Step 01　执行"构造线"命令（XL），根据命令行提示，过平面图的轮廓绘制 6 条垂直的构造线，其效果如图 10-27 所示。

Step 02　再执行"构造线"命令（XL），绘制一条水平构造线，并执行"偏移"命令（O），将水平构造线向下偏移 3300 的距离，然后执行"修剪"命令（TR），将多余的构造线进行修剪，从而形成立面图的轮廓，其效果如图 10-28 所示。

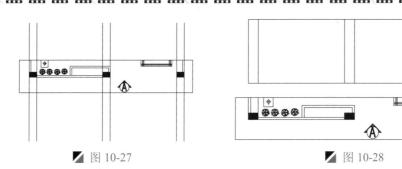

图 10-27　　　　　　　　　　　　　图 10-28

Step 03　执行"偏移"命令（O），将相应线段根据如图 10-29 所示尺寸进行偏移，其效果如图 10-29
　　　　所示。

Step 04　执行"修剪"命令（TR），将上步绘制图形的多余线段删除，绘制出专卖店 A 立面图的
　　　　基本轮廓，其效果如图 10-30 所示。

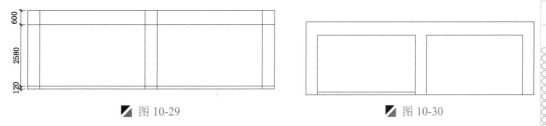

图 10-29　　　　　　　　　　　　　图 10-30

Step 05　再执行"偏移"命令（O）和"修剪"命令（TR），将如图 10-31 所示线段依次按照如下
　　　　尺寸进行偏移，然后将多余线段删除。

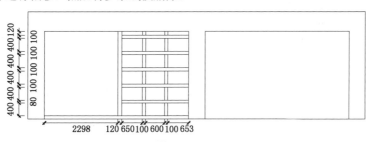

图 10-31

Step 06　将"JJ-家具"图层置为当前图层，执行"插入块"命令（I），将"案例\10"文件夹下面的
　　　　"水晶字"、"立面植物"、"装饰品"插入立面图轮廓中去，并通过"移动"命令（M）、
　　　　"复制"命令（CO）和"修剪"命令（TR）等命令，绘制出如图 10-32 所示图形。

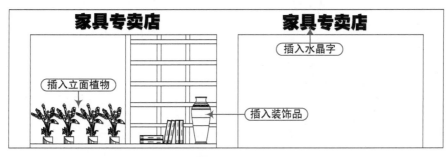

图 10-32

Step 07 将"TC-填充"图层置为当前图层,执行"图案填充"命令(H)和"直线"命令(L),设置填充图案"AR-RROOF"、填充比例"30"角度为"45",进行 12 厘钢化玻璃效果的填充和绘制虚线段,如图 10-33 所示。

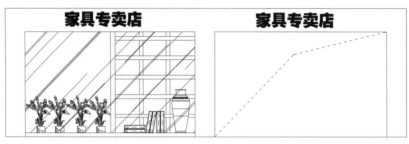

图 10-33

Step 08 执行"图案填充"命令(H),设置填充图案"AR-SAND"、填充比例"2",进行软皮包效果填充;再设置填充图案 "AR-RROOF"、填充比例"10"、角度为"45",进行黑色烤漆玻璃效果的填充,如图 10-34 所示。

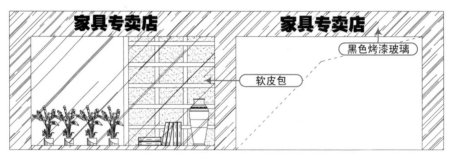

图 10-34

10.4.3 文字、尺寸和图名标注

案例	专卖店 A 立面图.dwg	视频	文字、尺寸和图名标注.avi	时长	11'07"

首先对立面图进行尺寸标注,然后进行文字说明和图名标注,具体操作步骤如下。

Step 01 将"BZ-标注"图层置为当前图层,选择标注样式为"1 比 50",执行"线性标注"命令(DLI)和"连续标注"命令(DCO)等命令,对立面图进行标注,效果如图 10-35 所示。

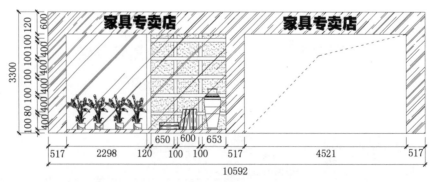

图 10-35

Step 02 将 "WZ-文字" 图层置为当前图层，执行 "快速引线" 命令（LE），设置文字大小为 "200" 样式为 "宋体"，对专卖店 A 立面图进行文字注释，效果如图 10-36 所示。

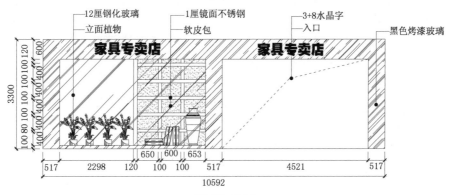

图 10-36

Step 03 执行 "多行文字" 命令（MT），设置文字为 "黑体"，文字大小为 300，在图形下方标注图名 "专卖店 A 立面图"；再执行 "多段线" 命令（PL），在图名下方绘制相应长度和宽度的多段线；然后执行 "圆" 命令（C），在文字 "A" 处绘制一个圆，以圈住该符号，效果如图 10-37 所示。

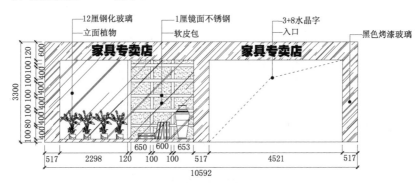

专卖店 Ⓐ 立面图

图 10-37

Step 04 至此，图形已经绘制完成，按【Ctrl+S】组合键进行保存。

提示：店面门头招牌设计的几个常规做法

店面门头设计的要点是有创意，有个性，吸引眼球。可以用直白的手法，告诉消费者是卖什么的，也可用暧昧的手法，叫人看不明白，反而会进来。门头装修设计常用的方式如下。

（1）便宜点的灯箱布，就是常说的彩喷的那种，只是很少用到写真的，因为写真的不防潮也不防晒。

（2）中档的用铝塑板、伏隆板刻字，或 PVC 或压克力刻字，这种做法是用方管打底胎，木工板或九厘板作基层，将铝塑板贴在表面。

（3）高档点的就是发光字，因为发光材料本身成本高，要求的设计难度也比较大，做法和中档的基本相仿，只是要特别注意预留出出线孔等线路问题。

（4）其他的还有用轻钢龙骨做的，上面喷色漆；用钢化玻璃做的，只是这种做法玻璃脏了后很难看，不建议使用；还有波浪板做的，工艺同铝塑板的工艺等。

招牌设计：招牌的设计和安装，必须做到新颖、醒目、简明，既美观大方，又能引起顾客注意。因为店名招牌本身就是具有特定意义的广告，所以，从一般意义上讲，招牌设计，能使顾客或过往行人从较远或多个角度都能较清晰地看见，夜晚应配以霓虹灯招牌。

10.5 家具专卖店 C 立面图的绘制

由于平面图纸不能很完善地表现出空间的具体造型和关系，所以在室内设计施工图的绘制时，还应该绘制出各立面图的具体效果，这样才能更直观地感受到设计效果，如图 10-38 所示。

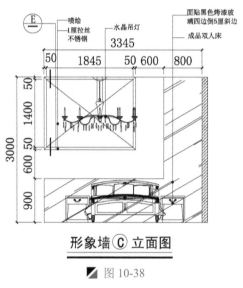

形象墙 C 立面图

图 10-38

10.5.1 调用并整理文件

| 案例 | 形象墙 C 立面图.dwg | 视频 | 调用并整理文件.avi | 时长 | 04'22" |

首先打开专卖店室内布置图，然后使用矩形、删除等命令整理出需绘制立面图的平面部分，具体操作步骤如下。

Step 01　启动 AutoCAD 2015 应用程序，选择"文件｜打开"菜单命令，打开前面绘制好的"案例\10\家具专卖店室内布置图.dwg"文件，再执行"文件｜另存为"菜单命令，将其另存为"案例\10\形象墙 C 立面图.dwg"文件。

Step 02　根据绘制立面图的要求，将"LM-立面"图层置为当前图层，执行"矩形"命令（REC），选择需要进行绘制立面图的形象墙 C 向平面图部分来绘制一个矩形，然后通过"修剪"命令（TR）和"删除"命令（E）等命令，对平面图进行整理，整理好的效果如图 10-39 所示。

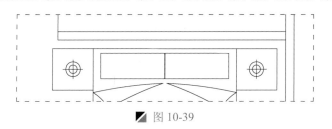

图 10-39

10.5.2 绘制立面轮廓

| 案例 | 形象墙 C 立面图.dwg | 视频 | 立面轮廓的绘制.avi | 时长 | 06'49" |

首先使用构造线和偏移、删除等命令绘制立面图基本轮廓，然后使用偏移、修剪、插入、填充等命令绘制出立面图整体效果，具体操作步骤如下。

Step 01 执行"构造线"命令（XL），根据命令行提示，过平面图的轮廓绘制 3 条垂直的构造线，其效果如图 10-40 所示

Step 02 执行"构造线"命令（XL），绘制一条水平构造线，并执行"偏移"命令（O），将水平构造线向下偏移 3000 的距离，然后执行"修剪"命令（TR），将多余的构造线进行修剪，从而形成立面图的轮廓，其效果如图 10-41 所示。

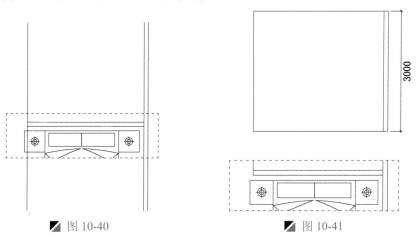

图 10-40   图 10-41

Step 03 执行"偏移"命令（O），将线段根据如图 10-42 所示尺寸进行偏移。

Step 04 执行"修剪"命令（TR），将多余线段删除，其效果如图 10-53 所示。

Step 05 执行"偏移"命令（O）和"修剪"命令（TR），将如图所示线段依次向内偏移 50，然后将多余线段删除，其效果如图 10-44 所示。

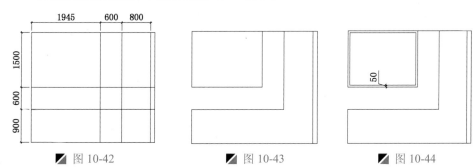

图 10-42   图 10-43   图 10-44

Step 06 执行"直线"命令（L），绘制四条连接的交叉线段，其效果如图 10-45 所示。

Step 07 将"TC-填充"图层置为当前图层，执行"图案填充"命令（H），设置相应的填充图案、填充比例，对形象墙 C 立面图进行填充效果，如图 10-46 所示。

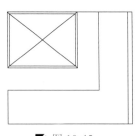

图案：ZIGZAG
比例：10

图案：AR-RROOF
比例：25
角度：30

■ 图 10-45   ■ 图 10-46

Step 08 将"JJ-家具"图层置为当前图层，执行"插入块"命令（I），将"案例\10"文件夹下面的"水晶吊灯"、"立面床 1"、插入立面图轮廓中，并通过"移动"命令（M）等命令绘制出如图 10-47 所示图形。

10.5.3 文字、尺寸和图名标注

案例	形象墙 C 立面图.dwg	视频	文字、尺寸和图名标注.avi	时长	07'21"

首先对立面图进行尺寸标注，然后进行文字说明和图名标注，最后插入剖面符号，具体操作步骤如下。

Step 01 将"BZ-标注"图层置为当前图层，选择标注样式为"1 比 30"，执行"线性标注"命令（DLI）和"连续标注"命令（DCO）等命令，对立面图进行标注。

Step 02 将"WZ-文字"图层置为当前图层，执行"快速引线"命令（LE），设置文字大小为"100"样式为"宋体"，对形象墙 C 立面图进行文字注释，效果如图 10-48 所示。

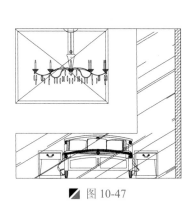

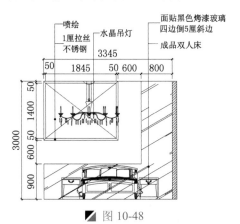

■ 图 10-47   ■ 图 10-48

Step 03 根据"A 立面图"图名标注的方法，执行"多行文字"命令（MT）、"圆"命令（C）、"多段线"命令（PL），设置字体为"黑体"，文字大小为 200，对立面图进行图名标注，效果如图 10-49 所示。

Step 04 执行"插入块"命令（I），将"案例\02"文件夹下面的"剖切符号"插入立面图中，并通过"移动"命令（M）和"缩放"命令（SC）等命令绘制出如图 10-50 所示图形。

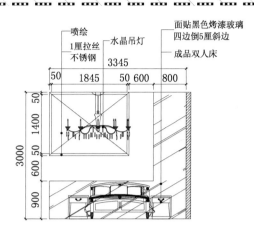

形象墙Ⓒ立面图

▰ 图10-49

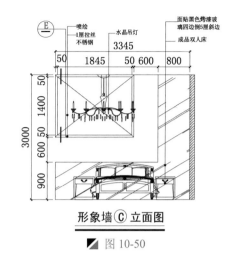

形象墙Ⓒ立面图

▰ 图10-50

Step 05 至此，图形已经绘制完成，按【Ctrl+S】组合键进行保存。

提示：家具展示的形式

（1）展间

① 展间必须在家具集中展示区的附近，保持展示一个真实的虚拟，构筑一种温馨文化。

② 每一个展间都有一个主题，并对其商业性作出合理的解释，使其所辐射的消费群容易产生共鸣，使其在每一个家具、家居商品的基础上最大美化。

③ 展间将特定的家具、家居商品的功能性、商业性、实用性、合理性巧妙搭配。

（2）促销区

① 陈列于家居零售区和家具区的出入口处。

② 有方便顾客拿走的一种或多种小商品。

③ 根据商场的主题摆放相关的商品。

④ 低价位，库存充足的商品。

（3）专卖店

① 陈列于家居零售区，有特定用途的家居商品。

② 提供相关的所有商品和可见不可见的商品信息。

③ 商品库存充足。

④ 某些专卖店可随商场的主题有所变换。

⑤ 有辅助灯光。

（4）地台

① 陈列于家居零售区和家具区。

② 主要展示重要的、销售理想的商品。

③ 是一个主要商品和多个附属商品的组合。

④ 提供相关的可见不可见的商品信息。

⑤ 保证商品正面向前。

⑥ 有相关的方便顾客拿走的小商品。

⑦ 随商场的主题所变换。

（5）入口展示区

① 陈列于商场入口，主要展示家具商品。

② 展示出商场的主题，突出清晰、简洁、明快的效果。

③ 多用地台展示。

④ 随商场的主题变换。

⑤ 有辅助灯光。

（6）出口展示区

① 陈列于商场出口，主要展示家具类商品。

② 强调出商场的下一个主题，吸引顾客再次光临。

③ 信息简洁明确，有不同的表达形式（文字、图片等）。

④ 随商场的主题变换。

⑤ 有辅助灯光。

（7）展板

① 陈列于家居零售区的墙面上。

② 视平线或以上的高度，白色或灰色背板。

③ 提供相关的可见不可见的商品信息。

④ 背板让人看起来是统一的，颜色一般选择白色。

⑤ 有辅助灯光。

10.6 家具专卖店 K 立面图的绘制

由于平面图纸不能很完善的表现出空间的具体造型和关系，所以在室内设计施工图的绘制时，还应该绘制出各立面图的具体效果，这样才能更直观的感受到设计效果，绘制方法与前面基本一样，如图 10-51 所示。

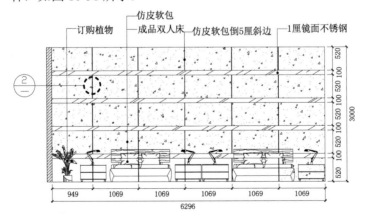

背景墙 K 立面图

图 10-51

10.6.1 调用并整理文件

案例	背景墙 K 立面图.dwg	视频	调用并整理文件.avi	时长	02'32"

　　方法同上 C 立面图，首先打开专卖店室内布置图，然后使用矩形、删除等命令整理出需绘制立面图的平面部分，具体操作步骤如下。

Step 01 　启动 AutoCAD 2015 应用程序，选择"文件 | 打开"菜单命令，打开前面绘制好的"案例 \10\家具专卖店室内布置图.dwg"文件，再执行"文件 | 另存为"菜单命令，将其另存为"案例\10\背景墙 K 立面图.dwg"文件。

Step 02 　根据绘制立面图的要求，将"LM-立面"图层置为当前图层，执行"矩形"命令（REC），选择需要进行绘制立面图的背景墙 K 向平面图部分来绘制一个矩形，然后通过"修剪"命令（TR）、"删除"命令（E）和"旋转"命令（RO），对平面图进行修剪，且将保留图形旋转–90°，效果如图 10-52 所示。

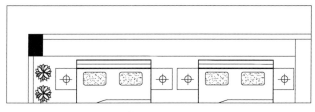

图 10-52

10.6.2 绘制立面轮廓

案例	背景墙 K 立面图.dwg	视频	立面轮廓的绘制.avi	时长	10'29"

　　首先使用构造线、删除、修剪、偏移等命令绘制出立面图轮廓，然后使用插入命令插入立面图块，最后对图形进行材质填充，具体操作步骤如下。

Step 01 　执行"构造线"命令（XL），根据命令行提示，过平面图的轮廓绘制 3 条垂直的构造线，效果如图 10-53 所示。

Step 02 　执行"构造线"命令（XL），绘制一条水平构造线，并执行"偏移"命令（O），将水平构造线向下偏移 3000 的距离，然后执行"修剪"命令（TR），对多余的构造线进行修剪，从而形成立面图的轮廓，效果如图 10-54 所示。

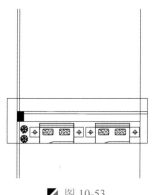

图 10-53

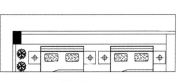

图 10-54

Step 03 执行"偏移"命令（O），将线段根据图 10-55 所示尺寸进行偏移，其效果如图 10-55 所示。

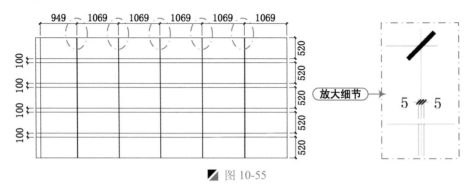

■ 图 10-55

Step 04 执行"修剪"命令（TR），将多余线段删除，其效果如图 10-56 所示。

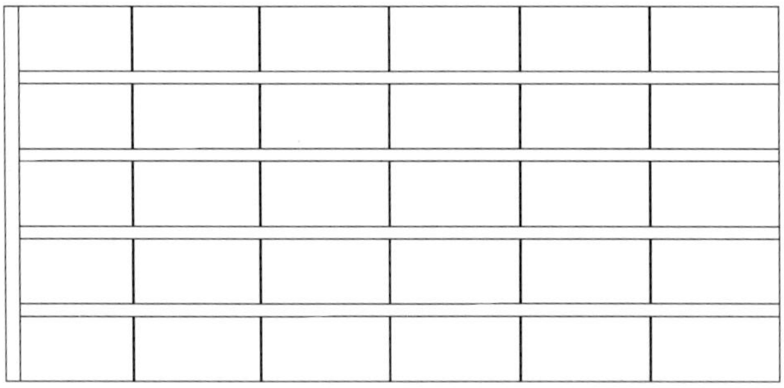

■ 图 10-56

Step 05 将"JJ-家具"图层置为当前图层，执行"插入块"命令（I），将"案例\10"文件夹下面的"立面植物"、"立面床2"、插入立面图轮廓中，并通过"移动"命令（M）、"复制"命令（CO）等命令绘制出如图 10-57 所示图形。

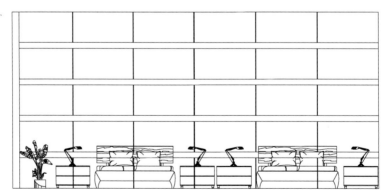

■ 图 10-57

Step 06 执行"图案填充"命令（H），设置填充图案为"AR-RROOF"，填充比例为"20"，角度为"30"，对立面墙进行1厘镜面不锈钢效果的填充；再设置填充图案为"ZIGZAG"，填充比例为"10"，对原建筑结构墙进行填充；最后再设置填充图案为"AR-CONC"，填充比例为"2"，对仿皮软包进行填充，如图 10-58 所示。

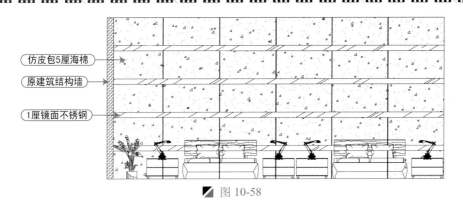

仿皮包5厘海棉

原建筑结构墙

1厘镜面不锈钢

图 10-58

10.6.3 文字、尺寸和图名标注

| 案例 | 背景墙 K 立面图.dwg | 视频 | 文字、尺寸和图名的标注.avi | 时长 | 09'40" |

首先对立面图进行尺寸标注，然后进行文字说明和图名标注，最后插入详图符号，具体操作步骤如下。

Step 01 将"BZ-标注"图层置为当前图层，执行"线性标注"命令（DLI）和"连续标注"命令（DCO）等命令，对立面图进行标注，如图 10-59 所示。

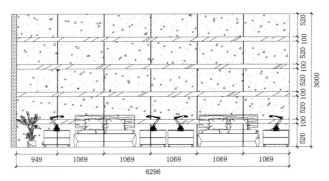

图 10-59

Step 02 将"WZ-文字"图层置为当前图层，执行"快速引线"命令（LE），设置文字大小为"150"，样式为"宋体"，对背景墙 K 立面图进行文字注释，效果如图 10-60 所示。

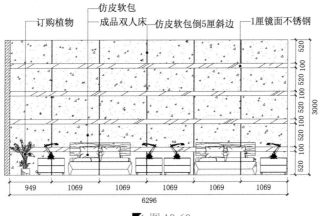

图 10-60

Step 03 根据前面立面图图名的标注方法，通过"多行文字"命令（MT）、"圆"命令（C）和"多段线"命令（PL），设置文字为"黑体"，文字大小为200，对立面图进行图名标注，效果如图10-61所示。

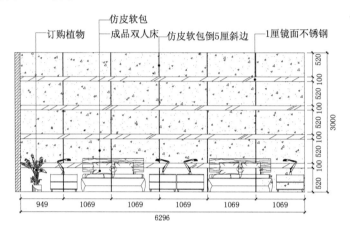

背景墙 Ⓚ 立面图

图 10-61

Step 04 执行"插入块"命令（I），将"案例\02"文件夹下面的"详图索引符号"插入立面图中；并通过执行"圆"命令（C）、"直线"命令（L）、"移动"命令（M）和"缩放"命令（SC）等命令，绘制如图10-62所示的索引符号。

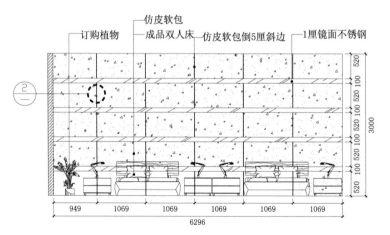

背景墙 Ⓚ 立面图

图 10-62

Step 05 至此，图形已经绘制完成，按【Ctrl+S】组合键进行保存。

附录 A AutoCAD 常见的快捷命令

1. 对象特性					
快捷键	命令	含义	快捷键	命令	含义
AA	AREA	面积	LTS	LTSCALE	线形比例
ADC	ADCENTER	设计中心	LW	LWEIGHT	线宽
AL	ALIGN	对齐	MA	MATCHPROP	属性匹配
ATE	ATTEDIT	编辑属性	OP	OPTIONS	自定义设置
ATT	ATTDEF	属性定义	OS	OSNAP	设置捕捉模式
BO	BOUNDARY	边界创建	PRE	PREVIEW	打印预览
CH	PROPERTIES	修改特性	PRINT	PLOT	打印
COL	COLOR	设置颜色	PU	PURGE	清除垃圾
DI	DIST	距离	R	REDRAW	重新生成
DS	DSETTINGS	设置极轴追踪	REN	RENAME	重命名
EXIT	QUIT	退出	SN	SNAP	捕捉栅格
EXP	EXPORT	输出文件	ST	STYLE	文字样式
IMP	IMPORT	输入文件	TO	TOOLBAR	工具栏
LA	LAYER	图层操作	UN	UNITS	图形单位
LI	LIST	显示数据信息	V	VIEW	命名视图
LT	LINETYPE	线形			

2. 绘图命令					
快捷键	命令	含义	快捷键	命令	含义
A	ARC	圆弧	MT	MTEXT	多行文本
B	BLOCK	块定义	PL	PLINE	多段线
C	CIRCLE	圆	PO	POINT	点
DIV	DIVIDE	等分	POL	POLYGON	正多边形
DO	DONUT	圆环	REC	RECTANGLE	矩形
EL	ELLIPSE	椭圆	REG	REGION	面域
H	BHATCH	填充	SPL	SPLINE	样条曲线
I	INSERT	插入块	T	MTEXT	多行文本
L	LINE	直线	W	WBLOCK	定义块文件
ML	MLINE	多线	XL	XLINE	构造线

3. 修改命令					
快捷键	命令	含义	快捷键	命令	含义
AR	ARRAY	阵列	M	MOVE	移动
BR	BREAK	打断	MI	MIRROR	镜像
CHA	CHAMFER	倒角	O	OFFSET	偏移
CO	COPY	复制	PE	PEDIT	多段线编辑
E	ERASE	删除	RO	ROTATE	旋转
ED	DDEDIT	修改文本	S	STRETCH	拉伸
EX	EXTEND	延伸	SC	SCALE	比例缩放
F	FILLET	倒圆角	TR	TRIM	修剪
LEN	LENGTHEN	直线拉长	X	EXPLODE	分解

4. 视窗缩放					
快捷键	命令	含义	快捷键	命令	含义
P	PAN	平移	Z+P		返回上一视图
Z		局部放大	Z+双空格		实时缩放
Z+E		显示全图			

5. 尺寸标注					
快捷键	命令	含义	快捷键	命令	含义
D	DIMSTYLE	标注样式	DED	DIMEDIT	编辑标注
DAL	DIMALIGNED	对齐标注	DLI	DIMLINEAR	直线标注
DAN	DIMANGULAR	角度标注	DOR	DIMORDINATE	点标注
DBA	DIMBASELINE	基线标注	DOV	DIMOVERRIDE	替换标注
DCE	DIMCENTER	中心标注	DRA	DIMRADIUS	半径标注
DCO	DIMCONTINUE	连续标注	LE	QLEADER	快速引出标注
DDI	DIMDIAMETER	直径标注	TOL	TOLERANCE	标注形位公差

6. 常用 Ctrl 快捷键					
快捷键	命令	含义	快捷键	命令	含义
Ctrl+1	PROPERTIES	修改特性	Ctrl+O	OPEN	打开文件
Ctrl+L	ORTHO	正交	Ctrl+P	PRINT	打印文件
Ctrl+N	NEW	新建文件	Ctrl+S	SAVE	保存文件
Ctrl+2	ADCENTER	设计中心	Ctrl+U		极轴
Ctrl+B	SNAP	栅格捕捉	Ctrl+V	PASTECLIP	粘贴
Ctrl+C	COPYCLIP	复制	Ctrl+W		对象追踪
Ctrl+F	OSNAP	对象捕捉	Ctrl+X	CUTCLIP	剪切
Ctrl+G	GRID	栅格	Ctrl+Z	UNDO	放弃

7. 常用功能键					
快捷键	命令	含义	快捷键	命令	含义
F1	HELP	帮助	F7	GRIP	栅格
F2		文本窗口	F8	ORTHO	正交
F3	OSNAP	对象捕捉			

附录 B　AutoCAD 常用的系统变量

A	
变量	含义
ACADLSPASDOC	控制 AutoCAD 是将 acad.lsp 文件加载到所有图形中，还是仅加载到在 AutoCAD 任务中打开的第一个文件中
ACADPREFIX	存储由 ACAD 环境变量指定的目录路径（如果有的话），如果需要则添加路径分隔符
ACADVER	存储 AutoCAD 版本号
ACISOUTVER	控制 ACISOUT 命令创建的 SAT 文件的 ACIS 版本
AFLAGS	设置 ATTDEF 位码的属性标志
ANGBASE	设置相对当前 UCS 的 0° 基准角方向
ANGDIR	设置相对当前 UCS 以 0° 为起点的正角度方向
APBOX	打开或关闭 AutoSnap 靶框
APERTURE	以像素为单位设置对象捕捉的靶框尺寸
AREA	存储由 AREA、LIST 或 DBLIST 计算出来的最后一个面积
ATTDIA	控制 INSERT 是否使用对话框获取属性值
ATTMODE	控制属性的显示方式
ATTREQ	确定 INSERT 在插入块时是否使用默认属性设置
AUDITCTL	控制 AUDIT 命令是否创建核查报告文件(ADT)
AUNITS	设置角度单位
AUPREC	设置角度单位的小数位数
AUTOSNAP	控制 AutoSnap 标记、工具栏提示和磁吸

B	
变量	含义
BACKZ	存储当前视口后剪裁平面到目标平面的偏移值
BINDTYPE	控制绑定或在位编辑外部参照时外部参照名称的处理方式
BLIPMODE	控制点标记是否可见

C	
变量	含义
CDATE	设置日历的日期和时间
CECOLOR	设置新对象的颜色
CELTSCALE	设置当前对象的线型比例缩放因子
CELTYPE	设置新对象的线型
CELWEIGHT	设置新对象的线宽
CHAMFERA	设置第一个倒角距离
CHAMFERB	设置第二个倒角距离

CHAMFERC	设置倒角长度
CHAMFERD	设置倒角角度
CHAMMODE	设置 AutoCAD 创建倒角的输入模式
CIRCLERAD	设置默认的圆半径
CLAYER	设置当前图层
CMDACTIVE	存储一个位码值，此位码值标识激活的是普通命令、透明命令、脚本还是对话框
CMDECHO	控制 AutoLISP 的(command)函数运行时 AutoCAD 是否回显提示和输入
CMDNAMES	显示活动命令和透明命令的名称
CMLJUST	指定多线对正方式
CMLSCALE	控制多线的全局宽度
CMLSTYLE	设置多线样式
COMPASS	控制当前视口中三维坐标球的开关状态
COORDS	控制状态栏上的坐标更新方式
CPLOTSTYLE	控制新对象的当前打印样式
CPROFILE	存储当前配置文件的名称
CTAB	返回图形中的当前选项卡(模型或布局)名称。通过本系统变量，用户可确定当前的活动选项卡
CURSORSIZE	按屏幕大小的百分比确定十字光标的大小
CVPORT	设置当前视口的标识号

D	
变量	含义
DATE	存储当前日期和时间
DBMOD	用位码表示图形的修改状态
DCTCUST	显示当前自定义拼写词典的路径和文件名
DCTMAIN	本系统变量显示当前的主拼写词典的文件名
DEFLPLSTYLE	为新图层指定默认打印样式名称
DEFPLSTYLE	为新对象指定默认打印样式名称
DELOBJ	控制用来创建其他对象的对象将从图形数据库中删除还是保留在图形数据库中
DEMANDLOAD	在图形包含由第三方应用程序创建的自定义对象时，指定 AutoCAD 是否以及何时要求加载此应用程序
DIASTAT	存储最近一次使用对话框的退出方式
DIMADEC	控制角度标注显示精度的小数位
DIMALT	控制标注中换算单位的显示
DIMALTD	控制换算单位中小数的位数
DIMALTF	控制换算单位中的比例因子

DIMALTRND	决定换算单位的舍入
DIMALTTD	设置标注换算单位公差值的小数位数
DIMALTTZ	控制是否对公差值作消零处理
DIMALTU	设置所有标注样式族成员（角度标注除外）的换算单位的单位格式
DIMALTZ	控制是否对换算单位标注值作消零处理
DIMAPOST	指定所有标注类型（角度标注除外）换算标注测量值的文字前缀或后缀（或两者都指定）
DIMASO	控制标注对象的关联性
DIMASZ	控制尺寸线、引线箭头的大小
DIMATFIT	当尺寸界线的空间不足以同时放下标注文字和箭头时，确定这两者的排列方式
DIMAUNIT	设置角度标注的单位格式
DIMAZIN	对角度标注作消零处理
DIMBLK	设置显示在尺寸线或引线末端的箭头块
DIMBLK1	当 DIMSAH 为开时，设置尺寸线第一个端点箭头
DIMBLK2	当 DIMSAH 为开时，设置尺寸线第二个端点箭头
DIMCEN	控制由 DIMCENTER、DIMDIAMETER 和 DIMRADIUS 绘制的圆或圆弧的圆心标记和中心线
DIMCLRD	为尺寸线、箭头和标注引线指定颜色
DIMCLRE	为尺寸界线指定颜色
DIMCLRT	为标注文字指定颜色
DIMDEC	设置标注主单位显示的小数位位数
DIMDLE	当使用小斜线代替箭头进行标注时，设置尺寸线超出尺寸界线的距离
DIMDLI	控制基线标注中尺寸线的间距
DIMDSEP	指定一个单独的字符作为创建十进制标注时使用的小数分隔符
DIMEXE	指定尺寸界线超出尺寸线的距离
DIMEXO	指定尺寸界线偏离原点的距离
DIMFIT	已废弃。现由 DIMATFIT 和 DIMTMOVE 代替
DIMFRAC	设置当 DIMLUNIT 被设为 4（建筑）或 5（分数）时的分数格式
DIMGAP	在尺寸线分段以放置标注文字时，设置标注文字周围的距离
DIMJUST	控制标注文字的水平位置
DIMLDRBLK	指定引线的箭头类型
DIMLFAC	设置线性标注测量值的比例因子
DIMLIM	将极限尺寸生成为默认文字
DIMLUNIT	为所有标注类型（角度标注除外）设置单位
DIMLWD	指定尺寸线的线宽
DIMLWE	指定尺寸界线的线宽
DIMPOST	指定标注测量值的文字前缀/后缀（或两者都指定）
DIMRND	将所有标注距离舍入到指定值
DIMSAH	控制尺寸线箭头块的显示
DIMSCALE	为标注变量（指定尺寸、距离或偏移量）设置全局比例因子
DIMSD1	控制是否禁止显示第一条尺寸线
DIMSD2	控制是否禁止显示第二条尺寸线
DIMSE1	控制是否禁止显示第一条尺寸界线
DIMSE2	控制是否禁止显示第二条尺寸界线
DIMSHO	控制是否重新定义拖动的标注对象
DIMSOXD	控制是否允许尺寸线绘制到尺寸界线之外
DIMSTYLE	显示当前标注样式
DIMTAD	控制文字相对尺寸线的垂直位置
DIMTDEC	设置标注主单位的公差值显示的小数位数
DIMTFAC	设置用来计算标注分数或公差文字的高度的比例因子
DIMTIH	控制所有标注类型（坐标标注除外）的标注文字在尺寸界线内的位置
DIMTIX	在尺寸界线之间绘制文字
DIMTM	当 DIMTOL 或 DIMLIM 为开时，为标注文字设置最大下偏差
DIMTMOVE	设置标注文字的移动规则
DIMTOFL	控制是否将尺寸线绘制在尺寸界线之间（即使文字放置在尺寸界线之外）
DIMTOH	控制标注文字在尺寸界线外的位置
DIMTOL	将公差添加到标注文字中
DIMTOLJ	设置公差值相对名词性标注文字的垂直对正方式
DIMTP	当 DIMTOL 或 DIMLIM 为开时，为标注文字设置最大上偏差
DIMTSZ	指定线性标注、半径标注以及直径标注中替代箭头的小斜线尺寸
DIMTVP	控制尺寸线上方或下方标注文字的垂直位置
DIMTXSTY	指定标注的文字样式
DIMTXT	指定标注文字的高度，除非当前文字样式具有固定的高度
DIMTZIN	控制是否对公差值作消零处理
DIMUNIT	已废弃，现由 DIMLUNIT 和 DIMFRAC 代替
DIMUPT	控制用户定位文字的选项
DIMZIN	控制是否对主单位值作消零处理
DISPSILH	控制线框模式下实体对象轮廓曲线的显示
DISTANCE	存储由 DIST 计算的距离
DONUTID	设置圆环的默认内直径
DONUTOD	设置圆环的默认外直径
DRAGMODE	控制拖动对象的显示
DRAGP1	设置重生成拖动模式下的输入采样率
DRAGP2	设置快速拖动模式下的输入采样率
DWGCHECK	确定图形最后是否经非 AutoCAD 程序编辑

DWGCODEPAGE	存储与 SYSCODEPAGE 系统变量相同的值（出于兼容性的原因）
DWGNAME	存储用户输入的图形名
DWGPREFIX	存储图形文件的"驱动器/目录"前缀
DWGTITLED	指出当前图形是否已命名

E	
变量	含义
EDGEMODE	控制 TRIM 和 EXTEND 确定剪切边和边界的方式
ELEVATION	存储当前空间的当前视口中相对于当前 UCS 的当前标高值
EXPERT	控制是否显示某些特定提示
EXPLMODE	控制 EXPLODE 是否支持比例不一致（NUS）的块
EXTMAX	存储图形范围右上角点的坐标
EXTMIN	存储图形范围左下角点的坐标
EXTNAMES	为存储于符号表中的已命名对象名称（例如线型和图层）设置参数

F	
变量	含义
FACETRATIO	控制圆柱或圆锥 ACIS 实体镶嵌面的宽高比
FACETRES	调整着色对象和渲染对象的平滑度,对象的隐藏线被删除
FILEDIA	禁止显示文件对话框
FILLETRAD	存储当前的圆角半径
FILLMODE	指定多线、宽线、二维填充、所有图案填充（包括实体填充）和宽多段线是否被填充
FONTALT	指定在找不到指定的字体文件时使用的替换字体
FONTMAP	指定要用到的字体映射文件
FRONTZ	存储当前视口中前剪裁平面到目标平面的偏移量
FULLOPEN	指示当前图形是否被局部打开

G	
变量	含义
GRIDMODE	打开或关闭栅格
GRIDUNIT	指定当前视口的栅格间距（X 和 Y 方向）
GRIPBLOCK	控制块中夹点的分配
GRIPCOLOR	控制未选定夹点（绘制为轮廓框）的颜色
GRIPHOT	控制选定夹点（绘制为实心块）的颜色
GRIPS	控制"拉伸"、"移动"、"旋转"、"比例"和"镜像"夹点模式中选择集夹点的使用
GRIPSIZE	以像素为单位设置显示夹点框的大小

H	
变量	含义
HANDLES	报告应用程序是否可以访问对象句柄
HIDEPRECISION	控制消隐和着色的精度

HIGHLIGHT	控制对象的亮显。它并不影响使用夹点选定的对象
HPANG	指定填充图案的角度
HPBOUND	控制 BHATCH 和 BOUNDARY 创建的对象类型
HPDOUBLE	指定用户定义图案的交叉填充图案
HPNAME	设置默认的填充图案名称
HPSCALE	指定填充图案的比例因子
HPSPACE	为用户定义的简单图案指定填充图案的线间距
HYPERLINKBASE	指定图形中用于所有相对超级链接的路径

I	
变量	含义
IMAGEHLT	控制是亮显整个光栅图像还是仅亮显光栅图像边框
INDEXCTL	控制是否创建图层和空间索引并保存到图形文件中
INETLOCATION	存储 BROWSER 和"浏览 Web 对话框"使用的网址
INSBASE	存储 BASE 设置的插入基点
INSNAME	为 INSERT 设置默认块名
INSUNITS	当从 AutoCAD 设计中心拖放块时,指定图形单位值
INSUNITSDEFSOURCE	设置源内容的单位值
INSUNITSDEFTARGET	设置目标图形的单位值
ISAVEBAK	提高增量保存速度,特别是对于大的图形
ISAVEPERCENT	确定图形文件中所允许的占用空间的总量
ISOLINES	指定对象上每个曲面的轮廓素线的数目

L	
变量	含义
LASTANGLE	存储上一个输入圆弧的端点角度
LASTPOINT	存储上一个输入的点
LASTPROMPT	存储显示在命令行中的上一个字符串
LENSLENGTH	存储当前视口透视图中的镜头焦距长度（以毫米为单位）
LIMCHECK	控制在图形界限之外是否可以生成对象
LIMMAX	存储当前空间的右上方图形界限
LIMMIN	存储当前空间的左下方图形界限
LISPINIT	当使用单文档界面时,指定打开新图形时是否保留 AutoLISP 定义的函数和变量
LOCALE	显示当前 AutoCAD 版本的国际标准化组织（ISO）语言代码
LOGFILEMODE	指定是否将文本窗口的内容写入日志文件
LOGFILENAME	指定日志文件的路径和名称
LOGFILEPATH	为同一任务中的所有图形指定日志文件的路径

LOGINNAME	显示加载 AutoCAD 时配置或输入的用户名
LTSCALE	设置全局线型比例因子
LUNITS	设置线性单位
LUPREC	设置线性单位的小数位数
LWDEFAULT	设置默认线宽的值
LWDISPLAY	控制"模型"或"布局"选项卡中的线宽显示
LWUNITS	控制线宽的单位显示为英寸还是毫米
M	
变量	含义
MAXACTVP	设置一次最多可以激活多少视口
MAXSORT	设置列表命令可以排序的符号名或块名的最大数目
MBUTTONPAN	控制定点设备第三按钮或滑轮的动作响应
MEASUREINIT	设置初始图形单位（英制或公制）
MEASUREMENT	设置当前图形的图形单位（英制或公制）
MENUCTL	控制屏幕菜单中的页切换
MENUECHO	设置菜单回显和提示控制位
MENUNAME	存储菜单文件名，包括文件名路径
MIRRTEXT	控制 MIRROR 对文字的影响
MODEMACRO	在状态行显示字符串
MTEXTED	设置用于多行文字对象的首选和次选文字编辑器
N	
变量	含义
NOMUTT	禁止消息显示，即不反馈工况（如果消息在通常情况不禁止）
O	
变量	含义
OFFSETDIST	设置默认的偏移距离
OFFSETGAPTYPE	控制如何偏移多段线以弥补偏移多段线的单个线段所留下的间隙
OLEHIDE	控制 AutoCAD 中 OLE 对象的显示
OLEQUALITY	控制内嵌的 OLE 对象质量默认的级别
OLESTARTUP	控制打印内嵌 OLE 对象时是否加载其源应用程序
ORTHOMODE	限制光标在正交方向移动
OSMODE	使用位码设置执行对象捕捉模式
OSNAPCOORD	控制是否从命令行输入坐标替代对象捕捉
P	
变量	含义
PAPERUPDATE	控制警告对话框的显示（如果试图以不同于打印配置文件默认指定的图纸大小打印布局）
PDMODE	控制如何显示点对象
PDSIZE	设置显示的点对象大小
PERIMETER	存储 AREA、LIST 或 DBLIST 计算的最后一个周长值

PFACEVMAX	设置每个面顶点的最大数目
PICKADD	控制后续选定对象是替换当前选择集还是追加到当前选择集中
PICKAUTO	控制"选择对象"提示下是否自动显示选择窗口
PICKBOX	设置选择框的高度
PICKDRAG	控制绘制选择窗口的方式
PICKFIRST	控制在输入命令之前（先选择后执行）还是之后选择对象
PICKSTYLE	控制编组选择和关联填充选择的使用
PLATFORM	指示 AutoCAD 工作的操作系统平台
PLINEGEN	设置如何围绕二维多段线的顶点生成线型图案
PLINETYPE	指定 AutoCAD 是否使用优化的二维多段线
PLINEWID	存储多段线的默认宽度
PLOTID	已废弃，在 AutoCAD2000 中没有效果，但在保持 AutoCAD2000 以前版本的脚本和 LISP 程序的完整性时还可能有用
PLOTROTMODE	控制打印方向
PLOTTER	已废弃，在 AutoCAD2000 中没有效果，但在保持 AutoCAD2000 以前版本的脚本和 LISP 程序的完整性时还可能有用
PLQUIET	控制显示可选对话框以及脚本和批打印的非致命错误
POLARADDANG	包含用户定义的极轴角
POLARANG	设置极轴角增量
POLARDIST	当 SNAPSTYL 系统变量设置为1（极轴捕捉）时，设置捕捉增量
POLARMODE	控制极轴和对象捕捉追踪设置
POLYSIDES	设置 POLYGON 的默认边数
POPUPS	显示当前配置的显示驱动程序状态
PRODUCT	返回产品名称
PROGRAM	返回程序名称
PROJECTNAME	给当前图形指定一个工程名称
PROJMODE	设置修剪和延伸的当前"投影"模式
PROXYGRAPHICS	指定是否将代理对象的图像与图形一起保存
PROXYNOTICE	如果打开一个包含自定义对象的图形，而创建此自定义对象的应用程序尚未加载时，显示通知
PROXYSHOW	控制图形中代理对象的显示
PSLTSCALE	控制图纸空间的线型比例
PSPROLOG	为使用 PSOUT 时从 acad.psf 文件读取的前导段指定一个名称
PSQUALITY	控制 Postscript 图像的渲染质量
PSTYLEMODE	指明当前图形处于"颜色相关打印样式"还是"命名打印样式"模式
PSTYLEPOLICY	控制对象的颜色特性是否与其打印样式相关联
PSVPSCALE	为新创建的视口设置视图缩放比例因子

PUCSBASE	存储仅定义图纸空间中正交 UCS 设置的原点和方向的 UCS 名称
Q	
变量	含义
QTEXTMODE	控制文字的显示方式
R	
变量	含义
RASTERPREVIEW	控制 BMP 预览图像是否随图形一起保存
REFEDITNAME	指示图形是否处于参照编辑状态，并存储参照文件名
REGENMODE	控制图形的自动重生成
RE-INIT	初始化数字化仪、数字化仪端口和 acad.pgp 文件
RTDISPLAY	控制实时缩放(ZOOM)或平移(PAN)时光栅图像的显示
S	
变量	含义
SAVEFILE	存储当前用于自动保存的文件名
SAVEFILEPATH	为 AutoCAD 任务中所有自动保存文件指定目录的路径
SAVENAME	在保存图形之后存储当前图形的文件名和目录路径
SAVETIME	以分钟为单位设置自动保存的时间间隔
SCREENBOXES	存储绘图区域的屏幕菜单区显示的框数
SCREENMODE	存储表示 AutoCAD 显示的图形/文本状态的位码值
SCREENSIZE	以像素为单位存储当前视口的大小(X 和 Y 值)
SDI	控制 AutoCAD 运行于单文档还是多文档界面
SHADEDGE	控制渲染时边的着色
SHADEDIF	设置漫反射光与环境光的比率
SHORTCUTMENU	控制"默认"、"编辑"和"命令"模式的快捷菜单在绘图区域是否可用
SHPNAME	设置默认的形名称
SKETCHINC	设置 SKETCH 使用的记录增量
SKPOLY	确定 SKETCH 生成直线还是多段线
SNAPANG	为当前视口设置捕捉和栅格的旋转角
SNAPBASE	相对于当前 UCS 设置当前视口中捕捉和栅格的原点
SNAPISOPAIR	控制当前视口的等轴测平面
SNAPMODE	打开或关闭"捕捉"模式
SNAPSTYL	设置当前视口的捕捉样式
SNAPTYPE	设置当前视口的捕捉样式
SNAPUNIT	设置当前视口的捕捉间距
SOLIDCHECK	打开或关闭当前 AutoCAD 任务中的实体校验
SORTENTS	控制 OPTIONS 命令（从"选择"选项卡中执行）对象排序操作
SPLFRame	控制样条曲线和样条拟合多段线的显示

SPLINESEGS	设置为每条样条拟合多段线生成的线段数目
SPLINETYPE	设置用 PEDIT 命令的"样条曲线"选项生成的曲线类型
SURFTAB1	设置 RULESURF 和 TABSURF 命令所用到的网格面数目
SURFTAB2	设置 REVSURF 和 EDGESURF 在 N 方向上的网格密度
SURFTYPE	控制 PEDIT 命令的"平滑"选项生成的拟合曲面类型
SURFU	设置 PEDIT 的"平滑"选项在 M 方向所用到的表面密度
SURFV	设置 PEDIT 的"平滑"选项在 N 方向所用到的表面密度
SYSCODEPAGE	指示 acad.xmf 中指定的系统代码页
T	
变量	含义
TABMODE	控制数字化仪的使用
TARGET	存储当前视口中目标点的位置
TDCREATE	存储图形创建的本地时间和日期
TDINDWG	存储总编辑时间
TDUCREATE	存储图形创建的国际时间和日期
TDUPDATE	存储最后一次更新/保存的本地时间和日期
TDUSRTIMER	存储用户消耗的时间
TDUUPDATE	存储最后一次更新/保存的国际时间和日期
TEMPPREFIX	包含用于放置临时文件的目录名
TEXTEVAL	控制处理字符串的方式
TEXTFILL	控制打印、渲染以及使用 PSOUT 命令输出时 TrueType 字体的填充方式
TEXTQLTY	控制打印、渲染以及使用 PSOUT 命令输出时 TrueType 字体轮廓的分辨率
TEXTSIZE	设置以当前文字样式绘制出来的新文字对象的默认高
TEXTSTYLE	设置当前文字样式的名称
THICKNESS	设置当前三维实体的厚度
TILEMODE	将"模型"或最后一个布局选项卡设置为当前选项卡
TOOLTIPS	控制工具栏提示的显示
TRACEWID	设置宽线的默认宽度
TRACKPATH	控制显示极轴和对象捕捉追踪的对齐路径
TREEDEPTH	指定最大深度，即树状结构的空间索引可以分出分支的最大数目
TREEMAX	通过限制空间索引（八叉树）中的节点数目，从而限制重新生成图形时占用的内存
TRIMMODE	控制 AutoCAD 是否修剪倒角和圆角的边缘
TSPACEFAC	控制多行文字的行间距。以文字高度的比例计算 t
TSPACETYPE	控制多行文字中使用的行间距类型
TSTACKALIGN	控制堆迭文字的垂直对齐方式

TSTACKSIZE	控制堆迭文字分数的高度相对于选定文字的当前高度的百分比

U

变量	含义
UCSAXISANG	存储使用 UCS 命令的 X，Y 或 Z 选项绕轴旋转 UCS 时的默认角度值
UCSBASE	存储定义正交 UCS 设置的原点和方向的 UCS 名称
UCSFOLLOW	用于从一个 UCS 转换到另一个 UCS 时生成一个平面视图
UCSICON	显示当前视口的 UCS 图标
UCSNAME	存储当前空间中当前视口的当前坐标系名称
UCSORG	存储当前空间中当前视口的当前坐标系原点
UCSORTHO	确定恢复一个正交视图时是否同时自动恢复相关的正交 UCS 设置
UCSVIEW	确定当前 UCS 是否随命名视图一起保存
UCSVP	确定活动视口的 UCS 保持定态还是作相应改变以反映当前活动视口的 UCS 状态
UCSXDIR	存储当前空间中当前视口的当前 UCS 的 X 方向
UCSYDIR	存储当前空间中当前视口的当前 UCS 的 Y 方向
UNDOCTL	存储指示 UNDO 命令的"自动"和"控制"选项的状态位码
UNDOMARKS	存储"标记"选项放置在 UNDO 控制流中的标记数目
UNITMODE	控制单位的显示格式
USERI1-5	存储和提取整型值
USERR1-5	存储和提取实型值
USERS1-5	存储和提取字符串数据

V

变量	含义
VIEWCTR	存储当前视口中视图的中心点
VIEWDIR	存储当前视口中的查看方向
VIEWMODE	使用位码控制当前视口的查看模式
VIEWSIZE	存储当前视口的视图高度
VIEWTWIST	存储当前视口的视图扭转角

VISRETAIN	控制外部参照依赖图层的可见性、颜色、线型、线宽和打印样式（如果 PSTYLEPOLICY 设置为 0），并且指定是否保存对嵌套外部参照路径的修改
VSMAX	存储当前视口虚屏的右上角坐标
VSMIN	存储当前视口虚屏的左下角坐标

W

变量	含义
WHIPARC	控制圆或圆弧是否平滑显示
WMFBKGND	控制 WMFOUT 命令输出的 Windows 图元文件、剪贴板中对象的图元格式，以及拖放到其他应用程序的图元的背景
WORLDUCS	指示 UCS 是否与 WCS 相同
WORLDVIEW	确定响应 3DORBIT、DVIEW 和 VPOINT 命令的输入是相对于 WCS（默认），还是相对于当前 UCS 或由 UCSBASE 系统变量指定的 UCS
WRITESTAT	指出图形文件是只读的还是可写的。开发人员需要通过 AutoLISP 确定文件的读/写状态

X

变量	含义
XCLIPFRame	控制外部参照剪裁边界的可见性
XEDIT	控制当前图形被其他图形参照时是否可以在位编辑
XFADECTL	控制在位编辑参照时的褪色度
XLOADCTL	打开或关闭外部参照文件的按需加载功能，控制打开原始图形还是打开一个副本
XLOADPATH	创建一个路径用于存储按需加载的外部参照文件临时副本
XREFCTL	控制 AutoCAD 是否生成外部参照的日志文件(XLG)

Z

变量	含义
ZOOMFACTOR	控制智能鼠标的每一次前移或后退操作所执行的缩放增量